高等职业教育电子与信息大类“十四五”系列教材

前端设计与制作——HTML+CSS+JavaScript

主编 ◎ 张淑梅 宋维堂
主审 ◎ 李桂秋

电子课件
（仅限教师）

華中科技大學出版社
http://press.hust.edu.cn
中国 · 武汉

内 容 简 介

全书按照网页设计的步骤，围绕 Web 前端开发的三大技术 HTML、CSS 和 JavaScript 进行知识点编写，同时还涉及响应式布局、Bootstrap 框架技术等流行的网页设计技术。最后用两个综合案例对全书知识点进行贯穿总结，使读者全面掌握 Web 前端开发技能。编者以一个完整的文化宣传网站网页制作为案例，采用迭代递增的网页设计方法，每一个项目完成一部分需求，随即学习相关知识并动手实现。编者案例设计有效融入思政元素，实现了专业教育与思政教育同向同行。

本书内容结构合理，实例简单易懂，既适合高职院校 Web 前端开发技术课程教学使用，也适合从事网页设计相关工作的初学者阅读，或作为社会培训教材使用。

为了方便教学，本书还配有电子课件等资料，任课教师可以发邮件至 hustpeiit@163.com 索取。

图书在版编目(CIP)数据

Web 前端设计与制作：HTML＋CSS＋JavaScript/张淑梅，宋维堂主编. — 武汉：华中科技大学出版社，2023.8

ISBN 978-7-5680-9025-4

Ⅰ.①W… Ⅱ.①张… ②宋… Ⅲ.①网页制作工具-程序设计 Ⅳ.①TP393.092.2

中国国家版本馆 CIP 数据核字(2023)第 156791 号

Web 前端设计与制作——HTML＋CSS＋JavaScript
Web Qianduan Sheji yu Zhizuo——HTML＋CSS＋JavaScript

张淑梅　宋维堂　主编

策划编辑：康　序
责任编辑：史永霞
封面设计：孢　子
责任监印：朱　玢
出版发行：华中科技大学出版社(中国·武汉)　电话：(027)81321913
武汉市东湖新技术开发区华工科技园　邮编：430223
录　　排：武汉创易图文工作室
印　　刷：武汉市洪林印务有限公司
开　　本：787mm×1092mm　1/16
印　　张：20.75
字　　数：558 千字
版　　次：2023 年 8 月第 1 版第 1 次印刷
定　　价：58.00 元

前言

PREFACE

近几年，随着移动互联网的迅速发展，各大公司都在大量招聘网页前端设计人员，同时对前端设计师的技能要求也大大提高。如今的网页设计师需要了解整个 Web 前端开发的技术及标准才能制作出符合规范的页面。

本书主要介绍 Web 前端开发必备的三大技术，即 HTML5、CSS3 和 JavaScript，还包括响应式布局和 Bootstrap 前端框架技术。编者以原创案例"茅草屋网站"为主线，根据学生特点和认知规律，将 Web 前端开发所需的三大核心技术分割成一个个相对独立又彼此联系的项目模块，每个项目模块中，先提出项目任务，然后介绍知识点，随之实现相关项目任务，学习者以任务驱动的方式进行学习，通过任务实施的过程来巩固和吸收所学知识。

本书适合网页设计的初学者阅读，并提供图片、代码等相关素材。建议在阅读本书的同时，使用网页制作工具及浏览器同步操作，在完成实例后及时浏览查看结果，这样学习效率会大大提高。

一、本书内容概述

全书共分为 10 个项目。

项目 1　Web 前端开发概述：介绍网页和网站的基本概念、网页制作的三大技术及标准、网页制作的工具。

项目 2　使用 HTML5 组织页面内容：介绍 HTML5 的基础知识、常用 HTML 标签的使用方法，使读者掌握 HTML5 标记语言的使用方法。

项目 3　使用 HTML5 新增的标签：介绍 HTML5 新增的语义标签、音频标签、视频标签及表单元素标签，使读者学会使用 HTML 标签组织页面内容。

项目 4　使用 CSS 样式设置页面外观：介绍 CSS 样式规则、CSS 选择器、CSS 文本与字体样式属性、背景与超链接样式属性，使读者学会使用 CSS 样式设置页面外观。

项目 5　网页布局与定位：介绍盒子模型、元素的定位机制及常见页面布局的实现方法。

项目 6　设置页面导航条和列表样式：介绍 CSS 列表样式属性、边框样式属性以及边距样式属性，并通过实例讲解导航条、图片列表、新闻列表的制作方法。

项目 7　使用 CSS3 美化页面：介绍 CSS3 文本阴影、圆角边框、字体图标、2D 转换、过渡与动画属性，使读者学会使用 CSS3 样式属性美化页面。

项目 8　使用 JavaScript 和 jQuery 实现动态效果：介绍 JavaScript 编程基础和 jQuery

常用动态效果的制作方法。

项目9　使用Bootstrap构建响应式网页：介绍响应式布局的概念、媒体查询的含义、Bootstrap前端框架技术的使用。

项目10　综合案例：以原创案例"钟山文化之旅"网站的制作为案例，将整本书的知识融会贯通。

二、本书特点

(1)以原创案例为主线，采用"六段式"编写体例组织教材内容。

本书以原创案例"茅草屋网站"为主线，根据学生特点和认知规律，将Web前端开发所需的三大技术分割成一个个相对独立又彼此联系的项目模块，每个项目模块采用"学习目标、案例导入、任务驱动、项目总结、项目习题、项目实验"六段式的编写方式组织教材内容。

(2)案例设计有效融入思政元素，实现专业教育与思政教育同向同行。

网站案例的文字、图片素材均是围绕思政元素进行设计，本书将价值塑造、知识传授和能力培养三者融为一体，实现专业教育与思政教育同向同行，形成协同效应。

(3)教材的教学资源如教学视频、PPT、电子教案、图片素材、典型案例、习题库等全部上传到云教学平台，可以满足学生自主学习、个性化学习的需求，适应"互联网＋"信息化教育的需要。

本书项目1至项目6由南京交通职业技术学院张淑梅编写，项目7至项目10由江苏经贸职业技术学院宋维堂编写，教材由常州机电职业技术学院李桂秋教授主审。由于编者水平有限，书中难免有不足之处，敬请广大读者批评、指正！

为了方便教学，本书还配有电子课件等资料，任课教师可以发邮件至hustpeiit@163.com索取。

编　者

2023年5月

目录

CONTENTS

项目9 使用Bootstrap构建响应式网页

项目10 综合案例

项目 1

Web前端开发概述

随着移动互联网技术的迅速发展和普及,市场对网页设计人员的需求越来越大。网页是如何制作出来的?为了使初学者对网页制作技术有一个整体的了解,本项目学习网页基本概念、网页制作三大技术以及常用网页编写工具的使用。

学习目标

- 了解网页和网站的基本概念;
- 了解网页制作三大技术及标准;
- 了解常用的网页制作工具;
- 会下载、安装使用 HBuilder 编辑器。

1.1 认识网页和网站

说到网页,其实大家并不陌生,我们通过电脑或手机、iPad 等移动设备浏览新闻、查询信息、观看视频等都是在浏览网页。网页可以看作承载各种网站应用和信息的容器,所有可视化的内容都可以以网页形式展示给用户。例如:使用电脑打开 Internet Explorer 浏览器,在地址栏中输入网址 https://www.sina.com.cn/,浏览器就会显示新浪网站的首页,如图 1-1(a)所示。同样,打开手机浏览器,在搜索栏中输入网址 sina.com.cn,浏览器就会显示手机版新浪网站的首页,如图 1-1(b)所示。

(a)电脑端新浪网站的首页

(b)手机端新浪网站的首页

图 1-1 新浪网站的首页

1.1.1 网站(Web site)

网站是指在互联网上,根据一定的规则使用 HTML 等技术制作的用于展示特定内容的相关网页的集合。我们可以通过浏览器来访问网站,获取自己需要的信息或者享受网络服务。

在互联网的早期,网站还只能保存单纯的文本。经过几年的发展,当万维网出现之后,图像、声音、动画、视频,甚至 3D 技术开始在互联网上流行起来,网站也慢慢地发展成我们现在看到的图文并茂的样子。

1.1.2 网页(Web page)

网站中的一页就是网页。一个网站有很多网页,网站中的页面通过“超链接”的方式被组织在一起。网站和网页就好比一本书,如果我们把书中的每一页比作一个网页,整本书就是一个网站。进入网站看到的第一个网页,我们把它称为主页(homepage),主页的文件名通常是 index。

由图 1-1 我们看到,网页主要由文本、图片和超链接等元素构成。当然,除了这些元素,网页中还可以包含音频、视频以及 Flash 动画等。

网站由网页构成,网页又分为静态网页和动态网页。

静态网页是指用户无论何时何地访问,网页内容都固定不变,除非网页源代码被重新修改上传。对于一个静态网页,当用户浏览器向 Web 服务器请求提供网页内容时,服务器仅仅是将存储在服务器中的静态页面文档传递给用户浏览器,无须经过服务器的编译。静态网页的执行过程如图 1-2 所示。

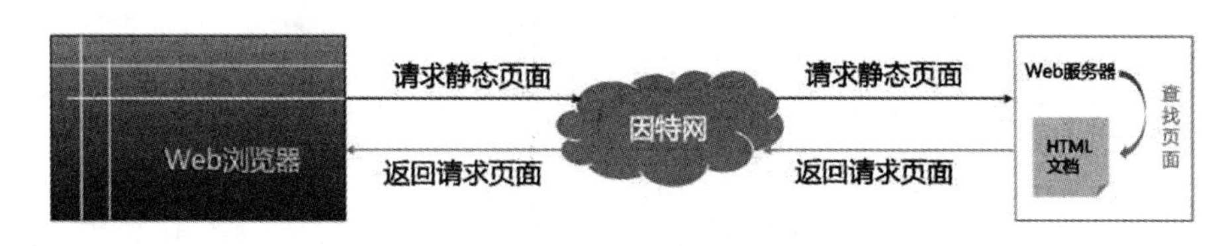

图 1-2　静态网页的执行过程

静态网页是标准的 HTML 文件,通常以.html 为扩展名。静态网页更新不方便,但是访问速度快。

动态网页是指采用了动态网站技术生成的网页,该网页中的大部分数据内容来自与网站相连的数据库。动态网页其实就是建立在 B/S 架构上的服务器端程序,在浏览器端显示的网页是服务器端程序运行的结果。动态网页的执行过程如图 1-3 所示。

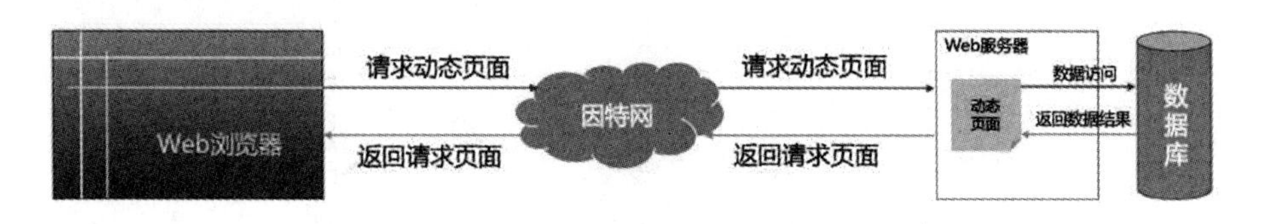

图 1-3　动态网页的执行过程

动态网页除了包含静态的 HTML 代码外,还包含只能在服务器端解析的服务器代码。动态网页是基本的 HTML 语法规范与 Java、VB、VC 等高级程序设计语言,Oracle、MySQL 数据库编程等多种技术的融合。动态网页通常以.aspx、.asp、.jsp、.php 等为扩展名。

动态网页增强了用户与服务器之间的交互,用户可以随时得到更新的数据,访问内容具有实时性,访问过程具有交互性。

本书讲解的是 Web 前端开发技术,也就是静态网页制作技术。

◆ 1.1.3　网页资源的组织和管理

网页是网站的一部分,它们都存放在 Web 服务器中。从存储的角度看,网站就是 Web 服务器中的一个文件夹,网页就是文件夹中的一个文件。网页中除了包含文本以外,还包含图片、声音、动画、视频等网页素材。

为了便于网页资源组织和管理,我们通常将这些网页素材放在网站的相关文件夹中。

例如，对于一个小型网站，通常在站点中创建img文件夹、flash文件夹、css文件夹、js文件夹等，将网页中用到的图片放到img文件夹中，将动画、视频放到flash文件夹，将样式表文件放到css文件夹，将JavaScript脚本代码放到js文件夹等，如图1-4所示。再如，对于一个大型网站，我们可以先按功能模块建立文件夹，然后在每个功能模块文件夹中再分别创建img文件夹、flash文件夹、css文件夹、js文件夹等，如图1-5所示。

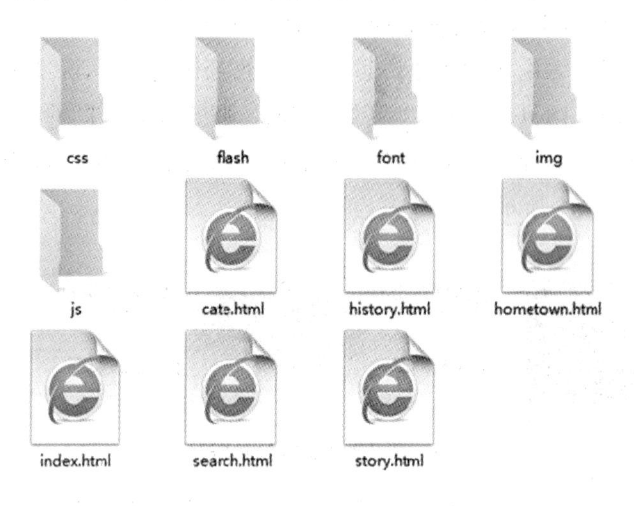

图1-4 小型网站站点文件夹

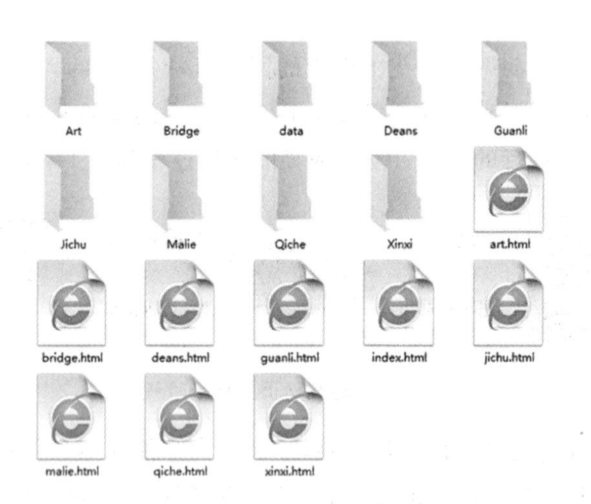

图1-5 大型网站站点文件夹

1.1.4 Web工作方式

网页就是一些文件，这些文件存放在Web服务器的某个站点文件夹中。我们是如何浏览服务器端的网页文件的？

简单来说就是，客户端（可以是电脑、手机、iPad等）通过浏览器向网站服务器发送请求（request），网站服务器接收到请求后，对请求中包含的信息进行解析，进行一些处理后把处理的结果以响应（response）的形式返回给客户端浏览器，最后浏览器解析返回的数据包并将其转化成一个可视化的界面，就是看到的网页。浏览网页过程如图1-6所示。

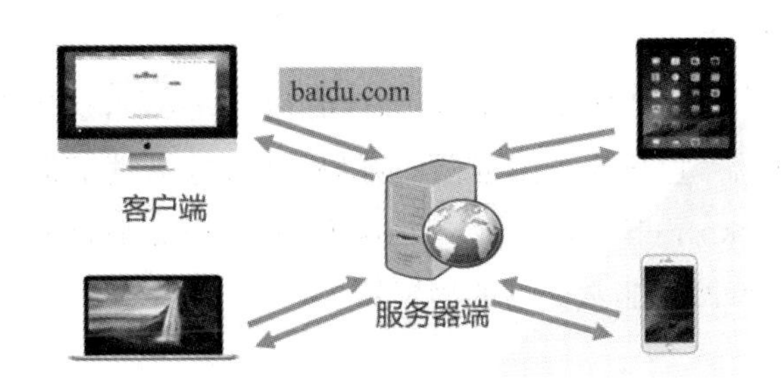

图 1-6　浏览网页过程

由图 1-6 看到，我们是通过浏览器浏览显示网页文件，浏览器的作用就是解析网页文件中的一些代码（也就是源代码），然后将网页显示出来，这个过程我们称为渲染网页。

1.1.5　浏览器

浏览器是用来检索、展示以及传递 Web 信息资源的应用程序。浏览器的核心部分是渲染引擎（rendering engine），它负责对网页语法的解释并渲染（显示）网页。渲染引擎决定了浏览器如何显示网页的内容以及页面的格式信息，即不同的浏览器内核对网页编写语法的解释是不同的。因此，同一网页在不同内核的浏览器里渲染（显示）效果可能不同，这也是网页编写者需要在不同内核的浏览器中测试网页显示效果的原因。

世界上主流的浏览器软件主要包括 IE、Chrome（谷歌）、Firefox（火狐）、Safari 和 Opera 等，图 1-7 为这些主流浏览器的图标。

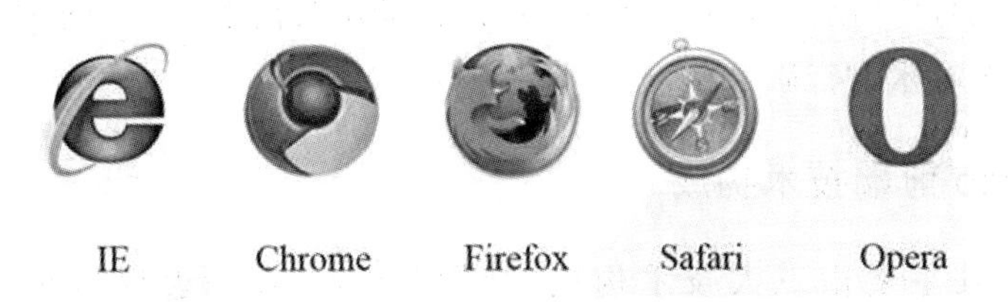

图 1-7　主流浏览器的图标

1. IE 浏览器

IE 浏览器的全称为“Internet Explorer”，是微软公司推出的一款网页浏览器。IE 浏览器一般直接绑定在 Windows 操作系统中，无须下载安装。IE 浏览器有 6.0、7.0、8.0、9.0、10.0、11.0 等版本，但是由于各种因素，一些用户仍然在使用低版本的浏览器，所以在制作网页时，应考虑兼容那些低版本的浏览器。

浏览器最核心的部分是渲染引擎，一般习惯将之称为“浏览器内核”。IE 浏览器使用 Trident 作为内核，俗称为“IE 内核”，国内的大多数浏览器都使用 IE 内核，例如百度浏览器、世界之窗浏览器等。

2. 谷歌浏览器

谷歌浏览器的英文名称为“Chrome”，是由 Google 公司开发的一款网页浏览器。谷歌浏览器基于其他开源代码，目的是提升浏览器的稳定性、速度和安全性，并创造出简单有效的使用界面。早期谷歌浏览器使用 WebKit 内核，2013 年 4 月之后，新版本的谷歌浏览器开始使用 Blink 内核。谷歌浏览器不仅支持 Windows 平台，还支持 Linux、Mac 系统。

3. 火狐浏览器

火狐浏览器的英文名称为“Mozilla Firefox”(简称 Firefox),是开源组织 Mozilla 基金会提供的一款开源的浏览器,它开源了浏览器的源码,同时也提供了很多插件,方便了用户的使用。Firefox 使用 Gecko 内核,支持 Windows 平台、Linux 平台和 Mac 平台。它发布于2004 年,并已成长为因特网上非常好用的浏览器。

4. Safari 浏览器

Safari 浏览器是由 Apple 公司为 Mac 系统量身打造的一款网页浏览器,主要应用在苹果 MacOS 和 iOS 系统中。Safari 使用 WebKit 内核。

5. 欧朋浏览器

欧朋浏览器的英文名称为“Opera”,是挪威厂商 Opera Software SAA 旗下浏览器。Opera 使用 Presto 内核,它以快速小巧、符合工业标准、适用于多种操作系统而闻名于世。对于一系列小型设备诸如手机和掌上电脑来说,Opera 无疑是首选的浏览器。

以上是世界范围内主流的浏览器,除此之外,国内还有其他的一些浏览器,比如搜狗浏览器、360 浏览器、QQ 浏览器等。

1.2 Web 前端开发技术及标准

要想学好、学会网页制作,首先需要对 Web 前端开发技术有一个整体的认识。下面将对网页制作的相关技术进行简单介绍。

1.2.1 Web 前端技术构成

Web 前端开发主要由三大技术构成:结构(structure)、表现(presentation)和行为(behavior)。

1. 结构

结构主要是对网页中用到的信息进行组织和分类。在结构方面用到的技术主要包括 HTML、XML 和 XHTML。

HTML 是 hypertext markup language 的缩写,中文译为“超文本标识语言”,设计 HTML 的目的是创建结构化的文档以及提供文档的语义。

XML 是 the extensible markup language 的缩写,中文译为“可扩展标记语言”,是一种能定义其他语言的语言。XML 最初设计的目的是弥补 HTML 的不足,以强大的扩展性满足网络信息发布的需要,现在 XML 主要作为一种数据格式,用于网络数据的转换和描述。

XHTML 是 the extensible hypertext markup language 的缩写,中文译为“扩展超文本标识语言”。XHTML 是在 HTML4.0 的基础上,用 XML 的规则对其进行扩展建立起来的。建立 XHTML 的目的就是实现 HTML 向 XML 的过渡,目前已被 HTML5 所取代。

2. 表现

表现用于对已被结构化的信息进行显示上的控制,包括网页的版式、背景颜色和字体大小等形式控制。用于表现的 Web 标准技术主要是 CSS 层叠样式表。

CSS 是 cascading style sheets 的缩写，中文译为“层叠样式表”。W3C 创建 CSS 标准的目的是希望用 CSS 来描述整个页面的布局设计，与 HTML 所附着的结构分开。使用 CSS 布局与 HTML 所描述的信息结构相结合，可以实现表现与结构的分离，使站点的构建及维护更加容易。

3.行为

行为技术在网页中主要对网页信息的结构和显示进行逻辑控制，实现网页的智能交互。行为标准语言主要包括文档对象模型(如 W3C DOM)和 ECMAScript 等。

DOM 是 document object model 的缩写，中文译为“文档对象模型”，DOM 是一种让浏览器与网页内容沟通的语言，使得用户可以访问页面元素和组件。ECMAScript 是由 EMA (European Computer Manufactures Association)组织制定的标准脚本语言。目前使用最广泛的是 ECMAScript262，也就是 JavaScript5.0 版本。

1.2.2 Web 标准

为了使 Web 更好地发展，在开发新的应用程序时，浏览器开发商和站点开发商共同遵守标准就显得尤为重要。为此，W3C 与其他标准化组织共同制定了一系列的 Web 标准。Web 标准不是某一个标准，而是一系列标准的集合，主要包括结构标准、表现标准和行为标准。

W3C 是 World Wide Web Consortium 的缩写，中文译为“万维网联盟”，是一个 Web 标准化组织。W3C 除了制定 CSS 标准，还制定了 HTML、XML 等 200 多项 Web 技术标准。这些规范有效促进了 Web 技术的兼容，对互联网的发展和应用起到了支撑作用。W3C 的官网地址是 https://www.w3.org。

在符合 Web 标准的网页设计中，HTML 与 CSS、JavaScript 并列称为网页前端设计的 3 种基本语言，其中：

• HTML：负责构建网页的基本结构；也就是网页包括哪些内容，比如标题、段落、图片、表格等，这些都是由 HTML 语言来构成的。它是从语义的角度，描述页面结构。

• CSS：负责设计网页的表现效果；网页的样式包括字体、字号，页面的布局，文本、图片摆放的位置，这些都属于样式的范畴。网页的样式是从审美的角度，用来美化页面的。

• JavaScript：负责开发网页的交互效果，比如表单的验证、二级菜单的显示与隐藏、图片轮播效果等。JavaScript 是从交互的角度，用来提升用户体验的。

每个技术标准都有一个版本，目前 HTML 的最新版本是 HTML5，CSS 的最新版本是 CSS3，而 JavaScript 的最新版本是 JavaScript5。

W3C 这个组织为了方便开发人员理解标准并进行应用，它还提供了一个学习的网站，网址是：https://www.w3school.com.cn。

1.3 网页制作工具

1.3.1 常用的网页制作工具

工欲善其事,必先利其器,一款优秀的开发工具能够极大提高程序开发效率与体验。在Web前端开发中,常用的编辑工具有Notepad++、Sublime Text、VS Code、HBuilder等,下面对这些编辑工具进行简单介绍。

1. Notepad++

Notepad++是一款在Windows环境下免费开源的代码编辑器,支持的语言包括HTML、CSS、JavaScript、XML、PHP、Java、C/C++、C#等。Notepad++不仅有语法高亮度显示,也有语法折叠功能,并且支持宏以及扩充基本功能的外挂模组。

Notepad++的官网地址为https://notepad-plus-plus.org/,我们可以从官网中下载对应的软件,按步骤安装即可使用。

2. Sublime Text

Sublime Text是一个轻量级的代码编辑器,具有友好的用户界面,支持拼写检查、书签、自定义按键绑定等功能,还可以通过灵活的插件机制扩展编辑器的功能,其插件可以利用Python语言开发。

Sublime Text是一个跨平台的文本编辑器,支持Windows、Linux、MacOS等操作系统。其官网地址为http://www.sublimetext.com/,我们可以从官网中下载该软件,按步骤安装即可使用。

3. Adobe Dreamweaver

Adobe Dreamweaver是一个集网页制作和网站管理于一身的所见即所得网页编辑器,利用对HTML、CSS、JavaScript等内容的支持,帮助网页设计师提高网页制作效率,降低网页开发的难度和HTML、CSS的学习门槛。但缺点是可视化编辑器功能会产生大量冗余的代码,而且不适合开发结构复杂、需要大量动态交互的网页。

4. Visual Studio Code

Visual Studio Code(简称VS Code)是一款由Microsoft Corporation开发并推出的用于跨平台编写源代码的编辑器。

VS Code默认支持非常多的编程语言,包括JavaScript、TypeScript、CSS和HTML;也可以通过下载扩展支持Python、C/C++、Java和Go在内的其他语言。支持功能包括语法高亮、括号补全、代码折叠和代码片段;对于部分语言,可以使用代码自动补全。其官网地址为https://code.visualstudio.com/,我们可以从官网中下载该软件,按步骤安装即可使用。

5. HBuilder

HBuilder是由DCloud(数字天堂(北京)网络技术有限公司)推出的一款支持HTML5的Web开发编辑器。快,是HBuilder的最大优势,通过完整的语法提示和代码输入法、代码块等，大幅提升 HTML、JavaScript、CSS 的开发效率。

本书选择使用 HBuilder 编辑器进行代码编写，下面详细介绍 HBuilder 工具的使用。

1.3.2 下载与安装 HBuilder

1. 下载 HBuilder

我们可以通过官网地址 https://www.dcloud.io/下载 HBuilder 安装包。需要注意的是，HBuilder 目前有两个版本，一个是 Windows 版，一个是 MacOS 版。（这里选择 Windows 版中的标准版。）单击 Windows 版下的“标准版”按钮即可下载 HBuilder 安装包，如图 1-8 所示。

图 1-8 HBuilder 下载界面

2. 安装 HBuilder

安装 HBuilder 的方法很简单。首先将下载的 HBuilder 压缩文件进行解压缩；然后打开解压后的文件夹，找到名为“HBuilder.exe”的可执行文件；鼠标右键单击该文件，在弹出的快捷菜单中选择“发送”→“桌面快捷方式”命令即可。

1.3.3 使用 HBuilder 新建项目

下面我们通过一个示例演示如何使用 HBuilder 创建网站项目。

示例：使用 HBuilder 创建一个名为 myweb 的网站项目，并在该项目中添加一个名为 story.html 的网页文档。实现步骤如下：

步骤 1：使用 HBuilder 新建项目

（1）双击桌面上的 HBuilder 快捷方式图标，打开 HBuilder 编辑器，如图 1-9 所示。

由图 1-9 我们看到，HBuilder 的窗口界面由菜单栏、工具栏、项目子窗口、编辑子窗口、预览窗口和控制台等组成。

（2）依次单击菜单栏中的“文件”→“新建”→“项目”命令（或单击工具栏中的新建按钮，在弹出的菜单栏中选择“项目”命令），打开如图 1-10 所示的新建项目窗口。

（3）在该窗口左侧的项目列表栏中选择“普通项目”，在右侧“项目名称”栏中输入项目名称，这里输入“myweb”；在浏览栏中选择项目的位置，这里选择 D:/。在“选择模板”栏中选

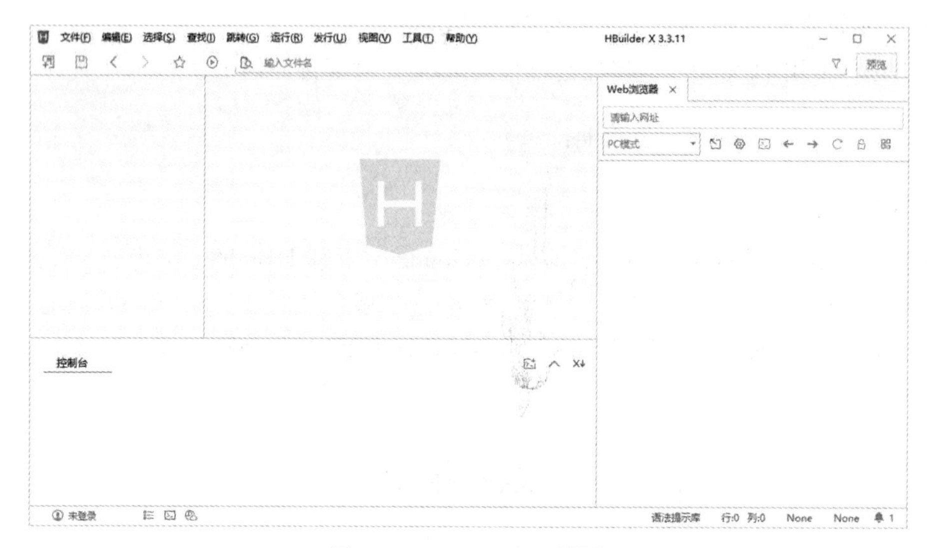

图 1-9　HBuilder 窗口界面

图 1-10　新建项目窗口

择项目模板，这里选择“基本 HTML 项目”，然后单击“创建”按钮即可创建一个名为“myweb”的项目，如图 1-11 所示。

在该窗口左侧的项目子窗口中显示新建的网站项目“myweb”，并在该项目文件夹中自动添加了名字分别为 img、css 及 js 的三个文件夹和一个名为 index. html 的网页文件。

步骤 2：使用 HBuilder 创建 HTML 文档

(1)在项目子窗口中选择刚才新建的网站项目“myweb”，依次单击菜单栏中的“文件”→“新建”→“. HTML 文件”命令，打开新建 html 文件窗口，如图 1-12 所示。

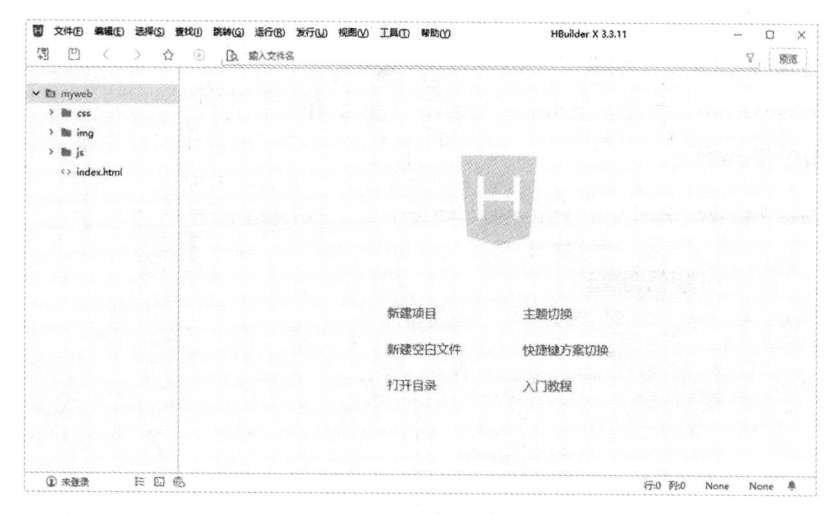

图 1-11　新建项目完成

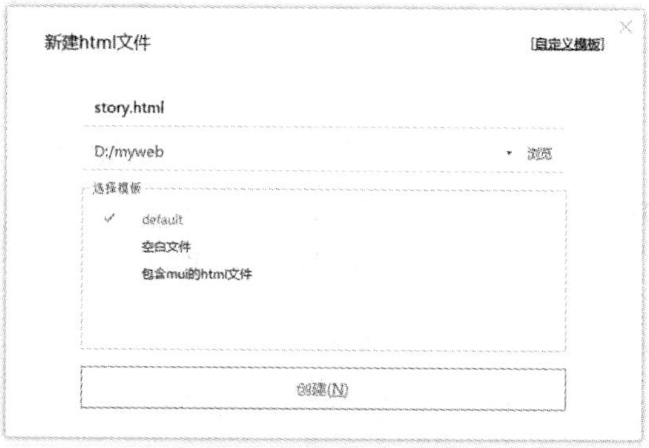

图 1-12　新建 html 文件窗口

(2)在“文件名称”栏中输入文件的名称，这里输入 story. html；在“选择模板”栏中选择文件模板，这里选择 default；单击“创建”按钮即可创建此文档，如图 1-13 所示。

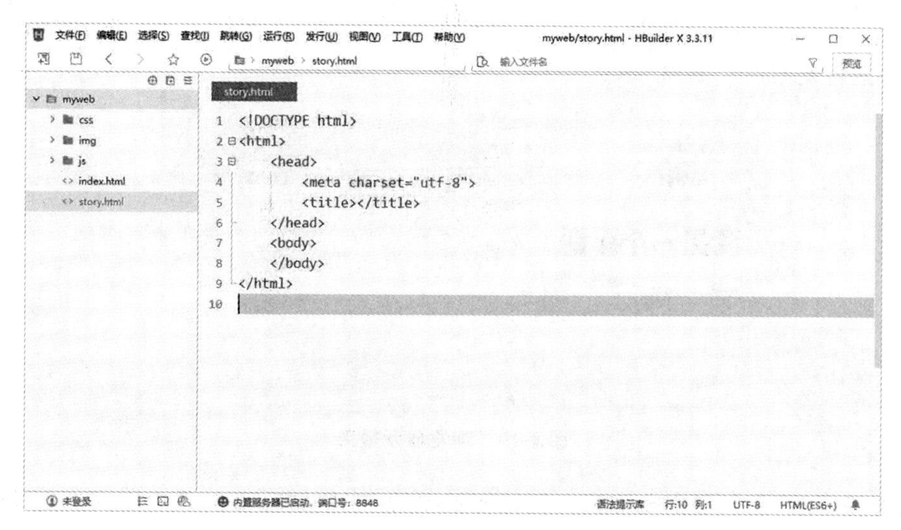

图 1-13　新建 html 文件页面

由图 1-13 看到，在该窗口的项目子窗口中多了一个新建的 story. html 文档，并在该窗口的编辑子窗口显示该文档的默认 HTML 代码结构。

(3)在 story. html 文档的＜title＞＜/title＞标签和＜body＞＜/body＞标签之间添加代码，内容如图 1-14 所示。

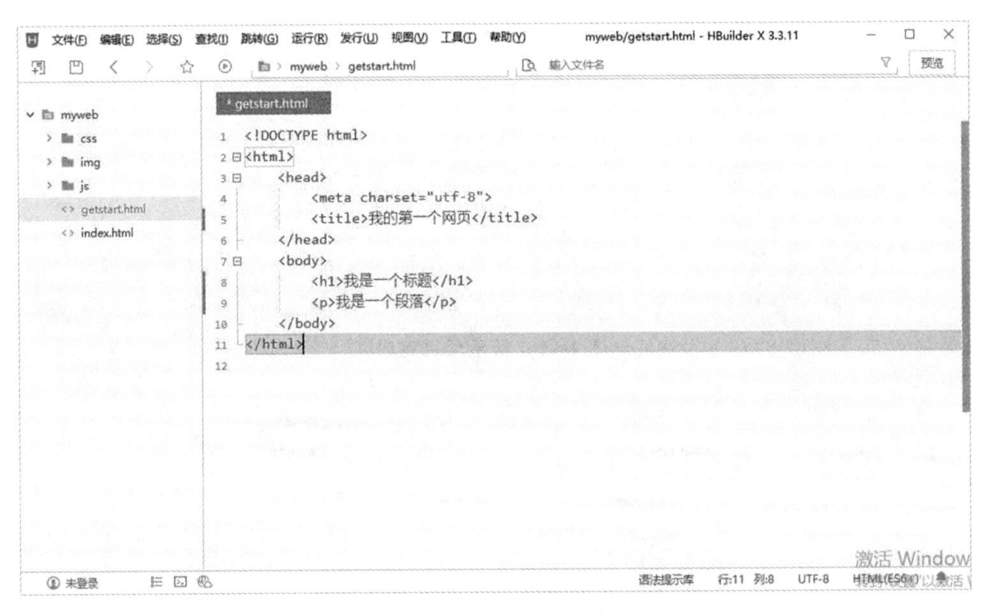

图 1-14　添加内容页面

步骤 3:在浏览器中运行这个 HTML 文档

(1)单击菜单栏中的“文件”→“保存”命令(或使用快捷键 Ctrl+S)，保存文件。

(2)单击菜单栏中的“运行”→“运行到浏览器”→“Chrome”命令(也可以选择其他浏览器)，HBuilder 会部署一个本地的 Web 服务，然后调用浏览器，在地址栏中用访问本地 Web 服务的形式打开页面。浏览显示效果如图 1-15 所示。

在浏览器的地址栏可以看到访问的地址是 127.0.0.1:8848/myweb/story. html。这是因为 HBuilder 已经为站点创建了一个小型的 Web 服务器，监听端口为 8848，并将站点作为虚拟目录进行发布。

图 1-15　浏览显示效果

至此，我们实现了使用 HBuilder 创建网站项目，在网站项目中添加网页文档及浏览查看网页的功能。

HBuilder 通过完整的语法提示和代码输入法、代码块等，大幅提升 HTML、JavaScript、CSS 的开发效率。HBuilder 常用的快捷键如下：

- Ctrl+Shift+/:用于注释若干行代码或取消注释。
- Ctrl+D:用于删除光标所在的一行。
- Ctrl+Enter:在下面产生一个新的空白行。
- Ctrl+Shift+F:在当前目录查找字符串。
- Ctrl+Shift+W:一次性关闭已经打开的全部文档。

◆ 项目总结

本项目主要学习了网页制作的基础知识，包括网站和网页的基本概念、世界上主流的浏览器软件、网页制作三大技术及标准，学习了 HBuilder 工具的安装与使用。

通过本项目的学习，应该能够认识网页和网站，了解网页制作技术及标准，熟练地使用 HBuilder 编辑器创建简单的网页。希望学习者以此为开端，完成本书的学习。

◆ 课后习题

一、填空题

1. 网页分为________网页和________网页。

2. Web 标准主要包括结构、表现和__________ 三个方面。

3. HTML 是____的简写，中文译作________。

4. 用 HTML 语言编写的文档，通常它的扩展名为________。

5. 用于存放并有效地组织管理网页的文件夹就是________，________是构成网站的基本元素。

6. 使用 HBuilder 开发网页时，一次性关闭已经打开的全部文档的快捷键是__________。

二、选择题

1. 以下不是网页的页面元素的是：(　　)。

A. 导航栏　　B. logo　　C. 文字与图片　　D. 网页源文件

2. 以下说法中，错误的是：(　　)。

A. 网站 logo、banner、导航栏等都是网页的组成部分

B. 主页就是进入网站的第一个页面，也被称为首页

C. 网站就是一系列逻辑上可以视为一个整体的网页的集合

D. 所有网页的扩展名都是. html

3. 以下说法中，错误的是：(　　)。

A. 网页的本质就是 HTML 等源代码文件

B. 网页就是主页

C. 使用“记事本”编辑网页时，可将其保存为. htm 或. html 后缀

D. 网站通常就是一个完整的文件夹

4. 以下关于浏览器的描述错误的是：(　　)。

A. 主流的浏览器有 Chrome、Firefox、IE 等

B. 不同浏览器厂商的浏览器，一定有不同的内核

C. 不同版本的浏览器差别可能很大，对 Web 技术的支持度也会不同

D. Chrome 浏览器可以在进行 Web 前端开发时，用于调试和测试

5. 以下关于 Web 前端开发技术标准叙述不正确的是：(　　)。

A. 技术标准主要包括 HTML、CSS、JS 等技术的一些规定

B. 技术标准是由 W3School 组织提供的

C. 这些技术标准是在做 Web 前端开发的时候需要遵守的

D. 技术标准的应用是一个逐步的过程

三、简答题

1. 网页和网站有何联系与区别？

2. 目前主流网页制作工具主要有哪些？作为初学者，你将会选择哪一种工具？

项 目 2

使用HTML5组织页面内容

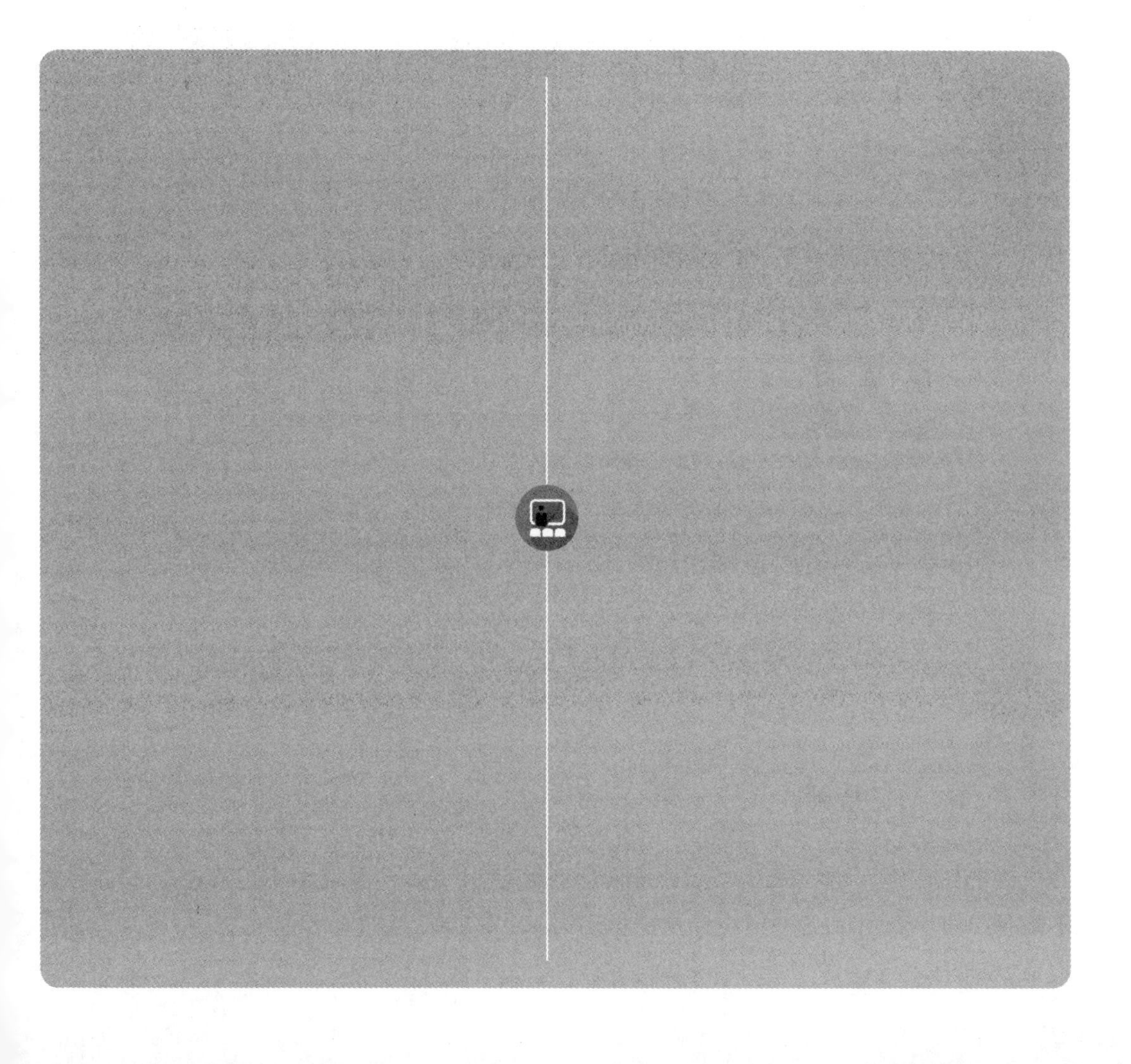

HTML是用来建立网页文件的一种超文本标记语言。从初期的网络诞生到现在，已经推出了许多版本HTML。HTML5是HTML的最新版本，老版本的大部分标签在HTML5中依然适用。

本项目学习HTML5保留的老版本HTML标签的功能，并通过实例讲解这些标签的使用方法。

学习目标

- 了解并掌握HTML5文档的基本结构；
- 掌握HTML文本控制标签的用法；
- 掌握HTML图像标签、超链接标签的用法；
- 掌握HTML列表标签、表格标签的用法；
- 掌握HTML表单标签的用法；
- 会使用HTML标签组织页面内容。

项目案例

通过本项目的学习，实现浏览效果如图2-1所示的简单网页文档。

图2-1 一个简单的网页文档

2.1 HTML基础

HTML是hypertext markup language的缩写，中文译为超文本标记语言。HTML并不是一门编程语言，而是一门描述性的标签语言。HTML标签可以标识文本、图片、动画、声音、表格和超链接等，使用HTML标签编写的文档称为HTML文档，其扩展名为.html。

2.1.1 HTML 语法

HTML 文档由标签和信息混合组成，这些标签和信息必须遵循一定的组合规则，否则浏览器是无法解析的。

1.HTML 标签

HTML 标签是由尖括号括起来的，比如＜html＞、＜head＞、＜body＞等。尖括号里面的部分是标签的名字，不同标签的名字是不一样的，具有的功能是不相同的。

HTML 标签通常是成对出现的，比如＜p＞＜/p＞用来表示段落的标签。标签对中的第一个标签是开始标签，又称起始标签，第二个标签是结束标签，结束标签只是比开始标签多加了一个斜杠“/”。也有一些标签是单标签，比如＜img /＞、＜br /＞等。

HTML 标签不区分大小写，比如文本加粗标签＜b＞或＜B＞表示是同一个标签。但习惯上，我们使用小写字母来书写 HTML 标签。

2.HTML 元素

HTML 元素以开始标签起始，以结束标签终止，元素的内容是开始标签与结束标签之间的内容。

语法：＜标签＞内容＜/标签＞

例如：

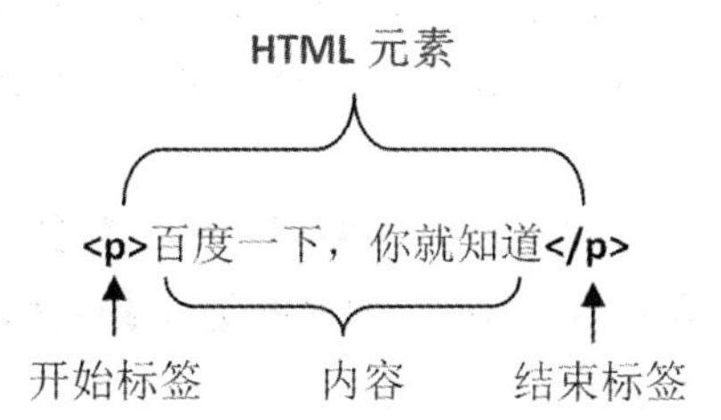

3.属性

HTML 标签都是有属性的，属性用来为元素附加一些额外信息，属性都必须包含在开始标签中。一个标签可以有多个属性，属性包含属性名称和属性值两部分，中间通过等号进行连接。比如＜img/＞标签的 src 属性用于设置加载图片的路径信息，alt 属性用于设置可替换的文本，代码如下。

```
<img src="logo.jpg" alt="站标" />
```

标签名 属性 1 值 1 属性 2 值 2

注意 属性是没有先后顺序的，多个属性之间用空格分隔。

2.1.2 HTML5 文档的基本结构

一个完整的 HTML5 文档基本结构如下所示。

```
<!DOCTYPE html>                    文档声明
```

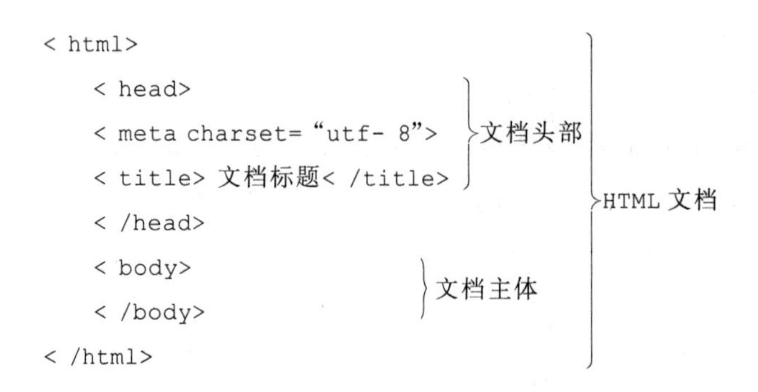

具体说明如下：

(1)<! DOCTYPE>标签。

<! DOCTYPE>标签位于文档的最前面，用于向浏览器说明当前文档使用哪种HTML或XHTML标准规范。

必须在文档的开头处使用<! DOCTYPE >标签为所用的HTML文档指定HTML版本和类型，这样浏览器才能将该文档作为有效的HTML文档，并按指定的文档类型进行解析。

(2)<html>标签。

<html>标签位于<! DOCTYPE>标签之后，也称为根标签，用于告诉浏览器其自身是一个HTML文档。<html>标签标志着HTML文档的开始，</html>标签标志着HTML文档的结束，在<html>和</html>之间是文档的头部和主体内容。

(3)<head>标签。

<head>标签紧跟在<html>标签之后，主要用来封装其他位于文档头部的标签，例如<title>、<meta>、<link>和<style>等，用来描述文档的标题、作者，以及与其他文档的关系等。

(4)<body>标签。

<body>标签用于定义HTML文档所要显示的内容，也称为主体标签。浏览器中显示的所有文本、图像、音频和视频等信息都必须位于<body>标签内，<body>标签中的信息才是最终展示给用户看的。

需要注意的是，一个HTML文档只能包含一对<head></head>标签和一对<body></body>标签，且<body>必须在<html>内，位于<head></head>之后，与<head>是并列关系。

如果把上面的文档基本结构代码复制到文本文件中，然后另存为“test. html”，就可以在浏览器中浏览了。当然，由于这个简单的HTML文档还没有包含任何可显示信息，所以在浏览器中是看不到任何内容的。

2.1.3 字符集与字符编码

如果要正确地显示HTML文档页面内容，浏览器必须知道网页文档使用何种字符编码。

1. 字符集(Charset)

字符是各种文字和符号的总称，包括各国家文字、标点符号、图形符号、数字等。如：

123、abc、一二三、!、%、@ 等。

字符集是一个系统支持的所有抽象字符的集合。

2. 字符编码(Character Encoding)

计算机中储存的信息都是用二进制数表示的,而我们在显示器上看到的英文、汉字等字符是二进制数转换之后的结果。通俗地说,按照何种规则将字符存储在计算机中,如'a'用什么表示,称为“编码”;字符编码就是将字符转换为计算机可以接受的数字系统的数,也称为数字代码。

常用的字符集有 ASCII 字符集、GB2312 字符集、Unicode 字符集等。

• ASCII 字符集:主要包括控制字符(回车键、退格、换行键等),可显示字符(英文大小写字符、阿拉伯数字和西文符号)。万维网早期使用的字符集是 ASCII。ASCII 的最大缺点是只能显示 26 个基本拉丁字母、阿拉伯数字和英式标点符号,因此只能用于显示现代美国英语。

• GB2312:中国国家标准简体中文字符集,全称《信息交换用汉字编码字符集 · 基本集》,又称 GB2312—80,由中国国家标准总局发布,1981 年 5 月 1 日实施。GB2312 的出现,基本满足了汉字的计算机处理需要,它所收录的汉字已经覆盖中国 99.75%的使用频率。

• Unicode 字符集:为了适合各地语言和字符,Unicode 联盟开发了 Unicode 标准。Unicode 标准涵盖了世界上的所有字符、标点和符号。不论是何种平台、程序或语言,Unicode 都能够进行文本数据的处理、存储和交换。

Unicode 可以被不同的字符集兼容。最常用的编码方式是 UTF-8 和 UTF-16。UTF-8(8-bit unicode transformation format)是一种针对 Unicode 的可变长度字符编码(定长码),也是一种前缀码。它可以用来表示 Unicode 标准中的任何字符,且其编码中的第一个字节仍与 ASCII 兼容,这使得原来处理 ASCII 字符的软件无须或只需做少部分修改,即可继续使用。因此,它逐渐成为电子邮件、网页及其他存储或传送文字的应用中优先采用的编码。

多学一招:解决乱码问题

当我们编写浏览网页时,如果源文件保存时的编码方式与源文件声明编码方式(＜meta charset=“编码方式”＞)不一致,就会出现乱码问题。

例如,我们编写一个网页文件保存时的编码方式如图 2-2 所示,源文件声明编码方式为＜meta charset=“ utf-8”/＞,浏览网页时就会出现如图 2-3(a)所示的乱码。

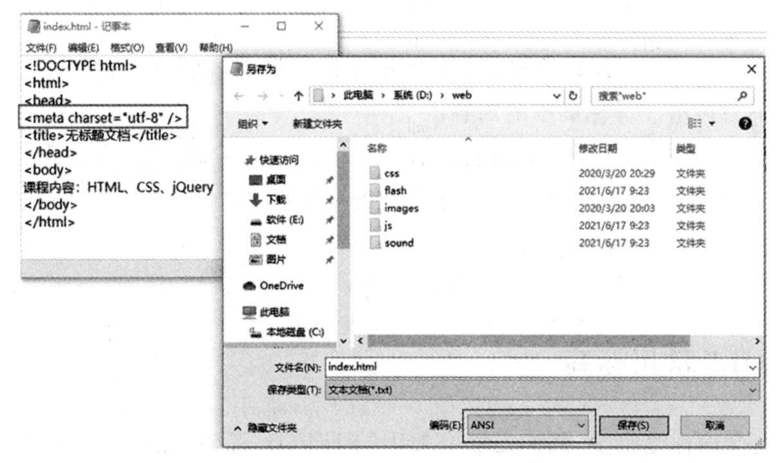

图 2-2 网页文件保存时的编码方式与源文件声明编码方式不一致

解决的办法:将源文件保存时的编码方式与源文件声明编码方式(即提供给浏览器解析的编码方式)修改为一致,都为 utf-8,浏览时就会出现如图 2-3(b)所示的正确编码。

(a)乱码　　(b)正确编码

图 2-3　编写浏览网页

2.1.4　HTML 注释

在实际网页开发中,我们需要为一些关键的 HTML 代码标明一下这段代码的含义,这时候就要用到 HTML 注释。

语法:

```
<!--注释的内容-->
```

说明:“<!--”表示注释的开始,“-->”表示注释的结束。

例如:

```
<!DOCTYPE html>           <!--声明为 HTML5 文档-->
<html>                    <!--HTML 文档标记-->
<head>                    <!--文档头部标记-->
    <meta charset="utf-8">
    <title>文档标题</title>
</head>
<body>
    <!--此处为页面正文部分-->
</body>
</html>
```

用“<!-- -->”注释的内容不会显示在浏览器中,浏览器遇到“注释标签”就会自动跳过,因此不会显示注释标签中的内容。

在 HTML 中,对一些关键代码进行注释是一个很好的习惯,可以方便我们日后理解、快速修改代码;需要说明的是,并不是每一行代码我们都要注释的,只有重要的、关键的代码才需要注释。

2.2　HTML5 常用标签

HTML 定义的标签很多,我们先学习常用的 HTML 标签,随着学习的不断深入,相信读者会完全掌握 HTML 所有标签的用法和使用技巧。

2.2.1 文本控制标签

一篇结构清晰的文章通常都会通过标题、段落、分割线等进行结构排列，HTML 网页也不例外，为了让网页中的文本排版整齐、结构清晰，HTML 提供了一系列的文本控制标签，如标题标签、段落标签、水平线标签等，下面我们学习这些标签的用法和使用技巧。

1. 标题标签

在 HTML 中，标题是通过<h1>～<h6>标签进行定义的，用来标识标题文本，一共有六级。<h1>是一级标题，字体最大；<h6>是六级标题，字体最小。标题标签的语法格式如下：

```
< hn> 标题文本< /hn>
```

说明：该语法中 n 的取值为 1 到 6，代表 1～6 级标题。下面我们通过一个例子来说明标题标签的使用。

示例 1：标题标签的应用示例。

```
< ! DOCTYPE html>
< html>
< head>
    < meta charset= “UTF- 8”>
    < title> 标题标签应用示例< /title>
< /head>
< body>
    < h1> 这是一级标题< /h1>
    < h2> 这是二级标题< /h2>
    < h3> 这是三级标题< /h3>
    < h4> 这是四级标题< /h4>
    < h5> 这是五级标题< /h5>
    < h6> 这是六级标题< /h6>
< /body>
< /html>
```

各级标题浏览效果如图 2-4 所示。

由图 2-4 可以看到，默认情况下标题文本是加粗左对齐显示的，并且从<h1>到<h6>，标题文本字体大小依次递减。

想一想：<title>标签和<h1>标签一样吗？

<title>标签和<h1>标签是不一样的，<title>标签用于定义浏览器标题栏的标题，而<h1>标签用于定义网页文档内的标题文本，如图 2-5 所示。

图 2-4 标题标签的应用示例

图 2-5　<title>标签和<h1>标签

2. 段落标签

在 HTML 中段落是通过<p>标签进行定义的，其基本语法格式如下：

```
<p>段落文本</p>
```

<p>是 HTML 文档中最常见的标签，默认情况下，文本在一个段落中会根据浏览器窗口的大小自动换行。下面通过一个例子来说明段落标签的使用。

示例 2：段落标签的应用示例。

```
<!DOCTYPE html>
<html>
<head>
    <meta charset="UTF-8">
    <title>段落标签应用示例</title>
</head>
<body>
    <p>这是段落,每个段落自动换行。</p>
    <p>这是段落,每个段落自动换行。</p>
    <p>段落内部文字忽略连续         空格,


    也不会显示空行,且不会换行。
    </p>
</body>
</html>
```

浏览效果如图 2-6 所示。

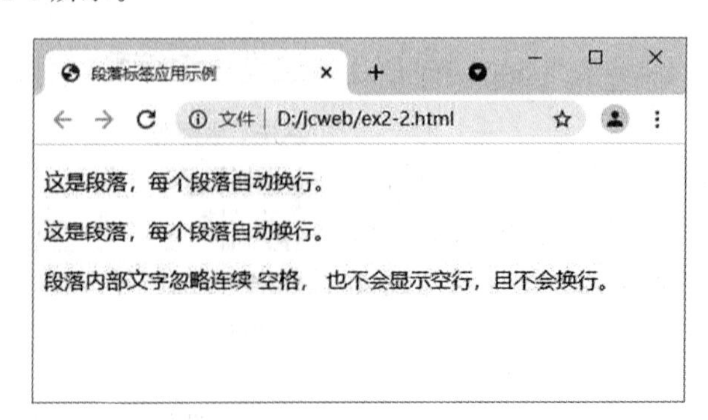

图 2-6　段落标签的应用示例

由图 2-6 可以看到，在浏览器中显示时，每个段落都会自动换行，并且段落与段落之间有一定的间隔距离。

3. 换行标签

在 HTML 中，一个段落中的文本会从左到右依次排列，直到浏览器窗口的右端，然后自动换行。如果希望在不产生一个新段落的情况下进行换行（新行），可以使用
标签。下面通过一个示例演示换行标签的具体用法。

示例 3：换行标签的应用示例。

```
< ! DOCTYPE html>
< html>
< head>
    < meta charset= "UTF- 8">
    < title> 换行标签应用示例< /title>
< /head>
< body>
    < h3> 静夜思< /h3>
    < p> 李白< /p>
    < p> 床前明月光，疑是地上霜。< br>
    举头望明月，低头思故乡。< /p>
< /body>
< /html>
```

浏览效果如图 2-7 所示。

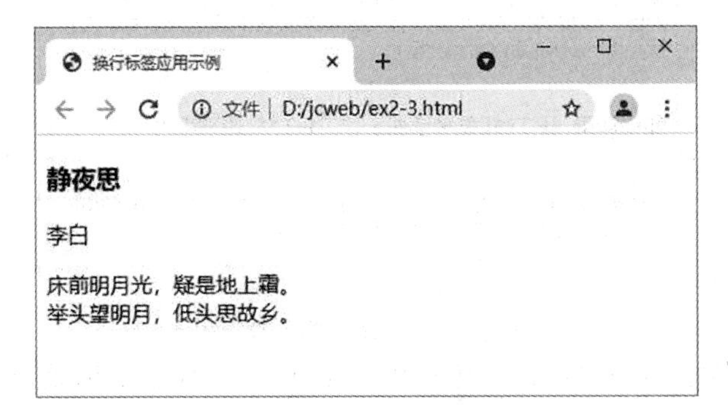

图 2-7　br 标签应用效果

由图 2-7 可以看到，使用<p>标签会导致段落与段落之间有一定的间隔，而使用
标签却不会。
标签是用来给文本"换行"的，而<p>标签是用来给文本"分段"的。

4. HTML 水平线

<hr>标签用于在 HTML 页面中创建水平线，可用于分隔网页内容。<hr>标签是单标签，在网页中输入了一个<hr>标签，就添加了一条默认样式的水平线。

示例 4：水平线标签的应用示例。

```
< ! DOCTYPE html>
< html>
< head>
    < meta charset= "UTF- 8">
```

```
        < title> 水平线标签应用示例< /title>
    < /head>
    < body>
        < h3> 学习 HTML 会很难吗？ < /h3>
        < hr />
        < p> 在初学者看来制作一个网站很难，但事实并非如此！ 制作网站其实是很简单的一件事情，就像我们编辑 word 文档，文字居中，文字改变颜色，添加背景，文字加粗，插入图片等等；在网页上只不过是把这些操作用 HTML 语言来表示罢了。< /p>
        < hr />
        < h3> 如何利用《HTML 参考手册》学习 HTML 语言呢？ < /h3>
        < hr />
        < p> 一定要多动手，多多修改别人的网页代码。（在效果页上单击右键选择"查看源文件"即可查看实现该效果的代码）< /p>
    < /body>
    < /html>
```

浏览效果如图 2-8 所示。

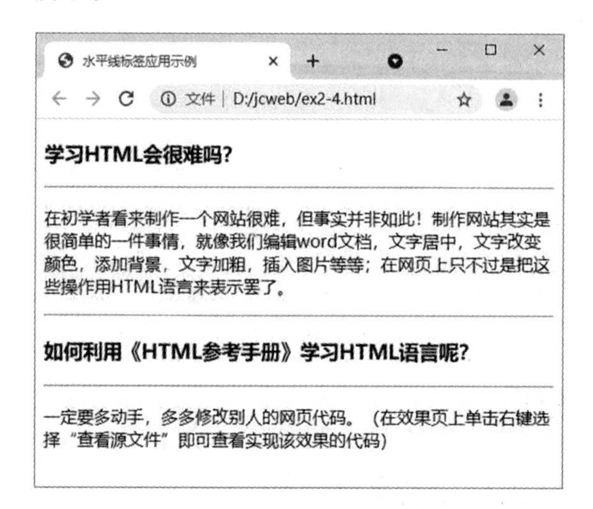

图 2-8　水平线标签浏览效果

除上述文本控制标签外，HTML 还提供了如下的文本控制标签以满足文本特殊显示需求。

<pre>：用于表示该标签所包含的文本已经进行了“预格式化”。

<cite>：用于表示作品（一本书、一首歌、一部电影等）的标题。

<code>：用于表示一段计算机代码。

<address>：用于表示一个文档或文章的作者/拥有者的联系信息；<address>元素中的文本通常呈现为斜体。

<abbr>：用于表示一个缩写，使用 title 属性设置缩写的全称，这样就能够在鼠标指针移动到<abbr>元素上时显示出简称/缩写的完整内容。

<bdo>：定义文本显示的方向，属性 dir=“ltr”表示文本从左向右排列，属性 dir=“rtl”表示文本从右向左排列。

<blockquote>：用于定义一段带换行的、大段的引用文本，浏览器会使用缩进的方式显示被引用的文本。

使用上述文本控制标签来定义相关内容的代码如下,浏览器显示效果如图 2-9 所示。

```
< ! DOCTYPE html>
< html>
< head>
    < meta charset= “UTF- 8”>
    < title> 文本控制相关标签< /title>
< /head>
< body>
    中华人民共和国的缩写是:< abbr title= “People's Republic of China”> PRC< /abbr> 。< br>
    南京交通职业技术学院的地址:< address> 南京江宁科学园龙眠大道 629 号< br> 邮政编码:211188< br> 传真:025- 86115300< /address>
    < p> 下面是一段 JS 脚本代码:< br>
    < code>
    function showImg(index){< br>
      var $ rollobj= $ (“.banner”);< br>
      var $ rolllist= $ rollobj.find(“div a”);< br>
      var newhref= $ rolllist.eq(index).attr(“href”);< br>
    }< br>
    < /code>
    < /p>
    < cite>《冬夜读书示子聿》< /cite>
    < pre>         [作者]   陆游< /pre>
    < blockquote>
    古人学问无遗力,少壮工夫老始成。< br>
    纸上得来终觉浅,绝知此事要躬行。
    < /blockquote>
    从左向右排列文本:< bdo dir= “ltr”> 欢迎访问本网站! < /bdo> < br>
    从右向左排列文本:< bdo dir= “rtl”> 欢迎访问本网站! < /bdo>
< /body>
< /html>
```

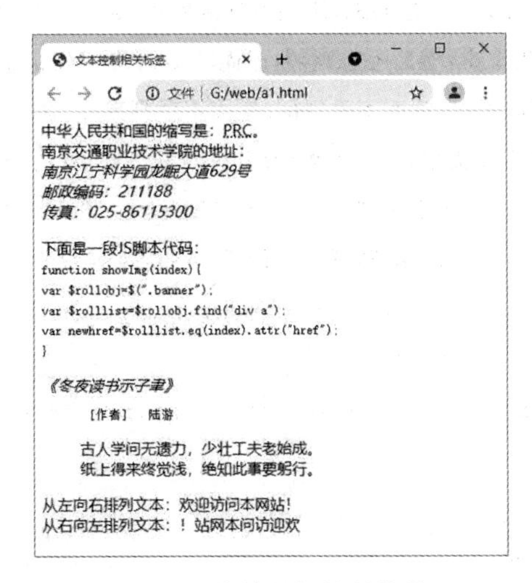

图 2-9　文本控制标签浏览效果

2.2.2 文本格式化标签

在网页中,有时需要为文字设置粗体、斜体或下划线效果,为此 HTML 提供了专门的文本格式化标签,使文字以特殊的方式显示。常用的文本格式化标签如表 2-1 所示。

表 2-1 HTML 文本格式化标签

标签	描述
<b>…</b>	定义粗体文本
<em>…</em>	定义强调文本,实际效果和斜体文本差不多
<i>…</i>	定义斜体文本
<big>…</big>	定义大号字体文本
<small>…</small>	定义小号字体文本
<strong>…</strong>	定义粗体文本,与<b>标签的作用基本相同
_…	定义下标文本
[…]	定义上标文本
<ins>…</ins>	定义插入文本
<del>…</del>	定义删除文本

示例 5:文本格式化标签应用示例。

```
< ! DOCTYPE html>
< html >
< head>
    < meta charset= "UTF- 8">
    < title> 文本格式化标签应用示例< /title>
< /head>
< body>
    < b> 加粗文本:学而不思则罔,思而不学则殆< /b> < br/> < br/>
    < i> 斜体文本:学而不思则罔,思而不学则殆< /i> < br/> < br/>
    < em> 强调文本:学而不思则罔,思而不学则殆< /em> < br/> < br/>
    < strong> 加粗文本:学而不思则罔,思而不学则殆< /strong> < br/> < br/>
    < big> 大号字体文本:学而不思则罔,思而不学则殆< /big> < br/> < br/>
    < small> 小号字体文本:学而不思则罔,思而不学则殆< /small> < br/> < br/>
    < ins> 插入文本:学而不思则罔,思而不学则殆< /ins> < br/> < br/>
    < del> 删除文本:学而不思则罔,思而不学则殆< /del> < br/> < br/>
    上标文本:A< sup > 2< /sup > + B< sup > 2< /sup > = C< sup > 2< /sup>
< br/> < br/>
    下标文本:A< sub> 2< /sub> + B< sub> 2< /sub> = C< sub> 2< /sub> < /b>
< /body>
< /html>
```

浏览效果如图 2-10 所示。

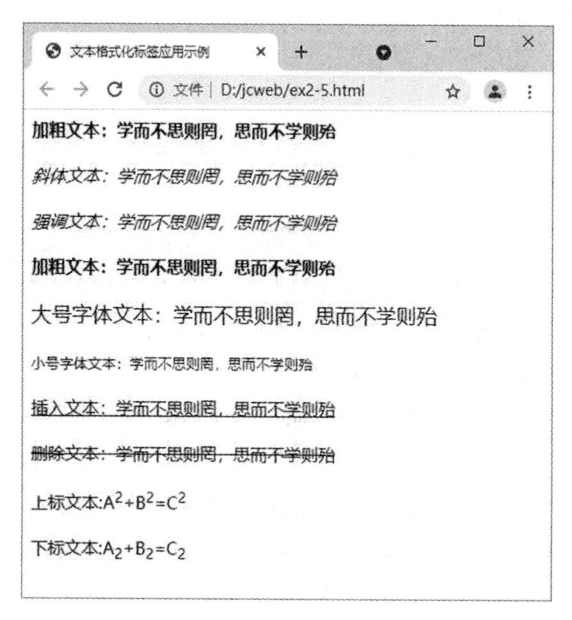

图 2-10　各种文本格式化标签的效果

2.2.3　图像标签

浏览网页时我们看到，网页中不仅有文本，还有图像。下面我们学习图像标签、绝对路径与相对路径。

1. 图像标签

在 HTML 中，图像是通过<img>标签进行定义的。插入图像的语法格式如下：

```
< img  src="图像文件的地址"  alt="提示文本"  title ="描述性文本"/>
```

说明：

(1)src 属性：用于指定图像文件所在的路径(也就是图像文件的地址)，如果是指向其他站点的文件，使用绝对路径；如果是指向站点内的文件，则使用相对路径。

(2)alt 属性：用于指定图像的可替换文本，用文字的方式描述图像。在浏览器无法载入图像时，浏览器将显示这个替代性的文本。

(3)title 属性：用于设置鼠标指针悬停在图像时的提示文字。

例如：

```
< img src="img/logo.png" alt="站标"/>    //使用站点内的图像文件
```

再如：

```
< img src="http://www.w3school.com.cn/i/w3school_logo_white.gif" />
//来自 W3School.com.cn 的图像
```

2. 绝对路径与相对路径

我们知道，在使用计算机存储文件时，需要知道文件的位置，而表示文件位置的方式就是路径。网页中的路径分为绝对路径和相对路径。

1)绝对路径

绝对路径就是网页上的文件或文件夹在磁盘上的真正路径，是以根目录为基准的路径。

例如，使用绝对路径插入图像文件 logo. png 的代码为：

< img src= “D:/myweb/img/logo.png” alt= “站标”/>

2)相对路径

所谓相对路径，就是自己相对于目标位置，是以该文档所在位置为基准的路径。在网页中，相对路径的设置分为以下 3 种。

(1)图像文件和 HTML 文件位于同一文件夹：只需输入图像文件的名称即可。

例如，假设站点根文件夹为 D:/myweb/，在该文件夹下存放一个网页文件 index. html 和一个图像文件 logo. png，如图 2-11 所示。则在 index. html 文档中插入此图像文件的 HTML 代码为：<img src=“logo. png”/>。

(2)图像文件位于 HTML 文件的下一级文件夹：输入文件夹名和文件名，之间用“/”隔开。

例如，站点根文件夹为 D:/myweb/，在该文件夹下存放一个网页文件 index. html 和一个图像文件夹 img，图像文件 logo. png 存放在图像文件夹中，如图 2-12 所示。则在 index. html 文档中插入此图像文件的 HTML 代码为：<img src=“img/logo. png”/>。

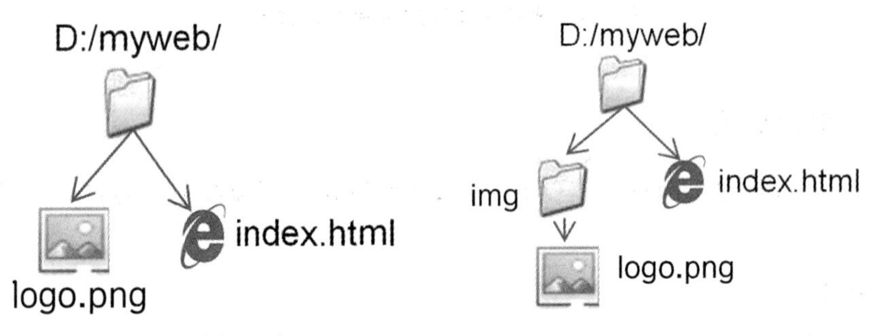

图 2-11　位于同一文件夹　　　　图 2-12　位于下一级文件夹

(3)图像文件和网页文件在不同级别的目录中，则需要输入文件夹名和文件名，之间用“/”隔开；如果是上一级目录中的文件，在目录名和文件名之前加入“../”，如果是上两级，则需要加入两个“../”，以此类推。

例如，站点根文件夹为 D:/myweb/，在该文件夹下存放一个网页文件夹 page 和一个图像文件夹 img，图像文件存放在 img 文件夹中，网页文件存放在 page 文件夹中，如图 2-13 所示。则在 index. html 文档中插入此图像文件的 HTML 代码为：<img src=“../img/logo. png”>。

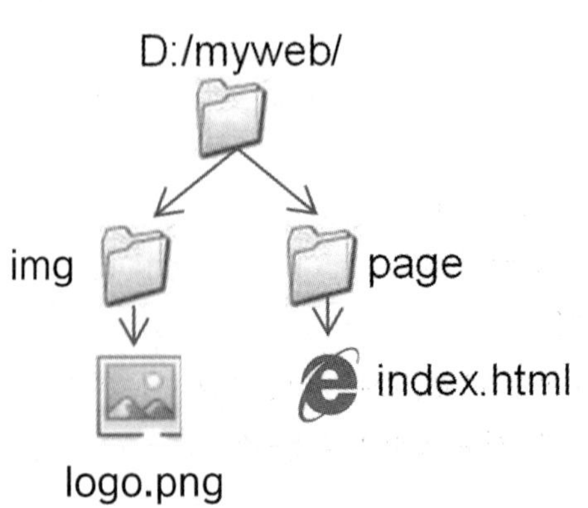

图 2-13　位于不同级别的目录中

通过以上示例我们得出：在把绝对路径转化为相对路径的时候，两个文件绝对路径中相同的部分都可以忽略，只要考虑它们不同之处就可以了。

2.2.4 超链接标签

一个网站通常由多个网页构成，如果想从一个页面跳转到其他页面，就需要在页面相应的位置添加超链接。网页中的超链接可以是文本超链接、图像超链接，当我们把鼠标指针移动到网页中的某个超链接上时，鼠标指针就会变成一只小手。

默认情况下，超链接文本在浏览器中的显示效果如下：

- 未访问过的链接：显示为蓝色字体并带有下划线；
- 访问过的链接：显示为紫色字体并带有下划线；
- 单击链接时：链接显示为红色字体并带有下划线。

注意 如果为超链接文本设置了 CSS 样式，浏览效果会根据 CSS 样式的设定而显示。

1. 创建超链接

在 HTML 中，超链接由<a>标签来定义。创建超链接的语法格式如下：

```
< a href= "目标地址"  ta rget= "窗口名称"  title= "链接提示文字"> 文本或图像< /a>
```

说明：

href 属性：用来指定链接目标的网址，可以是一个站点的 URL，一个站内页面的相对地址，或是一个 E-mail 地址，也可以是“#”表示的空链接。

target 属性：用来指定被链接的文档在何处显示。target 属性的取值有 4 种，即_parent、_blank、_self、_top，分别代表父框架、新窗口、自身窗口和顶层框架。

1)链接到本站点其他网页

如果在同一站点不同页面之间实现链接，只需在 href 属性中指定链接的相对地址就可以。例如，链接到站内的慢谈历史页面：<a href=“history. html”>慢谈历史</a>。

2)链接到其他站点

如果在不同站点的不同页面之间实现链接，则需在 href 属性中指定链接的完整地址。例如，链接到百度网站：<a href=“http://www. baidu. com”>百度</a>。

3)虚拟链接

如果网页的某些文本或图片要实现链接，但链接网页还没有创建，这时可以用空链接表示此处是要实现链接的。创建虚拟链接只需在 href 属性中用“#”表示。例如，<a href=“#”>话说家乡</a>。

4)发送到 E-mail

语法格式为：

```
<  a href= "mailto:电子邮件地址"> 文字或图片< /a>
```

例如，链接到 QQ 邮箱：< a href=“mailto:471690798@qq. com”>与我联系</a>。

在创建网页的过程中，如果不希望超链接的目标窗口将原来的窗口覆盖，可以通过 target 属性设置被链接的文档在何处显示。

target 的取值：

_parent：在父框架集中打开网页。

_blank：在新窗口中打开网页。

_self:默认,在自身窗口打开网页。

_top:在整个窗口中打开被链接文档。

例如,某站点根文件夹为 D:/myweb/,该文件夹下存放一个图像文件夹 img 和四个网页文件,如图 2-14 所示。index. html 文档的内容如图 2-15 所示,为该网页的话说家乡、趣谈美食、问问百度创建超链接,分别链接到 hometown. html、cate. html 及百度网站的首页。

图 2-14 站点根文件夹　　图 2-15 index. html 文档

实现代码如下所示。

```
< ! DOCTYPE html>
< html >
< head>
    < meta charset= “UTF- 8”>
    < title> 超链接标签应用示例< /title>
< /head>
< body>
    < h1> 首页< /h1>
    < h2> 导航< /h2>
    < a href= “hometown.html”> 话说家乡< /a>
    < a href= “cate.html”> 趣谈美食< /a>
    < a href= “http://www.baidu.com”> 问问百度< /a>
< /body>
< /html>
```

2. 书签链接

如果一个网页内容较多、页面过长,浏览网页时就需要不断地拖动滚动条来查看所需的内容,这样不仅效率较低,而且不方便操作。为了提高网页的浏览检索速度,HTML 提供了书签链接,通过使用书签链接,用户能够实现在页面的不同位置之间实现跳转。

创建书签链接分为两步:一是使用标签的 id 属性标注跳转目标的位置,即书签的位置;二是使用<a>标签的 href 属性创建链接到书签的文本或图像。

1)链接到同一页面的书签

语法格式:

```
< a href= “# id属性名”>链接的文本或图像< /a>
```

2)链接到不同页面的书签

语法格式:

```
< a href= “页面地址# id属性名”> 链接的文本或图像< /a>
```

与同一页面的书签链接不同的是，需要在链接的地址前增加文件所在的位置。

下面我们通过一个具体的示例来演示页面中创建书签链接的方法。

示例 6：在下面的示例中单击超链接文本，就可以跳转到指定的书签位置，单击底部的返回顶部超链接文本就可以返回到页面的顶部。

```
< ! DOCTYPE html>
< html>
< head>
    < meta charset= "UTF- 8">
    < title> 书签链接应用示例< /title>
< /head>
< body>
< h3 id= "top"> IT 名人录< /h3>   < ! - - 使用标签的 id 属性标注目标位置- - >
< h3> < a href= "# one"> 蒂姆 · 伯纳斯 · 李< /a> < /h2>  < ! - - 创建链接到 id= one
的书签链接- - >
< h3> < a href= "# two"> 布兰登 · 艾奇< /a> < /h3>
< hr>
< h3 id= "one"> 万维网、HTTP 协议发明者< /h3>  < ! - - 使用标签的 id 属性标注目标位
置- - >
< img src= "img/http.jpg">
< p> 蒂姆 · 伯纳斯 · 李，英国计算机科学家，万维网的发明者，南安普顿大学与麻省理工学院教
授。1990 年 12 月 25 日，罗伯特 · 卡里奥在 CERN 和他一起成功通过 Internet 实现了 HTTP 代理与
服务器的第一次通讯。< /p>
< p> 万维网联盟(W3C)是伯纳斯 · 李为关注万维网发展而创办的组织，并担任万维网联盟的主
席。他也是万维网基金会的创办人。< /p>
< p> 2004 年，英女皇伊丽莎白二世向伯纳斯 · 李颁发不列颠帝国勋章的爵级司令勋章。2009
年 4 月，他获选为美国国家科学院外籍院士。在 2012 年夏季奥林匹克运动会开幕典礼上，他获得了
"万维网发明者"的美誉。2017 年，他因"发明万维网、第一个浏览器和使万维网得以扩展的基本协议
和算法"而获得 2016 年度的图灵奖。< /p>
< hr>
< h3 id= "two"> JavaScript 语言的发明者< /h3>  < ! - - 使用标签的 id 属性标注目标
位置- - >
< img src= "img/javascript.jpg" >
< p> 布兰登 · 艾奇 1961 年生于美国加州的森尼维尔市，毕业于伊利诺伊大学香槟分校。1995
年任职于网景期间，为 Netscape 浏览器开发出 JavaScript，之后成为浏览器上应用最广泛的脚本
语言之一。1998 年布兰登协助成立 Mozilla，2003 年在美国在线决定结束 Netscape 浏览器的开
发后，布兰登协助成立了 Mozilla 基金会。< /p>
< hr>
< p> < a href= "# top"> 返回顶部< /a> < /p>
< /body>
< /html>
```

浏览此网页，浏览效果如图 2-16(a)所示，当鼠标单击某个链接文本如单击"布兰登 · 艾奇"链接文本时，网页会自动跳转到相应的内容介绍部分，浏览效果如图 2-16(b)所示；同样

单击页面底部的“返回顶部”链接文本时，网页会自动跳转到页面的顶部。

(a)　　　　　　　　(b)

图 2-16　书签链接浏览效果

2.2.5　列表标签

浏览网页时我们经常看到，页面中的新闻信息、产品图片信息都是以列表的形式呈现的。在 HTML 中，列表共分为三种：无序列表、有序列表和定义列表。

1. 无序列表

无序列表是一种不分排序的列表，各个列表项之间没有顺序级别之分。无序列表使用<ul>标签，每个列表项使用<li>标签。定义无序列表的语法格式如下：

```
< ul>
    < li> 列表项 1< /li>
    < li> 列表项 2< /li>
    < li> 列表项 3< /li>
    …
< /ul>
```

说明：上述语法中，<ul></ul>标签用于定义无序列表，<li></li>用于描述具体的列表项，一个无序列表中有几个列表项，<ul></ul>标签中就应包含几对<li></li>标签。下面通过一个示例演示无序列表的应用。

示例 7：无序列表的应用示例。

```
< ! DOCTYPE html>
< html >
< head>
    < meta charset= "UTF- 8">
    < title> 无序列表标签应用示例< /title>
< /head>
< body>
    < ul>
        < li> 慢谈历史< /li>
        < li> 话说家乡< /li>
        < li> 趣谈美食< /li>
```

```
    < /ul>
< /body>
< /html>
```

浏览效果如图 2-17 所示。

图 2-17　无序列表浏览效果

从图 2-17 可以看到,无序列表默认的列表项目符号显示为"•"。

2.有序列表

有序列表即为有排列顺序的列表,各个列表项按照一定的顺序排列。定义有序列表的语法格式如下:

```
< ol>
    < li> 列表项 1< /li>
    < li> 列表项 2< /li>
    < li> 列表项 3< /li>
    …
< /ol>
```

说明:上述语法中,<ol></ol>标签用于定义有序列表,<li></li>用于描述具体的列表项,一个有序列表中有几个列表项,<ol></ol>标签中就应包含几对<li></li>标签。下面通过一个示例演示有序列表的应用。

示例 8:有序列表的应用示例。

```
< ! DOCTYPE html>
< html >
< head>
    < meta charset= "UTF- 8">
    < title> 有序列表标签应用示例< /title>
< /head>
< body>
    < ol>
        < li> 慢谈历史< /li>
        < li> 话说家乡< /li>
        < li> 趣谈美食< /li>
    < /ol>
< /body>
< /html>
```

浏览效果如图 2-18 所示。

图 2-18 有序列表浏览效果

从图 2-18 可以看到，有序列表默认的列表项目符号是数字，并且按照 1,2,3,…的顺序排列。

3. 列表嵌套

在使用列表时，列表项中也有可能包含若干子列表项。要想在列表项中定义子列表项就需要将列表项进行嵌套。列表项的嵌套可以是无序列表嵌套无序列表，也可以是有序列表嵌套有序列表，还可以是无序列表与有序列表相互嵌套。下面通过一个示例演示列表嵌套的具体应用。

示例 9：列表嵌套的应用示例。

```
< ! DOCTYPE html>
< html>
< head>
    < meta charset= "UTF- 8">
    < title> 列表嵌套应用示例< /title>
< /head>
< body>
    < h2> 中国名山< /h2>
    < ul>
        < li> 三山
              < ol>   < ! - - 嵌套有序列表- - >
                  < li> 安徽黄山< /li>
                  < li> 江西庐山< /li>
                  < li> 浙江雁荡山< /li>
              < /ol>
        < /li>
        < li> 五岳
              < ul>   < ! - - 嵌套无序列表- - >
                  < li> 东岳泰山< /li>
                  < li> 南岳衡山< /li>
                  < li> 西岳华山< /li>
                  < li> 北岳恒山< /li>
                  < li> 中岳嵩山< /li>
              < ul>
          < /li>
```

```
        < /ul>
    < /body>
    < /html>
```

在示例 9 中,首先定义了一个包含两个列表项的无序列表,然后在第一个列表项中嵌套了一个有序列表,在第二个列表项中嵌套了一个无序列表,方法为在<li> </li>中定义有序列表或无序列表。浏览效果如图 2-19 所示。

图 2-19　列表嵌套浏览效果

4. 定义列表

定义列表常用于对术语或名词进行解释和描述。定义列表不仅仅是一列项目,而是项目及其解释的组合。定义列表以<dl>标签开始,每个定义列表项标题以<dt>开始,每个定义列表项的内容定义以<dd>开始。定义列表的语法格式如下:

```
< dl>
    < dt> 名词或术语 1< /dt>
    < dd> 内容< /dd>
    < dt> 名词或术语 2< /dt>
    < dd> 内容< /dd>
    …
< /dl>
```

说明:在上述的语法格式中,<dl></dl>标签用于指定自定义列表,<dt></dt>标签用于指定术语名词,<dd></dd>标签用于对名词进行解释和描述。下面通过一个示例演示定义列表的具体应用。

示例 10:定义列表的应用示例。

```
< ! DOCTYPE html>
< html >
< head>
    < meta charset= “UTF- 8”>
    < title> 定义列表应用示例< /title>
```

```
< /head>
< body>
    < dl>
        < dt> 学史明理< /dt>
        < dd> 学史明理就是要从党的辉煌成就、艰辛历程、历史经验、优良传统中深刻领悟中国共产党为什么能、马克思主义为什么行、中国特色社会主义为什么好等道理，弄清楚其中的历史逻辑、理论逻辑、实践逻辑。< /dd>
        < dt> 学史增信< /dt>
        < dd> 学史增信就是要增强信仰、信念、信心，这是我们战胜一切强敌、克服一切困难、夺取一切胜利的强大精神力量。< /dd>
        < dt> 学史力行< /dt>
        < dd> 以古为鉴，可以知兴衰；以史为镜，可以明事理。无论处于什么职位，要学有所思、学有所悟、学有所得。< /dd>
    < /dl>
< /body>
< /html>
```

浏览效果如图 2-20 所示。

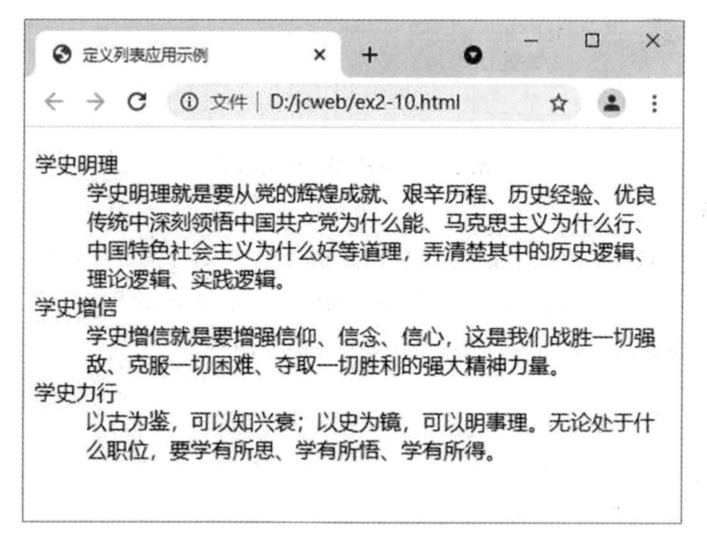

图 2-20　定义列表浏览效果

注意　定义列表的列表项内部可以使用段落、换行符、图片、链接以及其他列表等。

2.2.6　表格标签

表格由＜table＞标签来定义。每个表格均有若干行(由＜tr＞标签定义)，每行被分割为若干单元格(由＜td＞标签定义)。单元格中的内容可以是文本、图片、列表、段落、表单、水平线、表格等。表 2-2 列出了常用的表格标签。

表 2-2　HTML 表格标签

标签	描述
＜table＞	用于定义表格，所有表格标签都必须包含在＜table＞＜/table＞中
＜tr＞	用于定义表格行。在表格行中定义单元格

续表

标签	描述
<th>	用于定义表头单元格，其单元格中的文本内容自动加粗居中
<td>	用于定义普通单元，可以在其中嵌套表格。通过 colspan 属性指定该单元格跨多少列，通过 rowspan 属性指定该单元格跨多少行
<caption>	用于定义表格的标题
<thead>	定义表格的页眉
<tbody>	定义表格的主体
<tfoot>	定义表格的页脚

下面通过示例演示表格标签的具体应用。

示例 11：表格标签的应用示例。

```
< ! DOCTYPE html>
< html>
< head>
    < meta charset= "UTF- 8">
    < title> 表格标签应用示例< /title>
< /head>
< body>
< table border= "1">
    < tr> < td> 第 1 行第 1 列< /td> < td> 第 1 行第 2 列< /td> < /tr>
    < tr> < td> 第 2 行第 1 列< /td> < td> 第 2 行第 2 列< /td> < /tr>
< /table>
< /body>
< /html>
```

在示例 11 中，使用表格的相关标签定义了一个 2 行 2 列的表格。浏览器中的显示效果如图 2-21 所示。

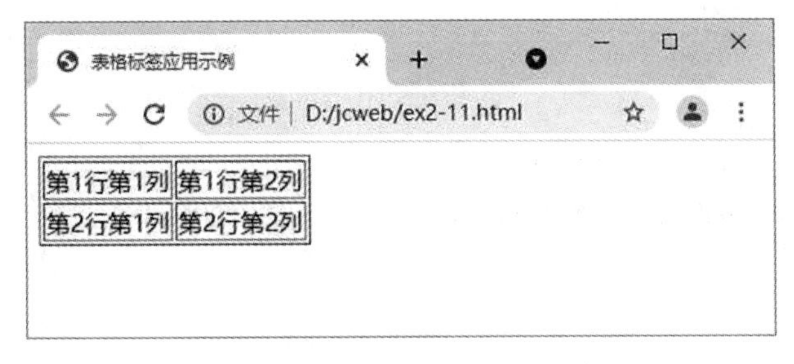

图 2-21　表格标签浏览效果(1)

示例 12：带有 thead、tbody 以及 tfoot 元素的 HTML 表格。

```
< ! DOCTYPE html>
< html>
< head>
    < meta charset= "UTF- 8">
    < title> 表格标签应用示例< /title>
< /head>
```

```
< body>
    < table border= "1" width= "400px">
    < caption> 月收入< /caption>
    < thead> < tr> < th> 月份< /th> < th> 收入< /th> < /tr> < /thead>
    < tbody>
        < tr> < td> 1月< /td>  < td> $ 100< /td> < /tr>
        < tr> < td> 2月< /td>  < td> $ 80< /td> < /tr>
    < /tbody>
    < tfoot> < tr> < td> 合计< /td> < td> $ 180< /td> < /tr> < /tfoot>
    < /table>
< /body>
< /html>
```

示例12定义了一个4行2列的表格，浏览效果如图2-22所示。

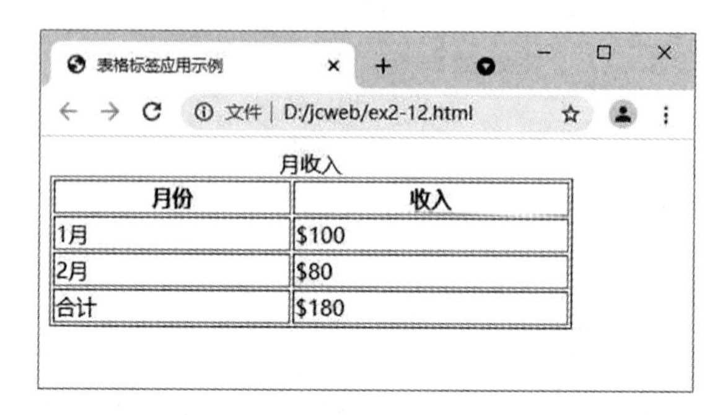

图 2-22　表格标签浏览效果(2)

由示例12看到，当创建某个表格时，如果希望拥有一个标题行、一些带有数据的行，以及位于底部的一个总计行，就可以使用thead、tbody以及tfoot标签对表格中的行进行分组，这种划分使浏览器有能力支持独立于表格标题和页脚的表格正文滚动。当长的表格被打印时，表格的表头和页脚可被打印在包含表格数据的每张页面上。

示例13：具有跨行、跨列单元格的表格应用示例。

```
< ! DOCTYPE html>
< html>
< head>
    < meta charset= "UTF- 8">
    < title> 表格标签应用示例< /title>
< /head>
< body>
    < h4> 横跨两列的单元格：< /h4>
    < table border= "1">
    < tr> < th> 姓名< /th>  < th colspan= "2"> 电话< /th> < /tr>
    < tr> < td> 吴业东< /td> < td> 86115702< /td> < td> 86115703< /td> < /tr>
    < /table>
    < h4> 横跨两行的单元格：< /h4>
    < table border= "1">
    < tr> < th> 姓名< /th>  < td> 吴业东< /td> < /tr>
```

```
    < tr> < th rowspan= “2”> 电话< /th> < td> 86115702< /td> < /tr>
    < tr> < td> 86115703< /td> < /tr>
    < /table>
< /body>
< /html>
```

浏览效果如图 2-23 所示。

图 2-23　表格标签浏览效果(3)

2.2.7　<div>标签

div 是英文 division 的缩写,意为“分割、区域”。<div>标签简单而言就是一个块标签,在 HTML 中,我们可以使用<div>标签将网页分割为独立的、不同的部分,以实现网页的规划和布局。<div>标签相当于一个容器,内部可以放入所有其他标签,例如<p>标签、<h1>～<h6>标签、<table>标签、<img>标签等,<div>标签中还可以嵌套多层<div>标签。

多学一招:浏览器标题栏小图标

在浏览网页的时候,我们会发现几乎所有网站的页面在浏览器标题栏前面都会有一个小图标,如图 2-24 所示。

图 2-24　浏览器标题栏小图标

想要实现这个效果，我们只需在<head>标签中添加一个<link>标签。语法格式如下：

```
< link rel= “shortcut icon” type= “image/x- icon” href= “favicon.icon”>
```

说明：href 属性的取值为小图标的地址，这里需要注意的是，小图标格式是. icon，对于. icon 格式的图标制作，我们可以百度搜索“在线 icon”，会发现很多不错的在线工具，大家可以收藏起来。

2.3 项目案例

使用 HTML 标签制作浏览效果如图 2-1 所示的简单网页文档。

任务分析：本案例的页面可以划分成三个不同的区域，即导航栏、内容区、版权区，可以使用<div>标签实现页面区域的划分。

实现步骤：

(1)启动 HBuilder，新建名为 myweb 的网站项目，并将页面中用到的三个图片复制到 img 文件夹中。

(2)在网站项目 myweb 中新建名为 simple. html 文件。

(3)在 simple. html 窗口的编辑区输入如下 HTML 代码：

```
< ! DOCTYPE html>
< html >
< head>
    < meta charset= “UTF- 8”>
    < title> 一个简单网页< /title>
    < link rel= “shortcut icon”  type= “image/x- icon”  href= “img/favicon.
ico”>
< /head>
< body>
< ! —导航栏部分- - >
< div>
< pre> < img src= “img/logo.png”>     < a href= “index.html”> 首页< /a>     < a
href= “# ”> 慢谈历史< /a>     < a href= “# ”> 话说家乡< /a>     < a href= “# ”> 趣谈美食
< /a>   < a href= “# ”> 故事集锦< /a>     < a href= “# ”> IT 人物录< /a> < /pre>
< /div>
< hr>
< ! - - 内容区域- - >
< div>
< h2> < a href= “# ”> 我和我的父母(4)带全家往前走的“生活指南”，爸妈交给我书写< /a>
< /h2>
< img src= “img/story1.jpg” style= “float: left;width:200px;”>
  < p> 最近看电视剧《流金岁月》，剧中原本岁月静好的“白富美”蒋南孙，看似长期快活地游离于
家庭之外，可当家庭遭遇巨大变故时，她才是这一家人唯一能依靠的精神支柱，有思路，有执行力，带
着慌乱的亲人熬过难关。
```

```
看到这样的情节，我不由感慨，其实在很多家庭里，一直被当作“孩子”的最年轻成员，或许会在某一天扔掉柔弱的外壳，站出来带领全家继续好好生活。而当这一天到来的时候，“孩子”才会真正意识到，自己已经不小了，从被保护的角色利落切换为保护者的角色。
    < /p>
    < ul>
        < li> < a href= “# ”> 我和我的父母(3)平凡生活，没那么不堪< /a> < em> 作者：黄灯< /em> < /li>
        < li> < a href= “# ”> 我和我的父母(2)母亲的行囊< /a> < em> 作者：桑飞月< /em> < /li>
        < li> < a href= “# ”> 我和我的父母(1)母亲，我真的有那么忙吗？ < /a> < em> 作者：刘继荣< /em> < /li>
    < /ul>
    < /div>
    < hr>
    < ! —版权区域- - >
    < div >
        < p> 茅草屋——让学习更快乐、生活更美好！ < /p>
        < p> 版权所有 &copy;2021- 2031 茅草屋< /p>
    < /div>
    < /body>
    < /html>
```

浏览网页效果如图 2-1 所示。

知识提前用：本页面为实现图文混排，<img>标签使用了行内样式 style=“float: left; width:200px;”实现图片左对齐，并改变图片大小。

2.4 HTML 表单

在网页中，有时我们需要制作搜索栏、用户登录注册页面等，则需要有关表单的知识来完成。在 HTML 中，一个表单有两个基本组成部分：表单标签和表单元素。表单标签规定表单数据提交方式、表单数据传递后的处理页面等；表单元素是允许用户在表单中输入信息的元素，表单元素包括不同类型的 input 元素、复选框、单选按钮、提交按钮等。

2.4.1 表单标签

在 HTML 中，表单通过<form></form>标签来定义。创建表单的语法格式如下：

```
< form action= “URL 地址” method= “提交方式” name= “表单名称”>
    各种表单元素
< /form>
```

<form>标签有许多属性，表 2-3 为<form>标签的常见属性及含义。

表 2-3　<form>标签的常见属性及含义

属性值	含义
id	用来标识一个表单
method	表单数据的提交方式，有 get 和 post 两种传递数据方式
action	定义表单数据传递后的处理页面
name	定义表单的名称
autocomplete	规定是否启用表单的自动完成功能，有 on 和 off 两个值
novalidate	如果使用该属性，则提交表单时不进行验证

其中，autocomplete 属性和 novalidate 属性是 HTML5 中的新属性。例如：

```
< form action= “exp_form.php” method= “post” id= “user- form”>
    用户名:< input type= “text” name= “username”>
    < input type= “submit” value= “提交”>
< /form>
```

该表单中定义了表单的标识为 user-form，表单的数据传递方式为 post。表单传递后数据由 exp_form. php 文件来处理。

2.4.2　表单元素

表单元素是允许用户在表单中输入信息的元素，表单元素包括不同类型的 input 元素、多行文本域、下拉列表等。

1. <input>元素

浏览网页时经常看到的单行文本框、密码框、单选按钮、复选框、提交按钮、重置按钮等都是通过<input>标签定义的，其语法格式如下：

```
< input type= “元素类型” />
```

说明：在上面的语法中，<input/>标签为单标签，<input>标签的类型是由 type 属性决定的。表 2-4 为 type 属性取值及含义。

表 2-4　<input>标签的 type 属性取值及含义

属性	取值	含义	浏览效果
type	text	定义单行文本框	
	password	定义密码框	•••
	radio	定义单选按钮	◉男 ○女
	checkbox	定义复选框	☑上网 ☐阅读 ☐听音乐
	submit	定义提交按钮	提交按钮
	button	定义普通按钮	普通按钮
	reset	定义重置按钮	重置按钮
	file	定义文件域	选择文件 未选择任何文件

1)单行文本框

当用户想要在表单中输入诸如用户名、电话、身份证号码等信息时,就要用到单行文本框。单行文本框通过<input type="text">标签来定义。表 2-5 为单行文本框的常见属性及含义。

表 2-5　单行文本框的常见属性及含义

属性值	含义
id	标识一个单行文本框
name	单行文本框的名称
value	单行文本框的初始值
size	单行文本框的长度,现在使用 CSS 的 width 属性来代替它
maxlength	定义单行文本框中能够输入的最大字符数

例如:

```
< form id= "user- form" method= "post">
    用户名:< input  type= "text" name= "user- name" value= "请在这里输入用户名"
size= "20" maxlength= "10"/>
< /form>
```

浏览显示效果如图 2-25 所示。

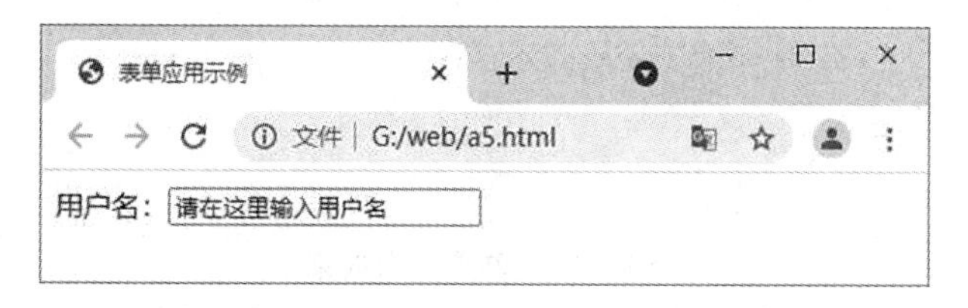

图 2-25　单行文本框效果

注意　在大多数浏览器中,单行文本框的缺省宽度是 20 个字符。

2)密码框

当用户要在表单中输入密码时,需要使用密码框。密码框通过<input type="password">标签来定义。输入密码时,输入的内容会以"."或"*"的形式出现,即被"掩码"。

例如:

```
< form id= "user- form" method= "post">
    密码:< input type= "password" name= "user- pwd">
< /form>
```

浏览显示效果如图 2-26 所示。

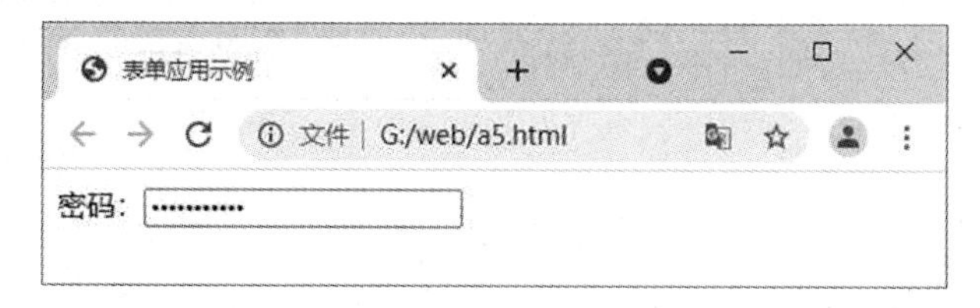

图 2-26　密码框效果

由图 2-26 我们看到，密码框中的字符不会明文显示，而是以星号或圆点替代。

3)单选按钮

单选按钮是一组可选择按钮，在同一组单选按钮中只可选择一个，单选按钮通过<input type="radio">标签来定义。表 2-6 为单选按钮的常见属性及含义。

表 2-6 单选按钮的常见属性及含义

属性值	含义
id	标识一个单选按钮
name	单选按钮的名称，同一组单选按钮有相同名称
value	单选按钮进行数据传递时的选项值
checked	默认选项值

例如：

```
< form name= "user- form" method= "post">
性别:< input type= "radio" name= "sex" value= "male" checked> 男
    < input type= "radio" name= "sex" value= "female"> 女
< /form>
```

浏览显示效果如图 2-27 所示。

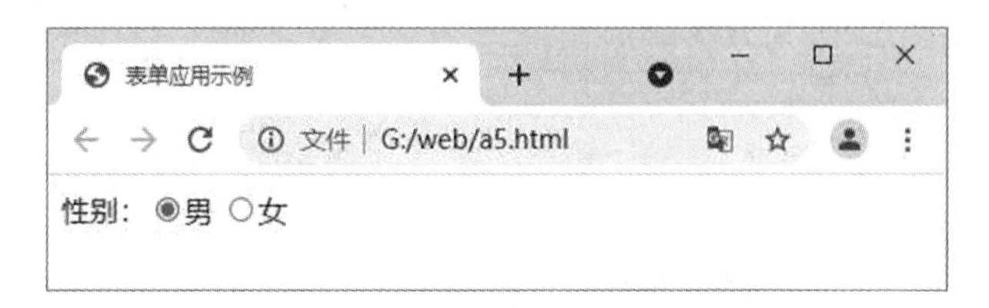

图 2-27 单选按钮效果

注意 在定义单选按钮时，必须为同一组中的选项指定相同的 name 值，这样"单选"才会生效。此外，可以对单选按钮应用 checked 属性，指定默认选中项。

4)复选框

复选框(checkbox)是一组可选按钮，在同一组选项中可以选择多个；复选框常用于多项选择，如选择兴趣、爱好等。复选框通过<input type="checkbox">标签来定义。表 2-7 为复选框的常见属性及含义。

表 2-7 复选框的常见属性及含义

属性值	含义
id	标识一个复选框
name	复选框的名称
value	复选框进行数据传递时的选项值
checked	默认选项值

例如：

```
< form name= "user- form" method= "post">
爱好:< input type= "checkbox" name= "hobby" value= "音乐" checked> 音乐
    < input type= "checkbox" name= "hobby" value= "运动" checked> 运动
```

```
        < input type= "checkbox" name= "hobby" value= "阅读" > 阅读
        < input type= "checkbox" name= "hobby" value= "上网" > 上网
    < /form>
```

浏览显示效果如图 2-28 所示。

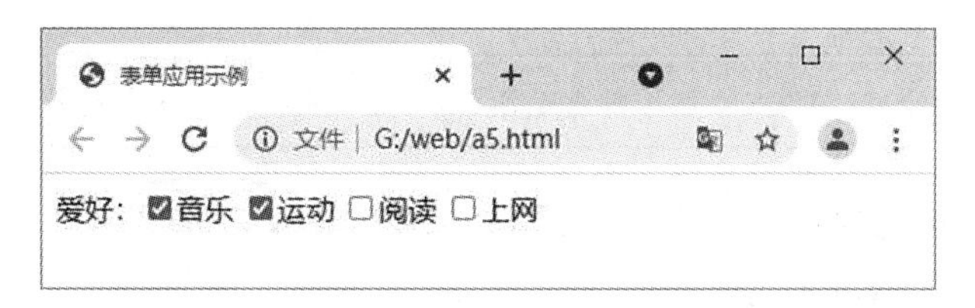

图 2-28 复选框效果

5)按钮

网页中常见的按钮有三种:提交按钮、重置按钮和普通按钮。提交按钮通过标签<input type="submit">来定义,重置按钮通过标签<input type="reset">来定义,普通按钮通过标签<input type="button">来定义。普通按钮往往用来触发事件,常常配合 JavaScript 脚本语言来进行各种操作;用户完成信息的输入后,一般都需要单击提交按钮来完成表单数据的提交;当用户输入的信息有误时,可单击重置按钮来清除用户在表单中输入的内容。表 2-8 为按钮的常见属性及含义。

表 2-8 按钮的常见属性及含义

属性值	含义
id	标识一个按钮
name	按钮名称
value	按钮上显示的文本

2. 多行文本框

当<input>元素的 type 属性值为 text 时,可以创建一个单行文本框。但是,如果需要输入多行文本的信息,单行文本框就不再适用,为此 HTML 提供了<textarea></textarea>标签。通过<textarea></textarea>标签可以创建多行文本框,其语法格式如下:

```
< textarea>
    文本
< /textarea>
```

在 HTML 中,可以为<textarea></textarea>定义属性以改变多行文本框的外观显示效果。表 2-9 为多行文本框的常见属性及含义。

表 2-9 多行文本框的常见属性及含义

属性值	含义
cols	指定多行文本框的列数
rows	指定多行文本框的行数
name	多行文本框名称
disable	使多行文本框编辑无效,无法填写
maxlength	在多行文本框中能够输入的最大字符数

续表

属性值	含义
wrap	off:不自动换行,为默认动作
	virtual:将实现文本区域的自动换行,但在传输数据时,文本只在用户按下 Enter 的地方进行换行,其他地方没有换行的效果。 physical:将实现文本区域的自动换行,并以文本框中的文本效果进行数据传递

由表 2-9 看到,可以通过 cols 和 rows 属性来规定 textarea 的尺寸,不过更好的办法是使用 CSS 的 height 和 width 属性。

例如:

```
< form name= “user- form” method= “post”>
< textarea id= “MSG” cols= “40” rows= “4”> 网页制作入门< /textarea> < br>
< textarea id= “MSG” cols= “40” rows= “4” disabled> 网页制作入门< /textarea>
< /form>
```

浏览效果如图 2-29 所示。

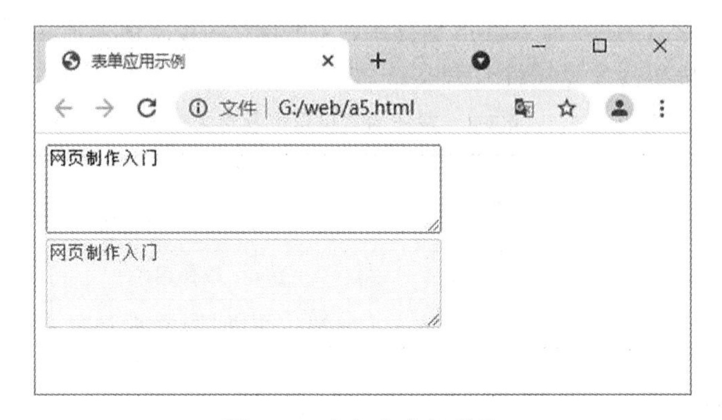

图 2-29　多行文本框效果

3. 下拉列表

浏览网页时,经常会看到包含多个选项的下拉列表,例如选择所在的城市、出生日期、学历等。下拉列表通过<select></select>和<option></option>标签来定义。其语法格式如下:

```
< select>
    < option> 选项 1< /option>
    < option> 选项 2< /option>
    < option> 选项 3< /option>
    …
< /select>
```

其中,<select></select>标签用于定义下拉列表,<option></option>标签嵌套在<select></select>标签中,用于定义下拉列表中的具体选项。表 2-10 为下拉列表和列表选项的常用属性及含义。

表 2-10　<select>和<option>标签的常用属性及含义

标签	属性	含义
<select>	name	下拉列表名称
	multiple	允许多选
	size	规定下拉列表中可见选项的数目。如果 size 属性的值大于 1，但是小于列表中选项的总数目，浏览器会显示出滚动条，表示可以查看更多选项
<option>	name	选项名称
	value	选项被选中后进行数据传递时的值
	selected	默认选择项

例如：

```
< label for= “select”> 出生年份< /label>
< form name= “user- form” method= “post”>
    < select name= “birthday” id= “select”>
        < option value= “1991”> 1991< /option>
        < option value= “1992”> 1992< /option>
        < option value= “1993”> 1993< /option>
        < option value= “1994”> 1994< /option>
        < option value= “1995”> 1995< /option>
    < /select>
< /form>
```

浏览效果如图 2-30 所示。

图 2-30　下拉列表效果

实际应用中可能需要多选或者指定默认选项，实现代码如下：

```
< label for= “select”> 出生年份< /label>
< form name= “user- form” method= “post”>
    < select name= “birthday” multiple= “multiple” id= “select”>
        < option value= “1991”> 1991< /option>
        < option value= “1992” selected= “selected”> 1992< /option>
        < option value= “1993”> 1993< /option>
        < option value= “1994”> 1994< /option>
        < option value= “1995”> 1995< /option>
```

```
        </select>
    </form>
```

浏览效果如图 2-31 所示。

图 2-31 可多选下拉列表效果

在本示例中，我们可以使用 Shift 键选择连续选项，或者使用 Ctrl 键选择特定选项。

4. 表单元素分组

当表单里包含较多的元素时，通过标签<fieldset>来实现信息的分组。内嵌标签<legend>还可以建立组标题。表单元素分组的用法如下：

```
< fieldset>
    < legend> 分组标题< /legend>
    < ! - - 组内包含的表单元素- - >
< /fieldset>
```

2.4.3 <label>标签

<label>标签用于显示在表单控件旁边的说明性文字，也就是将某个表单元素和某段说明文字关联起来。其语法格式如下：

```
< label for= "说明性文字"> < /label>
```

说明：<label>标签的 for 属性值为其所关联的表单元素的 id 值，例如<input id="username" type="text">，则其所关联的<label>标签应该为<label for="username"></label>。

<label>标签的 for 属性有两个作用：

(1)语义上绑定了 label 元素和表单元素；

(2)增强了鼠标可用性。也就是说，我们单击<label>标签中的文本时，其所关联的表单元素也会获得焦点。

下面通过一个示例来演示表单元素的使用方法和效果。

示例 14：制作学习意向调查页面，浏览效果如图 2-32 所示。

示例分析：图 2-32 所示的"学习意向调查"页面由多个表单元素构成，整个页面可以使用一个大盒子<div>进行整体控制。由于表单元素属于行内元素，不会单独占据一行，可以通过<div>标签嵌套表单元素使其独占一行。

实现步骤：

在网站 myweb 中新建名为 question. html 网页文件，并添加如下 HTML 代码。

```
< ! DOCTYPE html>
```

```
< html>
< head>
    < meta charset= “UTF- 8”>
    < title> 学习意向调查< /title>
< /head>
< body>
< h2> 学习意向调查< /h2>
< div >
< form action= “” method= “post”>
< div> < label for= “username”> 姓名:< /label> < input type= “text” id=
“username”> < /div>
< div> < label for= “userpwd”> 年龄:< /label> < input type= “text” id=
“userpwd”> < /div>
< div> < label for= “sex”> 性别:< /label>
    < input type= “radio” name= “sex” id= “sex” checked= “checkbox”> 男
    < input type= “radio” name= “sex”> 女< /div>
< div> < label for= “course”> 意向课程:< /label>
< select id= “course”>
    < option value= “局域网管理”> 局域网管理< /option>
    < option value= “网络安全技术”> 网络安全技术< /option>
    < option value= “数据库应用与管理”> 数据库应用与管理< /option>
    < option value= “Web 开发技术”> Web 开发技术< /option>
< /select>
< /div>
< div> < label for= “channel”> 学习渠道:< /label>
    < input type= “checkbox” id= “channel” name= “hobby”> 云教学资源
    < input type= “checkbox” name= “hobby” checked= “checkbox”> CSDN 网站
    < input type= “checkbox” name= “hobby” checked= “checkbox”> 视频教程
    < input type= “checkbox” name= “hobby”> 其他< /div>
< div> < textarea  cols= “58” rows= “10” > 请简要说明自己的学习需求< /textarea
> < /div>
< div > < input type= “submit” value= “提交”> < input type= “reset” value= “重
置”>
< /form>
< /div>
< /body>
< /html>
```

浏览网页效果如图 2-32 所示。

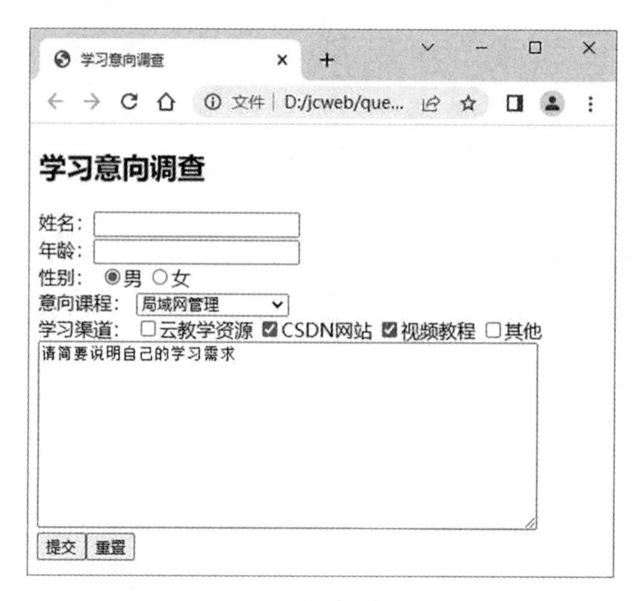

图 2-32　学习意向调查页面效果

项目总结

本项目主要学习了 HTML 标签、HTML 元素及属性的含义，HTML5 文档的基本结构；学习了 HTML 常用标签，包括标题标签、段落标签、换行标签、水平线标签、图像标签、超链接标签、列表标签、表格标签等的使用，学习了 HTML 表单标签及表单元素标签，表单元素主要学习了不同类型的 input 元素、多行文本框、下拉列表等；并通过案例展示了这些标签的使用方法。

HTML 标签是网页制作的基石，灵活组合这些标签就可以构建出多种形态的网页内容结构。通过本项目的学习，不仅要记住 HTML 常用标签及其使用方法，更重要的是要勤于思考、敢于尝试、创新组合，构建出新颖实用的 HTML 网页内容结构。

课后习题

一、填空题

1. 在 HTML 文档中添加一个图片，可以使用________标签实现；其属性________用于设置图片地址。

2. 在 HTML 文档中，可以使用________标签实现超链接；若要在新浏览器窗口中打开一个页面，应选择的属性是________；创建空链接使用的符号是________。

3. 定义无序列表的 HTML 标签是________________，定义表格行的 HTML 标签是________________，定义表头单元格的 HTML 标签是________。

4. 表示区域的 HTML 标签是________________。

5. 添加表单输入框的 HTML 标签是________，表单复选框的 HTML 标签是________，表单的文本域的 HTML 标签是________，添加表单密码域的 HTML 标签是________。

二、选择题

1. 以下关于 HTML 标签叙述错误的是(　　)。

A. 可以单独出现,也可以成对出现　　B. 必须正确嵌套

C. 标签可以带有属性,属性的顺序无关　　D. 标签和其属性构成了 HTML 元素

2. 下面语句中,(　　)将 HTML 页面的标题设置为"HTML 练习"。

A. <head>HTML 练习</head>　　B. <title>HTML 练习</title>

C. <body>HTML 练习</body>　　D. <html> HTML 练习</html>

3. 字符与编码说法错误的是(　　)。

A. 字符集是字符的集合

B. 字符集通常与某种语言文字相关

C. 编码可以完成字符的唯一的映射

D. 编码方式有很多种,ASCII 编码包含了所有语言文字中出现的字符

4. 用 HTML 语言编写一个简单的网页,网页最基本的结构是(　　)。

A. <html><head>…</head><frame>…</frame></html>

B. <html><title>…</title><body>…</body></html>

C. <html><title>…</title><frame>…</frame></html>

D. <html><head>…</head><body>…</body></html>

5. 以下标签中,用于设置页面标题的是(　　)。

A. <title>　　B. <caption>　　C. <head>　　D. <html>

6. 表示水平分割线的 HTML 标签是(　　)。

A. <hr>　　B.
　　C. <tr>　　D. <hr></hr>

7. 在 HTML 语言中,标签<pre>的作用是(　　)。

A. 标题标签　　B. 预排版标签　　C. 换行标签　　D. 文字效果标签

8. 下面表示网页中空格显示效果的 HTML 符号是(　　)。

A. >　　B. <　　C. 　　D. ©

9. HTML 语言中的换行标签是(　　)。

A. <html>　　B.
　　C. <title>　　D. <p>

10. 假如要将图片文件 asrlogo. jpg 插入页面,并为该图片设置替换文本为"ASR Outfitters Logo",下面语句正确的是(　　)。

A. <omg src="asrlogo. jpg">ASR Outfitters Logo</omg>

B. <img src="asrlogo. jpg" alt="ASR Outfitters Logo">

C. <img src="asrlogo. jpg">alt="ASR Outfitters Logo"

D. <omg url="asrlogo. jpg" alt="ASR Outfitters Logo">

11. 如果图片不能正常显示,错误的原因可能是(　　)。

A. 引用图片的路径不对　　B. 该图片太模糊

C. 图片太大　　D. 图片太小

12. 若要在网页中创建一个图像超链接,要显示的图像为 myhome. jpg,所链接的地址为 https://www. pcnetedu. com,以下用法中,正确的是(　　)。

A. <a href="https://www. pcnetedu. com">myhome. jpg</a>

B. <a href="https://www. pcnetedu. com"><img src="myhome. jpg"></a>

C. <img src="myhome. jpg"><a href ="https://www. pcnetedu. com"></a>

D. <a href=http://www.pcneredu.com><img src="myhome.jpg">

13. 超文本标记语言<a href="https://www.cctv.com">央视国际</a>的作用是(　　)。

A. 插入一段央视国际网站的文字

B. 插入一幅央视国际网站的图片

C. 创建一个指向央视国际网站的电子邮件

D. 创建一个指向央视国际网站的超链接

14. 已知 services.html 与 text.html 在同一站点文件夹 site 中。text.html 位于 site 根下,但文档 services.html 在 site 子文件夹 information 中。现要求在 text.html 文档中编写一个超链接,链接到文档 services.html。下面语句正确的是(　　)。

A. <a href="../services.html">Link</a>

B. <a href="services.html">Link</a>

C. <a href="information/services.html">Link</a>

D. <a href="text.html ">Link</a>

15. <a href="#csust">南京交通职业技术学院</a>的作用是(　　)。

A. 超链接到南京交通职业技术学院网页上

B. 超链接到本文件中 id 属性名为 csust 标记处

C. 超链接暂时不被运行

D. 超链接到#csust 网页上

◆ 项目 2 实验

一、实验目的

(1)掌握 HTML 文本控制标签的用法;

(2)掌握 HTML 图像标签、列表标签的用法;

(3)掌握 HTML 超链接标签的用法;

(4)掌握表单的制作方法。

二、实验内容及步骤

1. 利用提供的素材文件,自行设计制作茅草屋网站的"故事集锦"页面,要求如下:

(1)在 D 盘创建站点文件夹 MySite,将网页用到素材复制到 img 文件夹中,将 IT 名人录网页 itPerson.html 复制到站点 MySite 中。

(2)在站点中新建网页文件 story.html,具体内容自己设计;

(3)网页中要用到 div 标签,合理对网页的区域进行划分;

(4)页面有导航栏,导航链接使用无序列表制作,链接内容包括首页、慢谈历史、话说家乡、趣谈美食、故事集锦、IT 人物录,通过导航栏在故事集锦、IT 人物录两个页面之间跳转;

(5)网页有标题,有正文段落;

(6)网页上用到 1 个图片,美化页面。

2. 打开 IT 名人录网页 itPerson.html,为页面设置书签链接。在该网页的开始部分分别为 IT 人物创建书签链接。当在浏览器中浏览该网页时,单击页面的某个 IT 人物名字时,便会跳转到该人物的人物简介处。在该网页的末尾单击"返回顶部"时,又可以返回到页面首部。

3. 将 itPerson. html 网页中的图像制作成外部链接。当用鼠标单击“蒂姆・伯纳斯・李”图片时，便会链接到网址为“https://wiki. mbalib. com/wiki/蒂姆・伯纳斯・李”的页面。当用鼠标单击“布兰登・艾奇”图片时，便会链接到网址为“https://baike. baidu. com/item/布兰登・艾奇/”的页面。

4. 制作浏览效果如图 2-33 所示的表单页面。

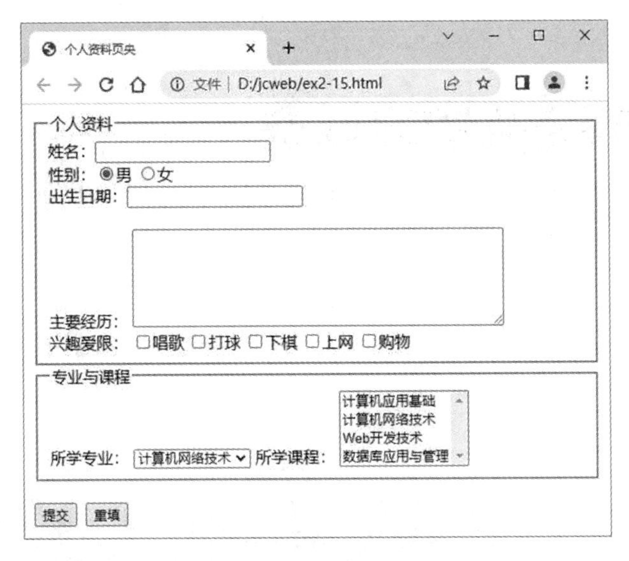

图 2-33 表单页面浏览效果

三、实验小结及思考

（由学生填写，重点写上机中遇到的问题。）

项目3

使用HTML5新增的标签

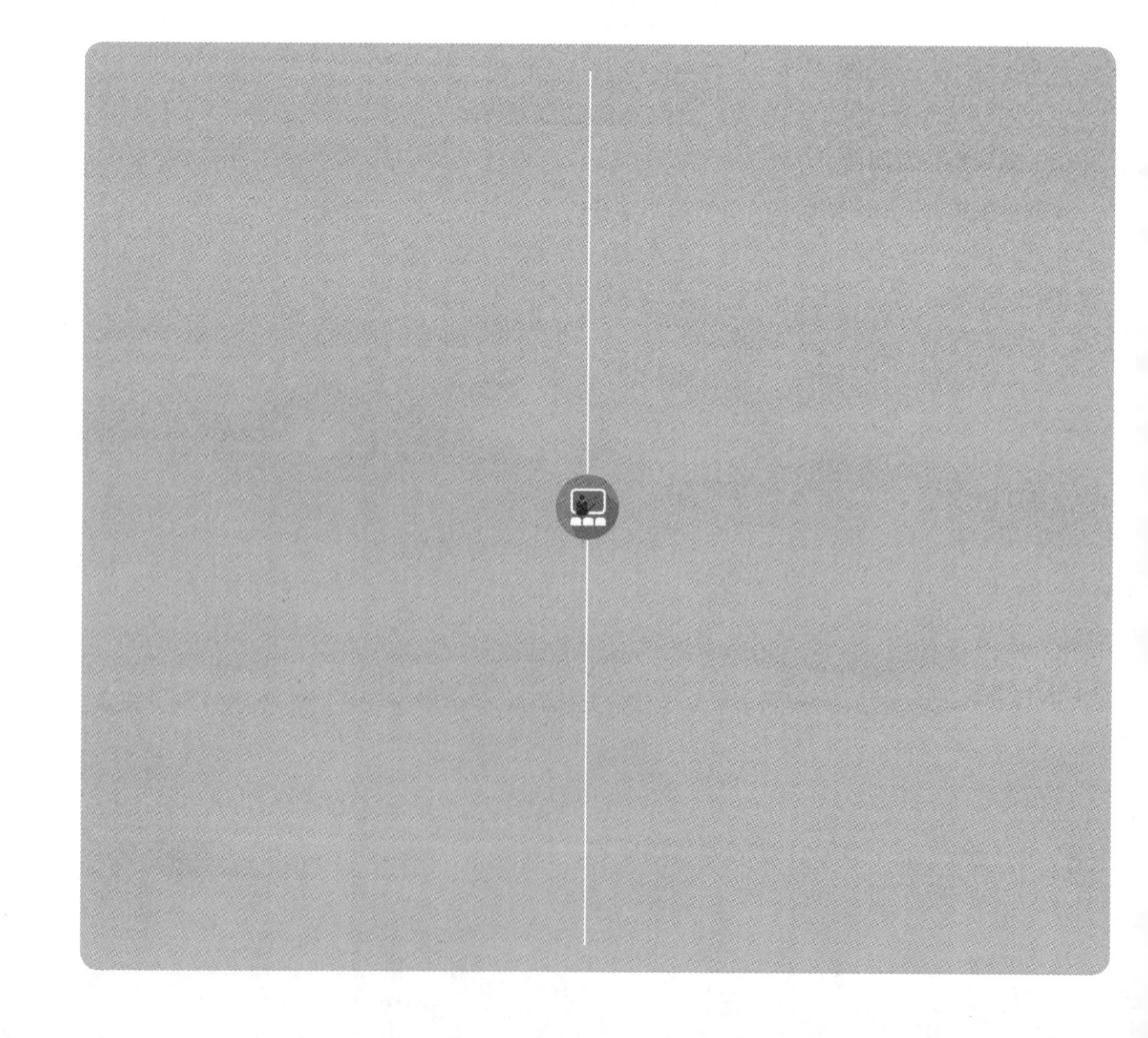

HTML5 在保留了老版本 HTML 中大部分标签功能的同时，也增加了一些新的语义标签，如＜header＞标签、＜nav＞标签、＜article＞标签、＜section＞标签、＜aside＞标签、＜footer＞标签等，这些标签使 HTML 元素的功能大大地增强。

本项目学习 HTML5 新增的语义标签、音频标签、视频标签及表单元素标签，并通过实例讲解这些标签的使用方法。

学习目标

- 掌握 HTML5 新增的语义标签及用法；
- 掌握 HTML5 新增的多媒体标签及用法；
- 掌握 HTML5 新增的表单元素标签及用法；
- 会使用 HTML5 新增的标签组织页面内容。

项目案例

通过本项目的学习，实现浏览效果如图 3-1 所示的故事集锦页面制作。

图 3-1 故事集锦页面

3.1 HTML5 新增的语义标签

3.1.1 新增的结构标签

浏览网页时我们看到，常见的网页结构包括头部、导航栏、内容区、底部等。在 HTML5 之前，通常使用<div>标签进行网页布局。<div>标签是一个无语义标签，需要通过<div>标签的 id 或 class 属性来定义网页各部分区域。例如：

```
< ! DOCTYPE html>
< html>
< head>
    < meta charset= "UTF- 8">
    < title> div 布局示例< /title>
< /head>
< body>
    < div id= "header"> 这是网页的头部区域< /div>
    < div id= "content"> 这是网页的内容区域< /div>
    < div id= "footer"> 这是网页的底部区域< /div>
< /body>
< /html>
```

在<div>标签中由于 id 属性的名称是自定义的，如果 HTML 文档开发者没有提供明确含义的 id 属性值，会导致含义不明确。例如将上述代码<div id="header">替换成<div id="abc">不影响网页的浏览显示效果，但却降低了网页代码的可读性和可维护性。

HTML5 新增了一整套的语义化结构标签来描述网页内容，包括<header>标签、<nav>标签、<section>标签、<article>标签、<aside>标签、<footer>标签等，使用这些标签可以明确地告诉浏览器此处的真正含义，并且这些标签都可以重复使用，极大地提高了开发者的工作效率。使用这些新标签定义的网页布局如图 3-2 所示。这些结构元素虽然可以使用 div 元素来代替，但在语义方面更加易于理解，有利于搜索引擎对页面的检索与抓取。

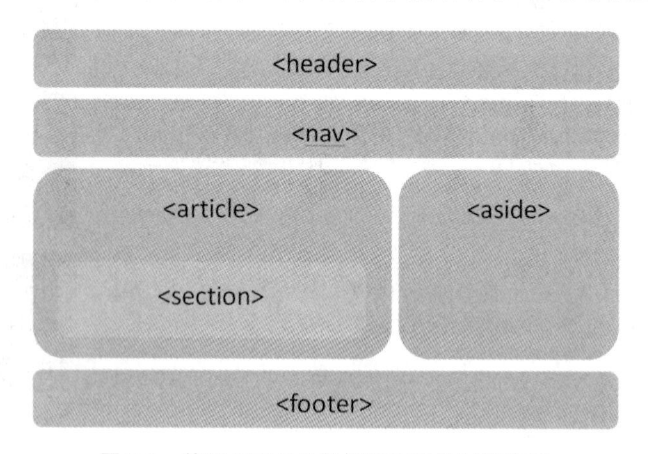

图 3-2　使用 HTML5 新标签定义的网页布局

想一想：什么是语义化标签？什么是无语义标签？我们学过的 HTML 标签中哪些是无语义标签？

div 标签和 span 标签是无语义标签。

1. <section>标签

<section>标签用于定义文档中的区段。比如章节、页眉、页脚或文档中的其他部分。

示例 1：<section>标签应用示例。

```
< ! DOCTYPE html >
```

```
< html>
< head>
    < meta charset= "utf- 8" />
    < title> section 标签应用示例< /title>
< /head>
< body>
< section>
    < h1> HTML5< /h1>
    < p> HTML5 是最新的 HTML 标准。< /p>
< /section>
< /body>
< /html>
```

页面运行浏览效果如图 3-3 所示。

图 3-3 <section>标签应用效果

注意 HTML5 标签建议，section 元素内部必须带有标题，也就是说，不要为没有标题的内容区块使用 section 元素。

2.<header>标签

<header>标签用于定义文档的头部区域，通常用来放置整个页面或页面内的一个内容区块的标题；<header>标签内也可以包含其他内容，如搜索表单或相关的 logo 图片等，在页面中可以使用多个<header>标签。

3.<footer>标签

<footer>标签用于定义区段(section)或文档的页脚。页脚通常包含文档的作者、著作权信息、链接的使用条款、联系信息等，文档中可以使用多个<footer>标签。

示例 2：<footer>标签应用示例。

```
< ! DOCTYPE html >
< html>
< head>
    < meta charset= "utf- 8" />
    < title> footer 标签应用示例< /title>
< /head>
< body>
< header>
    < h1> 欢迎光临茅草屋网站< /h1>
```

```
        < p> 我是启明星< /p>
    < /header>
    < p> 网页的其他部分...< /p>
    < footer> 本文档创建于 2021- 3- 17< /footer>
    < /body>
    < /html>
```

页面运行浏览效果如图 3-4 所示。

图 3-4　<footer>标签应用效果

4. <article>标签

<article>标签用于定义页面独立的内容区域。它可以是一篇博客或新闻故事、一篇论坛帖子、一段用户评论等。在<article>标签中，可以使用<header>标签来定义文档的“标题”，使用<footer>标签来定义文档或节的页脚，使用<section>标签把文档分成几个区段。下面通过示例演示<article>标签的使用方法。

示例 3：本段代码演示了如何使用<article>标签设计网络新闻展示。

```
    < ! DOCTYPE html>
    < html>
    < head>
        < meta charset= “UTF- 8”>
        < title> 新闻< /title>
    < /head>
    < body>
    < article>
        < header>
            < h1> 习近平看望全国政协委员< /h1>
            < time> 2021 年 03 月 06 日 15:46 新华网< /time>
        < /header>
        < p> 6 日下午，中共中央总书记、国家主席、中央军委主席习近平看望参加全国政协十三届
四次会议的医药卫生界、教育界委员，并参加联组会，听取意见和建议。(记者张晓松、朱基钗)< /p>
        < footer> < p> 责任编辑:刘光博< /p> < /footer>
    < /article>
```

```
< /body>
< /html>
```

页面运行浏览效果如图 3-5 所示。

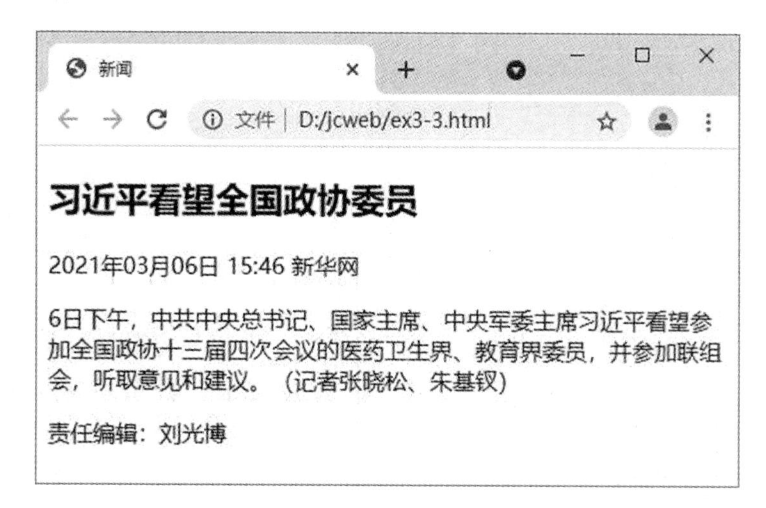

图 3-5　<article>标签应用效果

本示例是一篇新闻文章，在<header>标签中嵌入了文章的标题部分，在这部分中，文章的标题使用<h1>标签，文章的发表日期使用<time>标签。在结尾处的<footer>标签中嵌入了文章的作者，作为脚注。整个示例的内容相对比较独立、完整，因此，这部分内容使用了<article>标签。<article>标签是可以嵌套使用的，内层的内容在原则上需要与外层的内容相关联。

5.<nav>标签

<nav>标签用于定义页面上导航链接的部分，包括主导航、侧边导航、底部导航等。HTML5 推荐将这些导航分别放在相应的<nav>标签中进行管理，该标签可以在一个文档中多次出现，作为页面或部分区域导航。

示例 4：<nav>标签应用示例。

```
< ! DOCTYPE html>
< html>
< head>
    < meta charset= "UTF- 8">
    < title> nav 标签应用示例< /title>
< /head>
< body>
< h1> 技术资料< /h1>
< nav>
    < ul>
    < li> < a href= "# "> 主页< /a> < /li>
    < li> < a href= "# "> 博客< /a> < /li>
    < /ul>
< /nav>
< article>
```

```
        < header>
            < h2> HTML5+ CSS3< /h2>
            < nav>
            < ul>
              < li> < a href= "# "> HTML5< /a> < /li>
              < li> < a href= "# "> CSS3< /a> < /li>
            < /ul>
            < /nav>
        < /header>
        < section>
            < h3> HTML5< /h3>
            < p> HTML5 是最新的 HTML 标准。HTML5 是专门为承载丰富的 web 内容而设计的，并
且无需额外插件。HTML5 拥有新的语义、图形以及多媒体元素。HTML5 提供的新元素和新的 API 简
化了 web 应用程序的搭建。< /p>
        < /section>
        < section>
            < h3> CSS3< /h3>
            < p> 层叠样式表(英文全称:Cascading Style Sheets)是一种用来表现 HTML(标准通
用标记语言的一个应用)或 XML(标准通用标记语言的一个子集)等文件样式的计算机语言。< /p>
        < /section>
        < footer>
            < nav> < a href= "# "> 编辑< /a> |< a href= "# "> 删除< /a> |< a href=
"# "> 添加< /a> < /nav>
        < /footer>
    < /article>
    < footer>
        < p> 版权信息< /p>
    < /footer>
    < /body>
    < /html>
```

页面运行浏览效果如图 3-6 所示。

在本示例中，第一个<nav>标签用于页面导航，第二个、第三个放置在<article>标签中，表示在文章中进行导航。除此之外，<nav>标签也可以用于其他所有你认为是重要的、基本的导航链接组中。

6. <aside>标签

<aside>标签用于定义页面或文章的附属信息部分，它可以包含与当前页面或主要内容相关的引用、侧边栏、广告、导航条以及主要内容之外的其他内容。

7. <figure>标签和<figcaption>标签

<figure>标签用于定义独立的流内容(图像、图表、照片、代码等)，一般指一个单独的单元。通常与<figcaption>标签联合使用。<figcaption>标签用于为<figure>标签添加标题，一个 figure 元素最多允许使用一个<figcaption>标签，该标签应该放在 figure 元素的

图 3-6 <nav>标签应用效果

第一个或者最后一个子元素的位置。

示例 5：<figure>标签应用示例。

```
< ! DOCTYPE html>
< html>
< head>
    < meta charset= “utf- 8”>
    < title> figure 标签应用示例< /title>
< /head>
< body>
< p> 德国建筑师恩斯特·伯施曼(Ernst Boerschmann,1873- 1949),他于 1906- 1909 年穿越中国 12 个省区,对中国建筑进行考察,拍摄了大量照片。这里为大家精选了一些佛像、古塔建筑的照片,它们大都依然存在(有些毁于战火或某某,之后被重建),是真正的历史见证者。< /p>
< figure>
    < img src= “img/ dayanta .jpg” alt= “陕西西安大雁塔”width= “200px”>
    < img src= “img /balizhuangta.jpg” alt= “北京八里庄塔”width= “200px”>
    < img src= “img /hualongta.jpg” alt= “上海龙华塔” width= “200px”>
    < img src= “img/liulita.jpg” alt= “河北承德须弥福寿琉璃塔” width= “200px”>
    < figcaption>
        < h3> 100 年前德国人拍摄的中国佛塔,太珍贵了< /h3>
    < /figcaption>
< /figure>
< /body>
< /html>
```

代码运行浏览效果如图 3-7 所示。

图 3-7　<figure>标签应用效果

3.1.2　新增的语义标签

除了前面介绍的结构标签之外，HTML5 还增加了大量语义化标签，本项目仅学习<mark>标签、<time>标签、<meter>标签和<progress>标签，其他标签可通过 W3School 在线教程自学掌握。

1.<mark>标签

<mark>标签用于定义 HTML 页面中需要重点显示的内容，就像用荧光笔把书本上重点内容标注出来一样，浏览器通常会用黄色底纹显示<mark></mark>标注的内容。

示例 6：<mark>标签应用示例。

```
< ! DOCTYPE html>
< html>
< head>
    < meta charset= "UTF- 8">
    < title> mark标签应用示例< /title>
< /head>
< body>
    < h3> HTML5< /h3>
    < p> HTML5是 HTML< mark> 最新的< /mark> 修订版本，2014 年 10 月由< mark> 万维网联盟(W3C)< /mark> 完成标准制定。< /p>
< /body>
< /html>
```

浏览效果如图 3-8 所示。

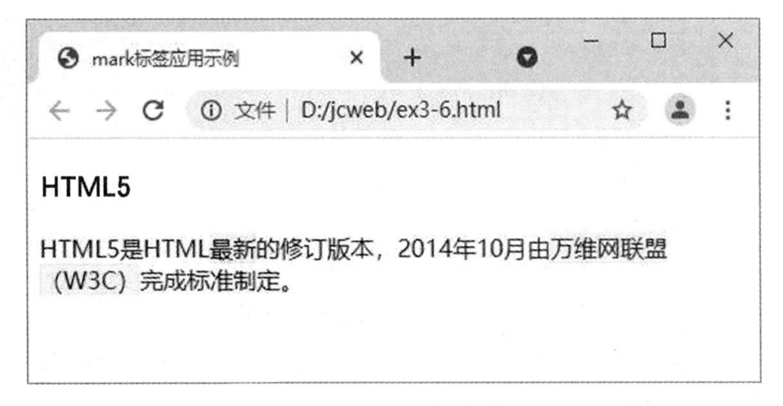

图 3-8　<mark>标签应用效果

在图 3-8 中，黄色底纹显示的文字就是通过<mark>标签标记的。

2. <time>标签

<time>标签用于定义被标注内容是日期、时间或者日期时间两者，该标签使用公历的时间（24 小时制）或日期、年份和时区。<time>标签不会在浏览器中呈现任何特殊效果，但是该元素能够以机器可读的方式对日期和时间进行编码，这样，用户能够把生日提醒或排定的事件添加到用户日程表中，搜索引擎也能够生成更智能的搜索结果。

<time>标签有以下两个属性：

• datetime：用于指定日期/时间。如果不指定此属性，则由元素的内容给定日期/时间。

其语法格式如下：

```
< time datetime= "YYYY- MM- DDThh:mm:ssTZD">
```

• pubdate：用于指定<time>元素中的日期/时间是文章（<article>元素的内容）或整个网页文档的发布日期。

其语法格式如下：

```
< time pubdate= "pubdate">
```

示例 7：<time>标签应用示例。

```
< ! DOCTYPE html>
< html>
< head>
    < meta charset= "UTF- 8">
    < title> time 标签应用示例< /title>
< /head>
< body>
    < p> 2021 年春节是< time> 2021- 2- 12< /time> < /p>
    < p> 2021 年的< time datetime= "2021- 2- 12"> 春节< /time> 我们有个长假，准备
去旅游。< /p>
    < p> < time pubdate= "pubdate"> 本消息发布于 2021 年 1 月 10 日。< /time> < /
p>
< /body>
< /html>
```

代码运行浏览效果如图 3-9 所示。

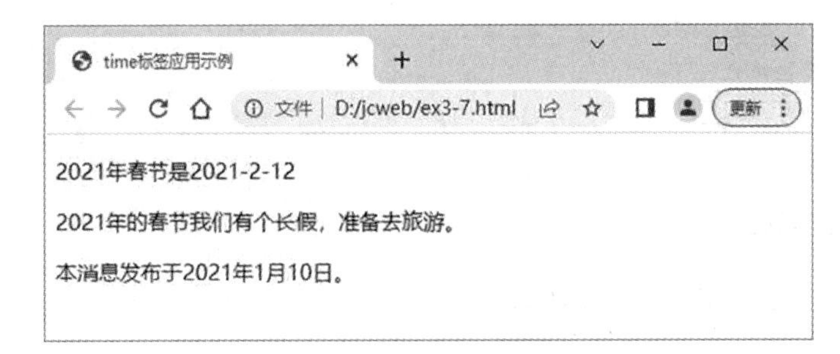

图 3-9 <time>标签应用效果

在本示例中，如果不使用<time>标签，也是可以正常显示文本内容的，<time>标签的作用主要是增强文本的语义，方便机器解析。

3. <meter>标签

<meter>标签用于定义已知范围值的标量测量，如磁盘用量、查询结果的相关性等。<meter>标签的常用属性如表 3-1 所示。

表 3-1 <meter>标签的常用属性

属性	值	描述
high	number	规定被视作高的值的范围
low	number	规定被视作低的值的范围
max	number	规定范围的最大值，默认值是 1
min	number	规定范围的最小值，默认值是 0
optimum	number	规定度量的优化值。如果该值高于“high”属性的值，则意味着值越高越好。如果该值低于“low” 属性的值，则意味着值越低越好
value	number	必需。规定度量的当前值

示例 8：<meter>标签应用示例。

```
< ! DOCTYPE html>
< html>
< head>
    < meta charset= “utf- 8”>
    < title> meter 标签应用示例< /title>
< /head>
< body>
    < p> 展示给定的数据范围：< /p>
    < meter value= “2” min= “0” max= “10”> 2 out of 10< /meter> < br>
    < meter value= “0.6”> 60% < /meter>
< /body>
< /html>
```

代码运行浏览效果如图 3-10 所示。

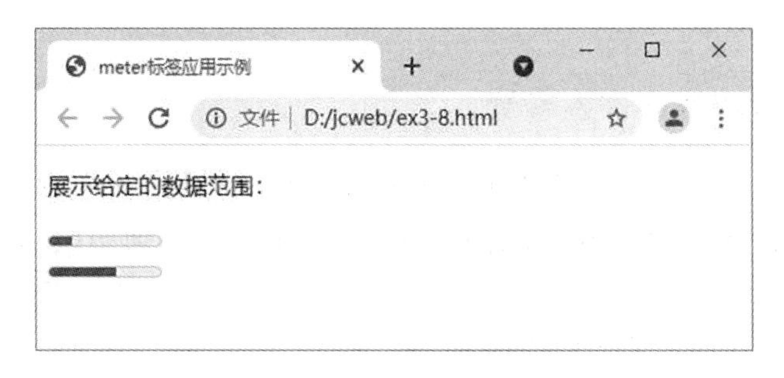

图 3-10 <meter>标签应用效果

4. <progress>标签

<progress>标签用于定义一个进度条。它使用 max 属性指定进度条完成时的值，使用 value 属性指定进度条当前完成的进度值，如果不指定 value 值，则显示一个动态的进度。

示例 9：<progress>标签应用示例。

```
< ! DOCTYPE html>
< html>
< head>
    < meta charset= "utf- 8">
    < title> progress 标签应用示例< /title>
< /head>
< body>
    下载进度：
    < progress value= "22" max= "100"> < /progress> < br>
    动态进度：< progress max= "100"> < /progress>
< /body>
< /html>
```

代码运行浏览效果如图 3-11 所示。

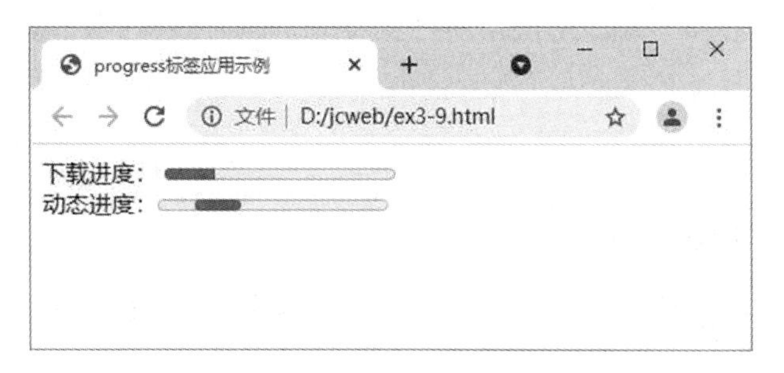

图 3-11 <progress>标签应用效果

3.2 HTML5 视频、音频标签

在 HTML5 规范出现之前并没有将视频和音频嵌入页面的标准方式，多媒体内容在大多数情况下都是通过第三方插件或集成在 Web 浏览器的应用程序置于页面中的。通过这种方式实现的音视频功能，不仅需要借助第三方插件而且实现代码复杂冗长，运用 HTML5 中新增的<audio>标签和<video>标签可以避免这样的问题，只要浏览器本身支持

HTML5 规范就可以了。

3.2.1 在 HTML5 中嵌入音频

在 HTML5 中，<audio>标签用于定义播放音频文件的标准，比如音乐或其他音频流。<audio>标签支持三种音频格式，分别为 Ogg、MP3 和 Wav。使用<audio>标签的语法格式如下：

```
< audio src= "音频文件路径" controls= "controls"> < /audio>
```

在上面的语法格式中，src 属性用于设置音频文件的路径，controls 属性用于为音频提供播放控件。在<audio>和</audio>之间也可以插入文字，用于不支持 audio 元素的浏览器显示。在<audio>标签中还可以添加其他属性，来进一步优化音频的播放效果，具体如表 3-2 所示。

表 3-2　<audio>标签的常用属性

属性	值	描述
autoplay	autoplay	如果出现该属性，则音频在就绪后马上播放
controls	controls	如果出现该属性，则向用户显示音频控件（比如播放/暂停按钮）
loop	loop	如果出现该属性，则每当音频结束时重新开始播放
muted	muted	如果出现该属性，则音频输出为静音
preload	auto metadata none	规定当网页加载时，音频是否默认被加载以及如何被加载
src	URL	规定音频文件的 URL

IE9+、Firefox、Opera、Chrome 和 Safari 都支持<audio>标签，IE8 或更早版本的 IE 浏览器不支持<audio>标签。

例如，使用下面的代码播放音频文件。

```
< body>
    < audio src= "media/horse.ogg" controls= "controls" autoplay= "autoplay"> 浏览器不支持 audio 标签
    < /audio>
< /body>
```

浏览显示效果如图 3-12 所示。

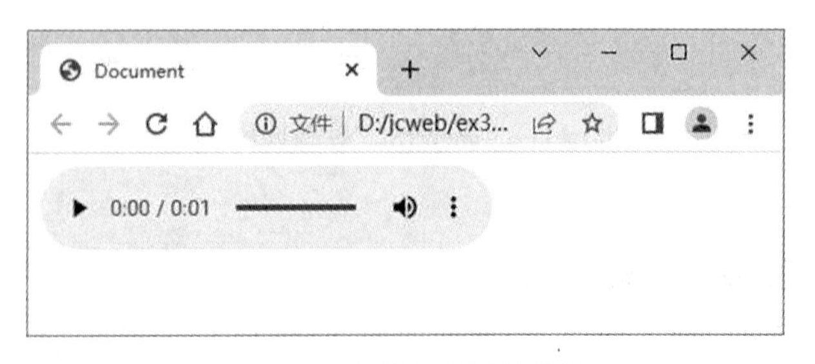

图 3-12　音频文件浏览效果

3.2.2 在 HTML5 中嵌入视频

在 HTML5 中，<video>标签用于定义播放视频文件的标准，它支持三种视频格式文件，分别为 Ogg、WebM 和 MP4。使用<video>标签播放视频文件的语法格式如下：

```
< video src= "视频文件路径"  controls= "controls"> < /video>
```

在上面的语法格式中，src 属性用于设置视频文件的路径，controls 属性用于为视频提供播放控件。同样，在<video>和</video>标签之间也可以插入文字，用于不支持<video>元素的浏览器显示。

例如，使用下面的代码播放视频文件。

```
< body>
    < video src= "media/movie.mp4" controls= "controls" autoplay= "autoplay"> 浏览器不支持 video 标签< /video>
    < /audio>
< /body>
```

浏览显示效果如图 3-13 所示。

图 3-13　视频文件浏览效果

3.2.3　音视频中的<source>标签

虽然<video>标签支持三种视频格式（MP4、WebM 和 Ogg），<audio>标签支持三种音频格式文件（MP3、Wav 和 Ogg），但各浏览器对这些格式却不完全支持，具体如表 3-3、表 3-4 所示。

表 3-3　音频格式及浏览器支持

浏览器	MP3	Wav	Ogg
Internet Explorer 9+	支持		
Chrome 6+	支持	支持	支持
Firefox 3.6+	支持	支持	支持
Safari 5+	支持	支持	
Opera 10+	支持	支持	支持

表 3-4 视频格式及浏览器支持

浏览器	MP4	WebM	Ogg
Internet Explorer	支持		
Chrome	支持	支持	支持
Firefox	支持	支持	支持
Safari	支持		
Opera	支持	支持	支持

在 HTML5 中，运用<source>标签可以为<video>或<audio>标签提供多个视频/音频文件供浏览器根据它对媒体类型或者编解码器的支持进行选择。运用<source>标签添加音频文件的基本语法格式如下：

```
< audio controls= "controls" >
    < source src= "音频文件地址" type= "媒体文件类型/格式">
    < source src= "音频文件地址" type= "媒体文件类型/格式">
    …
< / audio >
```

运用<source> 标签添加视频文件的基本语法格式如下：

```
< video controls= "controls">
    < source src= "视频文件地址" type= "媒体文件类型/格式">
    < source src= "视频文件地址" type= "媒体文件类型/格式">
    …
< /video>
```

source 元素一般设置两个属性：

src:用于指定媒体文件的 URL 地址。

type:指定媒体文件的类型。

示例 10:<source>标签应用示例。

```
< ! DOCTYPE html>
< html>
< head>
    < meta charset= "utf- 8">
    < title> 音频播放< /title>
< /head>
< body>
    < audio controls= "controls">
    < ! - - 让浏览器依次选择适合自己播放的音频文件- - >
    < source src= "media/horse.ogg" type= "audio/ogg">
    < source src= "media/horse.mp3" type= "audio/mpeg">
    < source src= "media/horse.wav" type= "audio/x- wav">
    < /audio>
< /body>
< /html>
```

浏览显示效果如图 3-14 所示。

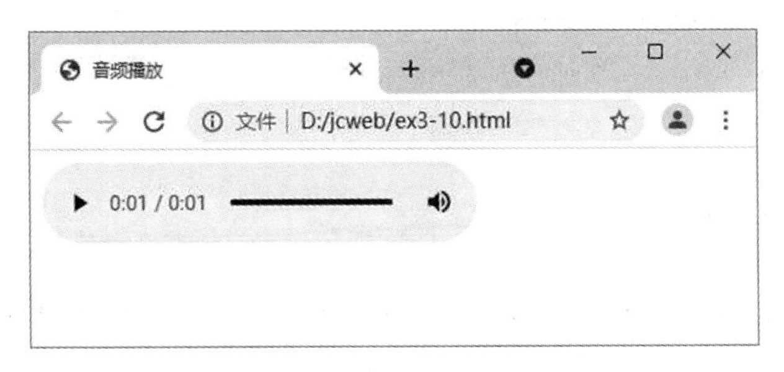

图 3-14　音频文件浏览效果

3.3 项目案例

制作如图 3-15 所示的“故事集锦”页面。

案例分析：“故事集锦”页面结构由三部分组成：头部、内容区、版权区。头部包括标题、导航条，内容区包括三个区段，每个区段包括标题、段落文本、作者及发表的时间等，每个区段右侧是一幅图片。整个区域的头部使用<header>标签，内容区使用<article>标签，版权区使用<footer>标签，在<article>标签内使用三个<section>标签和三个<aside>标签。

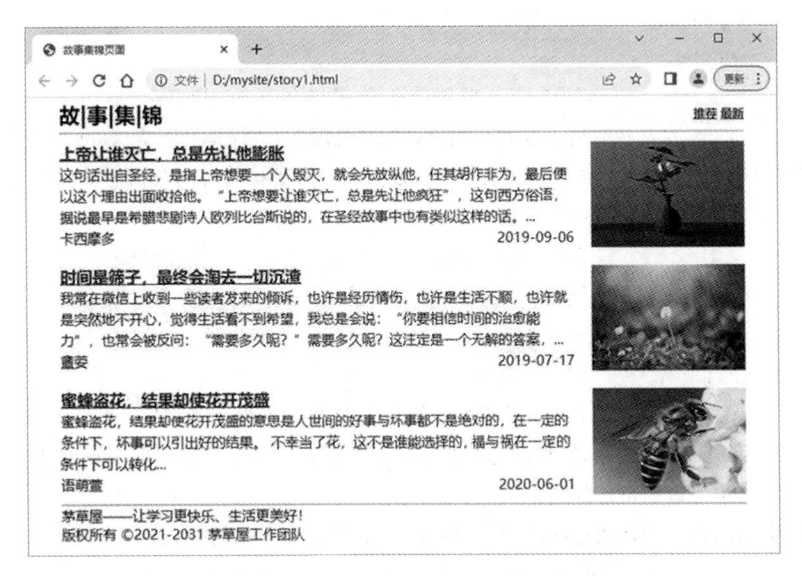

图 3-15　“故事集锦”页面结构分析

实现步骤：

(1)启动 HBuilder，新建名为 myweb 的网站项目，并将页面中用到的图片复制到 img 文件夹中。

(2)在网站项目“myweb”中新建名为 story.html 文件。

(3)在 story.html 窗口的编辑区输入如下 HTML 代码：

```
<! DOCTYPE html>
<html>
```

```
< head>
    < meta charset= “UTF- 8”>
    < title> 故事集锦页面< /title>
< /head>
< body>
< ! - - 头部区域- - >
< header>
    < h2> 故|事|集|锦< span class= “more”> < a href= “# ”> 推荐< /a>
    < a href= “# ”> 最新< /a> < /span> < /h2>
< /header>
< hr>
< ! - - 内容区域- - >
< article>
    < section>
        < h3> < a href= “# ”> 上帝让谁灭亡,总是先让他膨胀< /a> < /h3>
        < p> 这句话出自圣经,是指上帝想要一个人毁灭,就会先放纵他,任其胡作非为,最后
便以这个理由出面收拾他。“上帝想要让谁灭亡,总是先让他疯狂”,这句西方俗语,据说最早是希腊
悲剧诗人欧列比台斯说的,在圣经故事中也有类似这样的话。...< /p>
        < footer> 卡西摩多< time> 2019- 09- 06< /time> < /footer>
    < /section>
    < aside> < img src= “img/ls1.jpg”> < /aside>
    < section>
        < h3> < a href= “# ”> 时间是筛子,最终会淘去一切沉渣< /a> < /h3>
        < p> 我常在微信上收到一些读者发来的倾诉,也许是经历情伤,也许是生活不顺,也许
就是突然地不开心,觉得生活看不到希望,我总是会说:“你要相信时间的治愈能力”,也常会被反问:
“需要多久呢?”需要多久呢? 这注定是一个无解的答案,...< /p>
        < footer> 盒妾< time> 2019- 07- 17< /time> < /footer>
    < /section>
    < aside > < img src= “img/ls2.jpg”> < /aside>
    < section>
        < h3> < a href= “# ”> 蜜蜂盗花,结果却使花开茂盛< /a> < /h3>
        < p> 蜜蜂盗花,结果却使花开茂盛的意思是人世间的好事与坏事都不是绝对的,在一
定的条件下,坏事可以引出好的结果。
    不幸当了花,这不是谁能选择的,福与祸在一定的条件下可以转化...< /p>
        < footer> 语萌萱< time> 2020- 06- 01< /time> < /footer>
    < /section>
    < aside > < img src= “img/ls3.jpg”> < /aside>
< /article>
< hr>
< ! - - 版权区- - >
< footer id= “footer”>
< p> 茅草屋——让学习更快乐、生活更美好! < /p>
< p> 版权所有© 2021- 2031 茅草屋工作团队< /p>
```

```
< /footer>
< /body>
< /html>
```

浏览效果如图 3-16 所示。

图 3-16　故事集锦页面浏览效果

知识提前用：为了实现如图 3-15 所示的浏览效果，还需要在<head></head>标签内引入内部样式，代码如下：

```
< style type= “text/css”>
* {                          /* 边距清零* /
    margin: 0px;
    padding: 0px; }
header {
    width:800px;          /* 设置头部区域的宽度为 800px* /
    height: 40px;        /* 设置头部区域的高度为 40px* /
    line- height: 40px;
    margin: 0 auto;      /* 设置头部区域居中显示* /
}
hr,article{
    width: 800px;      /* 设置水平线和内容区域的宽度为 800px* /
    margin: 0 auto;      /* 设置水平线和内容区域居中显示* /
}
section{
    width: 600px;
    float: left;
    height: 120px;
    margin- top: 10px;
```

```
        margin- bottom: 10px;
        line- height: 1.5em;
    }
    aside{
        float:right;
        width: 180px;
        height: 120px;
        line- height: 120px;
        margin- top: 10px;
        margin- left:10px;}
    .more{
        float:right;
        font- size: 14px;
    }
    time{float:right; }
    # footer{
    width : 800px;
    margin : 0 auto;
    clear :both; }
    < /style>
```

这部分内容将在项目 4 中学习。

3.4 HTML5 新增的表单元素

HTML5 不仅增加了一些新的语义标签、音频和视频标签，还增加了表单方面的诸多功能，包括增加了 input 输入类型、表单元素、form 属性等。使用这些新的标签，可以更加省力和高效地制作出标准的 Web 表单。

3.4.1 新增的 input 类型标签

HTML5 为<input>标签增加了多个新的输入类型，如 color、date、email、number、range、search 等，这些新元素提供了更好的输入控制和验证功能。

1. email 类型标签

<input type="email">标签是专门用于输入 E-mail 地址的文本框，在提交表单时，会自动验证 E-mail 输入域的值。如果不是一个有效的 E-mail 地址，则该输入框不允许提交该表单。

例如：下面是 email 类型的一个应用示例。

```
< form action= "demo_form.php" method= "post">
    E- mail 地址:< input type= "email" name= "user- email">
    < input type= "submit" value= "提交">
< /form>
```

以上代码在谷歌浏览器中的运行结果如图 3-17(a)所示，如果在 E-mail 文本框中没有输入正确的 E-mail 地址格式，单击“提交”按钮时会出现如图 3-17(b)所示的提示。

(a)E-mail 浏览效果

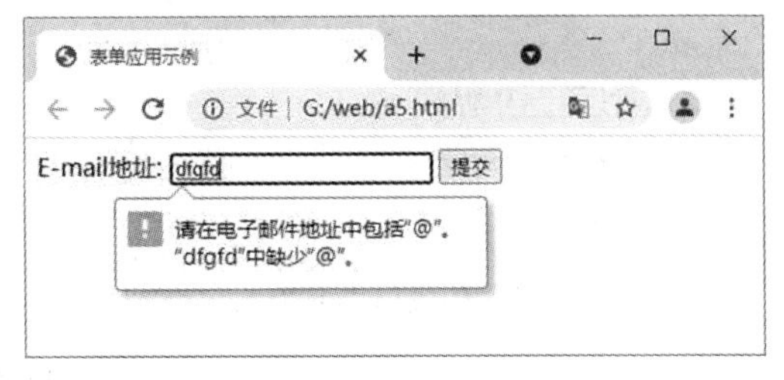

(b)E-mail 验证效果

图 3-17　email 类型的一个应用示例

2. number 类型标签

<input type=“number”>标签提供用于输入指定范围数值的文本框。我们可以设定接受数字的范围，包括规定允许的最大值和最小值、合法的数字间隔或默认值等。如果所输入的数字不在限定范围之内，则会出现错误提示。表 3-5 为 number 类型标签的常用属性及含义。

表 3-5　number 类型标签的常用属性及含义

属性	描述
max	规定输入字段的最大值
min	规定输入字段的最小值
step	规定输入字段的合法数字间隔
value	规定输入字段的默认值

例如：下面是 number 类型的一个应用示例。

```
< form action= “demo_form.php” method= “post”>
    请输入数值:< input type= “number” name= “points” min= “1” max= “20” step= “4” value= “8”>
    < input type= “submit” value= “提交”>
< /form>
```

以上代码在谷歌浏览器中的运行结果如图 3-18(a)所示，如果输入了不在限定范围之内的数字，单击“提交”按钮时会出现如图 3-18(b)所示的提示。

(a)number 浏览效果

(b)输入了不在限定范围之内的数字

图 3-18　number 类型标签应用示例

(c)输入的数值不是有效值

(d)输入了不在限定范围之内的数字

续图 3-18

同样,如果违反了其他限定,也会出现错误提示。例如,如果输入数值 15,单击"提交"按钮时会出现如图 3-18(c)所示的提示。这是因为限定了合法的数字间隔为 4,在输入时只能输入数字间隔为 4 的数,如 5、9、13、17 等。又如,如果输入数值−12,单击"提交"按钮时会出现如图 3-18(d)所示的提示。

3. range 类型标签

<input type="range">标签提供用于输入包含一定范围内数字值的文本框,在网页中输入字段显示为滑动条。我们可以设定所接受的数字的限制,包括规定允许的最大值和最小值、合法的数字间隔或默认值等。如果所输入的数字不在限定范围之内,则会出现错误提示。表 3-6 为 range 类型标签的常用属性及含义。

表 3-6 range 类型标签的常用属性及含义

属性	描述
max	规定输入字段的最大值
min	规定输入字段的最小值
step	规定输入字段的合法数字间隔
value	规定输入字段的默认值

例如:下面是 range 类型标签的一个应用示例。

```
< form action= "demo_form.php" method= "post">
    请输入数值:< input type= "range" name= "points" min= "0" max= "10">
    < input type= "submit" value= "提交">
< /form>
```

以上代码在谷歌浏览器中的运行结果如图 3-19 所示。

图 3-19 range 类型的 input 元素示例

注意 range 类型与 number 类型的属性是完全相同的,这两种类型的不同在于外观表现上,支持 range 类型的浏览器都会将其显示为滑块的形式,而不支持 range 类型的浏览器则会将其显示为普通的纯文本输入框,即以 type="text"来处理。

4. Date Pickers(日期选择器)类型标签

日期选择器(Date Pickers)是网页中经常要用到的一种控件,在 HTML5 之前的版本中,并没有提供任何形式的日期选择器。在网页设计中,多采用一些 JavaScript 代码来实现日期选择器控件的功能,如 jQuery UI、YUI 等,在具体使用时会比较麻烦。

HTML5 提供了多个可用于选取日期和时间的输入类型,分别用于选择以下日期格式:日期、月、周、时间,如表 3-7 所示。

表 3-7 日期选择器类型

输入类型	HTML 代码	功能与说明
date	<input type="date">	选取年、月、日
month	<input type="month">	选取月
week	<input type="week">	选取周
time	<input type="time">	选取小时和分钟
datetime	<input type="datetime">	选取时间、日、月、年(UTC 时间)
datetime-local	<input type="datetime-local">	选取时间、日、月、年(本地时间)

例如:下面是 date 类型的一个应用示例。

```
< form action= "demo_form.php" method= "post">
    出生日期:< input type= "date" name= "birthday">
    < input type= "submit" value= "提交">
< /form>
```

以上代码在谷歌浏览器中的运行结果如图 3-20 所示。

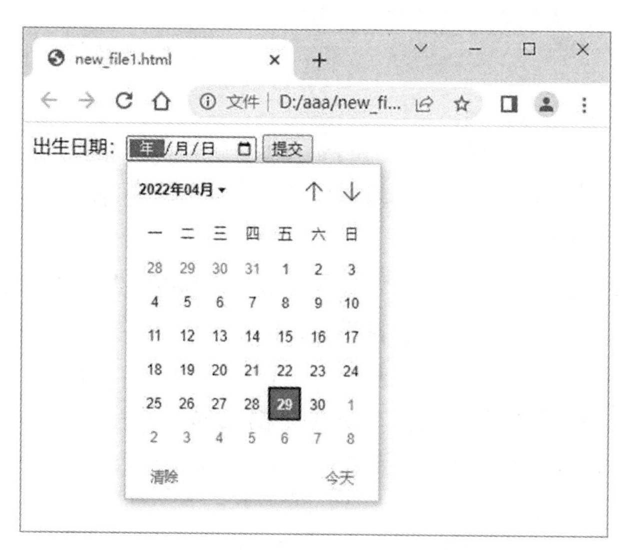

图 3-20 date 类型的一个应用效果

3.4.2 新增的 input 属性

<input>标签不但增加了新的输入类型,而且还新增了几个 input 属性,用于指定输入类型的行为和限制,例如 autocomplete、autofocus、form、list、min、max 和 step、pattern、placeholder、required,本节仅介绍 autofocus、form、placeholder 以及 required 属性。

1. autofocus 属性

在 HTML5 中，autofocus 属性用于指定页面加载时<input>元素是否自动获得焦点，autofocus 属性是布尔属性。如果设置，则规定当页面加载时<input>元素应该自动获得焦点。

示例 11：下面通过一个例子演示 autofocus 属性的使用。

```
< ! DOCTYPE html>
< html>
< head>
    < meta charset= “UTF- 8”>
    < title> autofocus属性应用示例< /title>
< /head>
< body>
< form action= “demo_form.php” method= “post”>
    用户名:< input type= “text” name= “username” autofocus= “true”> < br>
    < input type= “submit”  value= “提交”>
< /form>
< /body>
< /html>
```

浏览效果如图 3-21 所示。

图 3-21　autofocus 属性的应用效果

从图 3-21 可以看出，文本输入框在页面加载后自动获得焦点。

2. form 属性

在 HTML5 之前，如果用户要提交一个表单，必须把相关的表单元素都放在表单内部，即<form></form>标签内，在提交表单时，会将页面中不是表单子元素的控件直接忽略掉。

HTML5 中的 form 属性，可以把一个表单中的表单元素写在页面中的任一位置，只需为这个元素指定 form 属性并设置属性值为该表单的 id 即可。此外，form 属性还允许规定一个表单元素从属于多个表单。

示例 12：下面通过一个例子演示 form 属性的使用。

```
< ! DOCTYPE html>
< html>
< head>
    < meta charset= “UTF- 8”>
    < title> form属性应用示例< /title>
< /head>
```

```
< body>
< form action= "demo_form.php" method= "post" id= "form1">
    用户名:< input type= "text" name= "username" > < br>
    < input type= "submit"  value= "提交">
< /form>
    密码: < input type= "password" name= "userpwd" form= "form1">
< /body>
< /html>
```

在本示例中，分别添加了两个<input>标签，并且第 2 个<input>标签位于<form>元素之外，但指定了第 2 个<input>标签的 form 属性值为该表单的 id 名，所以第 2 个<input>标签仍然是表单的一部分。

3. placeholder 属性

placeholder 属性用于为 input 类型的输入框提供相关提示信息，以描述输入框期待用户输入何种内容。在输入框没有获得焦点时显示提示信息，而当输入框获得焦点时，提示信息消失。placeholder 属性适用于以下输入类型：text、search、url、tel、email 以及 password。

示例 13：下面通过一个例子演示 placeholder 属性的使用。

```
< ! DOCTYPE html>
< html>
< head>
    < meta charset= "UTF- 8">
    < title> placeholder 属性应用示例< /title>
< /head>
< body>
< form action= "demo_form.php" method= "post">
    用户名:< input type= "text" name= "username" placeholder= "请输入用户名"> < br>
    < input type= "submit"  value= "提交">
< /form>
< /body>
< /html>
```

浏览效果如图 3-22 所示。

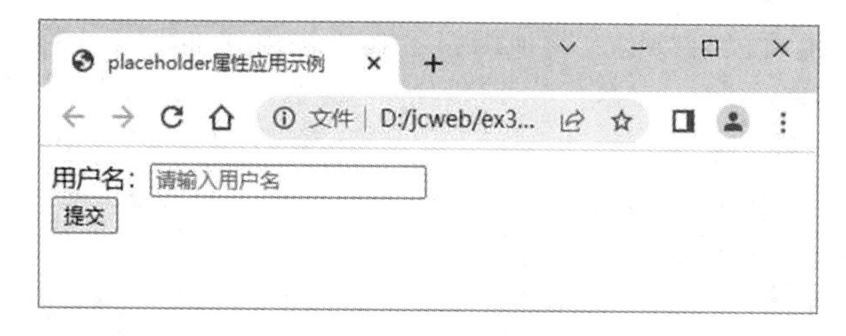

图 3-22 placeholder 属性应用效果

4. required 属性

required 属性用于规定在提交表单之前输入框中的内容是否必须填写（不能为空），required 属性是布尔属性。如果设置，则输入字段不能为空。

注意 required属性适用于以下输入类型：text、search、url、tel、email、password、date pickers、number、checkbox、radio以及file。

示例14：下面通过一个例子演示required属性的使用。

```
<!DOCTYPE html>
<html>
<head>
    <meta charset="UTF-8">
    <title>required属性应用示例</title>
</head>
<body>
<form action="demo_form.php" method="post">
    用户名:<input type="text" name="username" required="required"><br>
    <input type="submit"  value="提交">
</form>
</body>
</html>
```

浏览效果如图3-23所示。

图3-23 required属性应用效果

在本示例中，为input元素指定了required属性。当输入框中内容为空时，单击“提交”按钮，将会出现提示信息，效果如图3-23所示。用户必须在输入框中输入内容后，才允许提交表单。

3.4.3 新增的datalist元素

datalist元素用于为输入框提供一个可选的列表，用户可以直接选择列表中的某一项预设的项，从而免去输入的麻烦。datalist元素中的列表由option元素创建，如果用户不希望从列表中选择某项，也可以自行输入其他内容。其语法格式如下：

```
<datalist>
    <option>选项1</option>
    <option>选项2</option>
    <option>选项3</option>
    …
</datalist>
```

在实际应用中，如果要把datalist提供的列表绑定到某个输入框，则需要使用输入框的list属性来引用datalist元素的id属性值。

示例15：下面是datalist元素的一个应用示例。

```
< ! DOCTYPE html>
< html>
< body>
    < form action= "demo_form.php" method= "post">
    < input type = "text" list= "browsers" name= "browser">
    < datalist id= "browsers">
        < option value= "Internet Explorer">
        < option value= "Firefox">
        < option value= "Chrome">
        < option value= "Opera">
        < option value= "Safari">
    < /datalist>
    < input type= "submit">
    < /form>
< /body>
< /html>
```

以上代码在谷歌浏览器中的运行结果如图 3-24 所示。

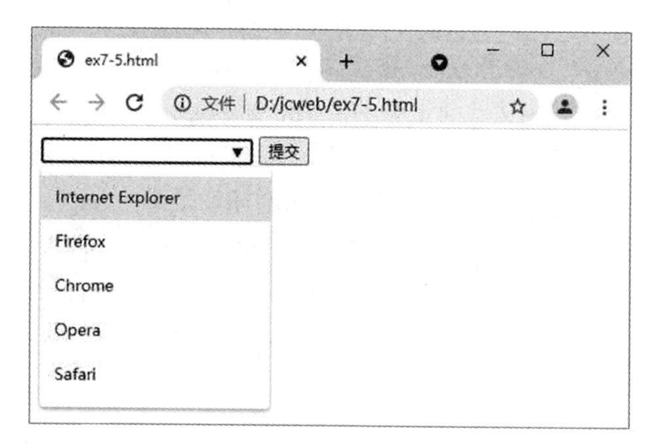

图 3-24　datalist 类型的一个应用效果

注意　datalist 属性是 HTML5 新增的属性，适用于以下 input 输入类型：text、search、url、telephone、email、pickers、number、range 和 color。

◆ 项目总结

本项目主要学习了 HTML5 新增的语义标签，包括<header>标签、<nav>标签、<section>标签、<article>标签、<aside>标签和<footer>标签等，学习了 HTML5 视频标签<video>、音频标签<audio>及 HTML5 新增的表单元素，并通过案例展示这些标签的用法。

HTML5 语义化结构标签不仅可以定义页面独立的内容区域，还可以定义网页布局，在学习过程中要将此部分内容与项目 2 中常用的 HTML 标签衔接起来、有机融合，构建出更加实用的网页内容结构。

课后习题

一、填空题

1. HTML5 文档使用标签________声明。

2. HTML5 为文本框添加列表选择输入，需要关联________ 标签。

3. HTML5 视频播放使用的标签是________。

4. 为文本框设置输入字段不能为空提示，使用属性________。

二、选择题

1. HTML5 之前的 HTML 版本是（　　）。

A. HTML 4.01　　B. HTML 4　　C. HTML 4.1　　D. HTML 4.9

2. HTML5 的正确 doctype 是（　　）。

A. <! DOCTYPE html>

B. <! DOCTYPE HTML5>

C. <! DOCTYPE HTML PUBLIC "-//W3C//DTD HTML 4.01 Transitional//EN" "http://www.w3.org/TR/html4/loose.dtd">

D. <! DOCTYPE html PUBLIC "-//W3C//DTD XHTML 1.0 Transitional//EN" "http://www.w3.org/TR/xhtml1/DTD/xhtml1-transitional.dtd">

3. 用于播放 HTML 视频文件的正确 HTML5 标签是（　　）。

A. <movie>　　B. <media>　　C. <video>　　D. <mp4>

4. 用于播放 HTML5 音频文件的正确 HTML5 标签是（　　）。

A. <mp3>　　B. <audio>　　C. <sound>　　D. <movie>

5. 用于显示已知范围内的标量测量的 HTML5 标签是（　　）。

A. <gauge>　　B. <range>　　C. <measure>　　D. <meter>

项目 3 实验

一、实验目的

（1）掌握 HTML5 新增的语义标签及用法；

（2）掌握 HTML5 新增的音频标签、视频标签及用法；

（3）掌握 HTML5 新增的表单元素标签及用法；

（4）掌握表单的制作方法。

二、实验内容及步骤

1. 仿照项目案例创建如图 3-25 所示的话说家乡页面（hometown.html），要求：

（1）内容以家乡风味、家乡风光、家乡风俗为主题，每个主题有标题、正文段落和图片；

（2）使用<header>标签、<article>标签、<footer>标签布局页面结构；

（3）导航列表放在<nav>标签内，导航列表使用无序列表制作；

（4）每个主题内容放在<section>标签内，每个<section>标签内放置一个图片标签、一个标题标签和一个段落标签，并添加相应的内容。

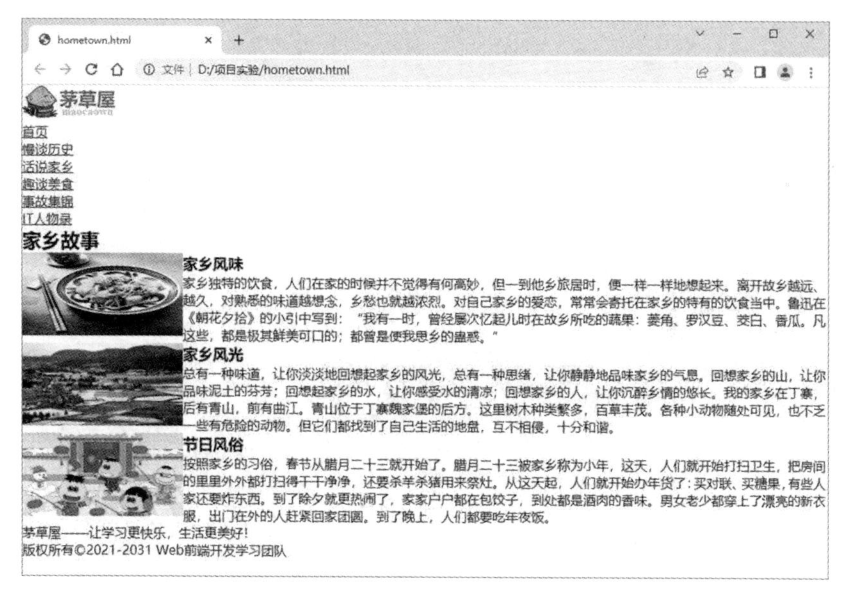

图 3-25　话说家乡页面浏览效果

2. 制作如图 3-26 所示的具有验证功能的教职工疫情健康提报页面。

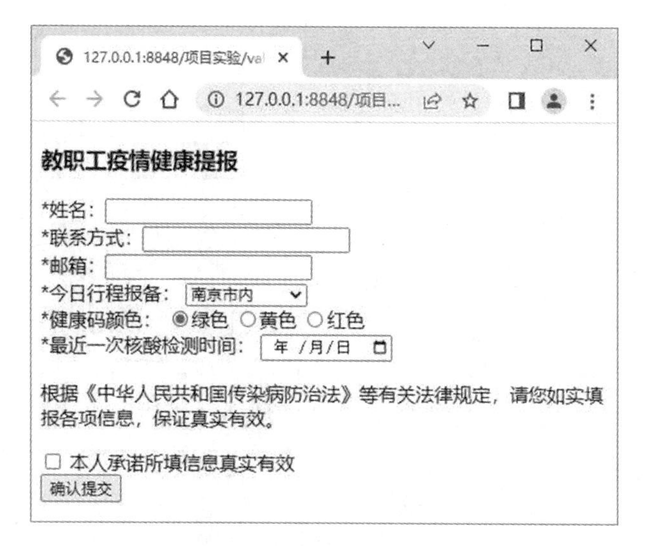

图 3-26　教职工疫情健康提报页面浏览效果

三、实验小结及思考

（由学生填写，重点写上机中遇到的问题。）

项目4

使用CSS样式设置页面外观

前面两个项目学习了常用的 HTML 标签及 HTML5 新增的标签，使用这些标签可以定义 HTML 文档的内容结构；为了改变网页文档的页面外观，就需要使用 CSS 样式。

本项目学习 CSS 样式规则、CSS 选择器，学习 CSS 文本与字体样式属性、背景与超链接样式属性，并通过实例讲解如何使用 CSS 样式改变网页文档的页面外观。

学习目标

- 了解 CSS 样式规则；
- 掌握 CSS 选择器的作用及使用方法；
- 掌握 CSS 文本与字体样式属性；
- 掌握 CSS 背景与超链接样式属性；
- 会使用 CSS 样式设置网页文档的页面外观。

项目案例

通过本项目的学习，完成项目 2 中简单网页文档样式设置，最终浏览效果如图 4-1 所示。

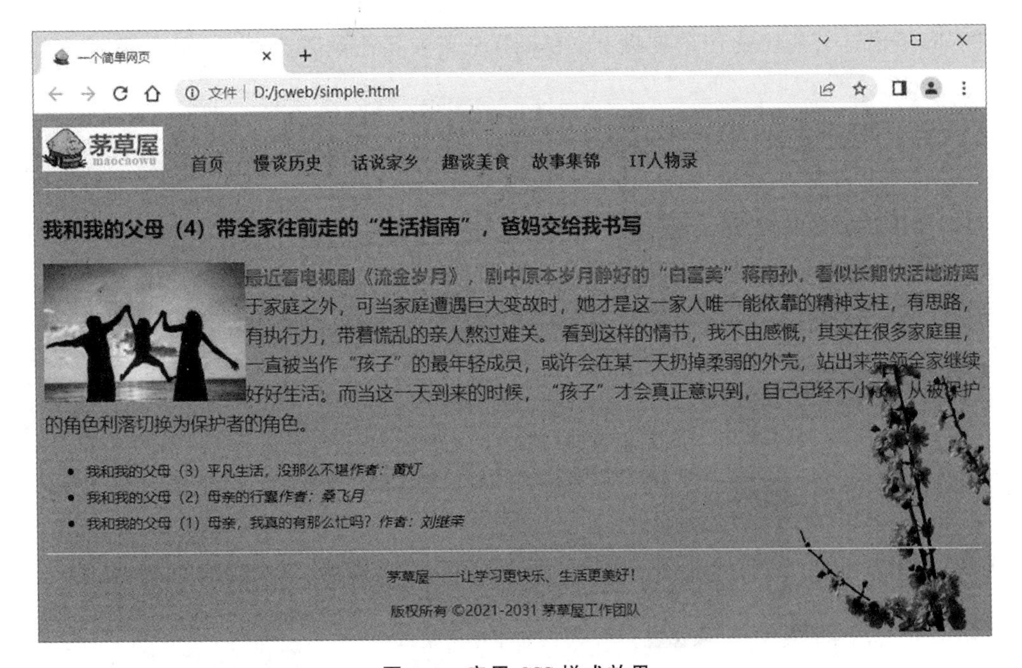

图 4-1　应用 CSS 样式效果

4.1 认识 CSS

4.1.1 什么是 CSS

CSS 是 cascading style sheets 的英文缩写，即层叠样式表。使用 CSS 可以控制 HTML 标签的显示样式，如页面的布局、字体、颜色、背景和图文混排等效果。CSS 出现以后，我们可以使用 HTML 标签定义网页的内容结构，使用 CSS 样式设置网页的显示方式。网页的内容和样式相分离，便于修改样式，而且对于一个 HTML 文档，应用不同的 CSS 样式，会产生不同的显示效果。将网页文档内容与表现分离开来，提高了页面浏览速度，大大提高了网页开发与维护效率。

4.1.2 CSS 语法规则

CSS 语法规则由两个主要的部分构成：选择器，以及一条或多条声明。其语法格式如下：

```
选择器{声明 1;声明 2; ...;声明 N }
```

说明：

• 选择器通常是需要改变样式的 HTML 元素，花括号{}内是对该元素设置的具体样式。

• 每条声明由一个属性和一个值组成。

• 属性是希望设置的样式属性，例如字体大小、文本颜色等。

• 每个属性有一个值，属性和值之间用英文冒号“:”分开，多个声明之间用英文分号“;”进行分隔。

例如，下面这行代码的作用是将 h1 元素内的文本颜色设置为蓝色，同时将字体大小设置为 12 像素。

```
h1 {color:blue; font- size:12px;}
```

在这个例子中，h1 是选择器，表示 CSS 样式作用的 HTML 对象<h1>元素，color 和 font-size 是 CSS 属性，分别表示字体颜色和大小，blue 和 12px 是它们的值。

下面的示意图展示了上面这段代码的结构：

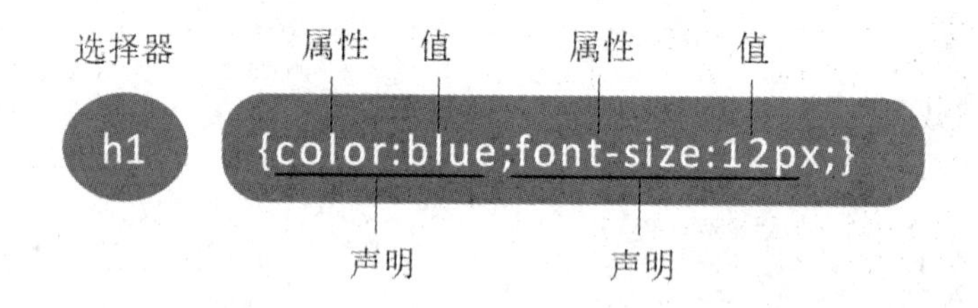

再如：

```
P{
    font- family:“宋体”;        /* 设置字体为宋体* /
    font- size:18px;            /* 设置字体大小为 18px* /
    color:blue;                 /* 设置文本颜色为蓝色* /
    font- weight:bold;          /* 设置字体加粗* /
}
```

p 是选择器，表示<p></p>标签内的所有文本的字体为宋体，字体大小为 18px，字体颜色为蓝色，字体加粗。

注意：

(1)最后一条声明可以没有分号，但是为了以后修改方便，一般也加上分号。

(2)为了使样式更加容易阅读，可以将每条代码写在一个新行内。

4.1.3 CSS 注释

为了提高代码的可读性，书写 CSS 代码时，通常会加上 CSS 注释。注释用来解释 CSS 的代码，此内容不会显示在浏览器窗口中。

CSS 注释以"/ * "开始，以" * /"结束，例如：

```
/* 这是一个注释* /
p{
    text- align:center;  /* 这是另一个注释* /
    color:black;
    font- family:arial;
}
```

4.1.4 引入 CSS 样式的方法

使用 CSS 为网页元素设置样式时，需要引入 CSS 样式表。在网页文档中添加 CSS 的方法有三种：行内样式表(inline style sheet)、内部样式表(internal style sheet)、外部样式表(external style sheet)。

1. 行内样式表

行内样式表是指将样式定义在指定的元素上。行内样式表是通过标签的 style 属性来设置的，添加行内样式表的语法格式如下：

```
< 标签 style= "样式属性:属性值; 样式属性:属性值;…">
```

行内样式表是直接在 HTML 标签中加入样式，效果仅控制该元素。

示例 1：本例展示如何改变段落的文本颜色和字体大小。

```
< ! DOCTYPE HTML>
< html>
< head>
    < meta charset= "utf- 8">
    < title> CSS 样式< /title>
< /head>
< body>
    < p style= "color:red;font- size:18px; ">
    层叠样式表是一种用来表现 HTML 或 XML 等文件样式的计算机语言。
    < /p>
< /body>
< /html>
```

浏览效果如图 4-2 所示。

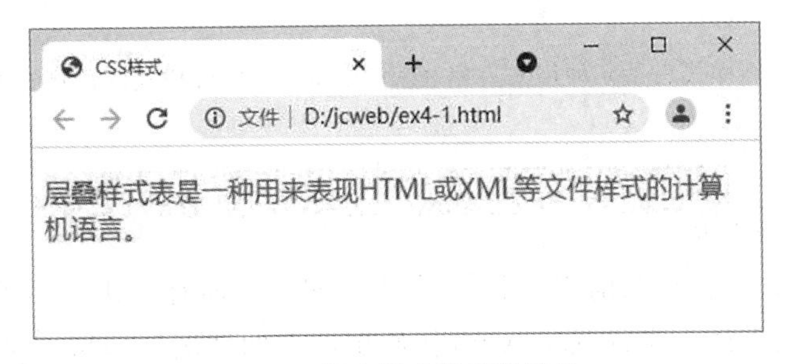

图 4-2 行内样式表应用效果

由本示例可以看出,行内样式表是通过标签的 style 属性来控制样式的,并没有做到结构与表现的分离,所以一般很少使用。通常,只有在样式规则较少且只在某元素上使用一次,或者需要临时修改某个样式规则时使用。

2. 内部样式表

当某个网页文档需要特殊的样式时,可以使用内部样式表。内部样式表是将 CSS 代码集中写在 HTML 文档头部<head>区域,并且用<style>标签定义。添加内部样式表的语法格式如下:

```
< html>
< head>
< style type= "text/css" >
< ! - -
    选择器{样式属性 1:属性值 1;属性 2:属性值 2;…}
- - >
< /style>
< /head>
< body> …< /body>
< /html>
```

在该语法中,<style>标签一般位于<head>标签中的<title>标签之后,也可以把它放在 HTML 文档的任何地方。但是由于浏览器是从上到下解析代码的,把 CSS 代码放在头部便于下载和解析,以避免网页内容下载后没有样式修饰带来的尴尬。

示例 2:本例使用内部样式表改变段落的文本颜色和字体大小。

```
< ! DOCTYPE HTML>
< html>
< head>
    < meta charset= "utf- 8">
    < title> CSS 样式< /title>
< style type= "text/css">
p{
    color:red;
    font- size: 18px;}
< /style>
< /head>
< body>
    < p> 层叠样式表是一种用来表现 HTML 或 XML 等文件样式的计算机语言。< /p>
< /body>
< /html>
```

浏览效果如图 4-3 所示。

注意 内部样式表仅对当前文档起作用,即使多个页面有公共 CSS 代码,也要每个页面分别定义;内部样式表适合文件很少,CSS 代码也不多的情况。如果一个网站有很多页面,使用内部样式表会使每个文件都变大,后期维护难度变大。

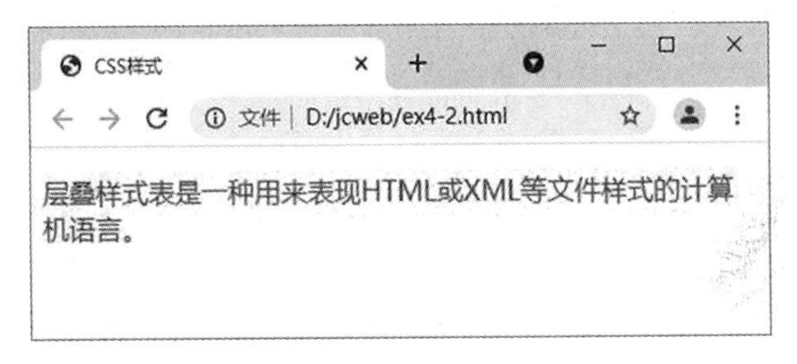

图 4-3　内部样式表应用效果

3. 外部样式表

当多个页面需要使用相同的样式时，可以使用外部样式表。外部样式表是将样式定义在外部 CSS 文件中，使用外部样式表时，只需使用<link>标签将样式表链接到每个页面。添加外部样式表的语法格式如下：

```
< html>
< head>
    < link rel= “stylesheet” type= “text/css” href= “css/mystyle.css”>
< /head>
< body> …< /body>
< /html>
```

浏览器会从文件 mystyle. css 中读到样式声明，并根据它来格式化文档。

外部样式表可以使用任何文本编辑器进行编辑，文件不能包含任何的 html 标签，外部样式表应该以扩展名为. css 的文件进行保存。

示例 3：假设站点根文件夹为 D:/myweb，在该文件夹下存放一个网页文件 a1. html 和一个样式文件夹 CSS，样式表文件 style. css 存放在样式文件夹 CSS 中，如图 4-4 所示。在 a1. html 文档中应用外部样式表。

D:/myweb
CSS　a1.html
style.css

图 4-4　站点目录结构

实现步骤：

步骤 1：创建样式表文件 style. css，代码如下：

```
p{
    color:red; /* 设置文本颜色* /
}
```

步骤 2：在网页文件 a1. html 中应用样式表，代码如下：

```
< ! DOCTYPE HTML>
< html>
< head>
    < meta charset= “utf- 8”>
    < title> CSS 样式< /title>
< link type= “text/css” rel= “stylesheet” href= “css/style.css”>
< /head>
< body>
```

```
        <p> 外部样式表可以极大提高工作效率</p>
    </body>
    </html>
```

浏览网页,效果如图 4-5 所示。

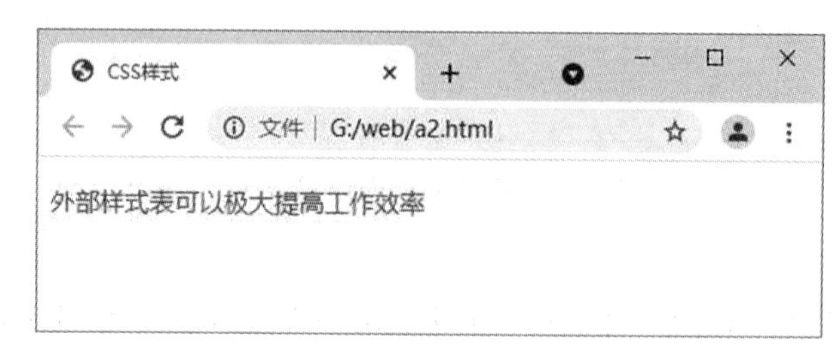

图 4-5　外部样式表应用效果

使用外部样式表的优点:

- 页面结构 HTML 代码与样式 CSS 代码完全分离,维护方便;
- 如果需要改变网站风格,只需要修改外部 CSS 文件;
- 可以在同一个 HTML 文档内部引用多个外部样式表。

4.1.5　CSS 样式优先级

定义 CSS 样式时,经常出现两个或更多规则应用在同一元素上,这时就会出现优先级的问题。

使用 CSS 样式时,多重样式可以层叠,可以覆盖;样式的优先级按照"就近原则",即行内样式>内嵌样式>链接样式>浏览器默认样式,多重样式将层叠为一个。

例如:假设站点根文件夹为 D:/myweb,在该文件夹下存放一个网页文件 a2.html 和一个样式文件夹 CSS,样式表文件 style.css 存放在样式文件夹 CSS 中。在外部样式表文件中有如下代码:

```
h3{
    color:red;
    text- align: left;     /* 设置文本对齐方式为水平左对齐* /
    font- size: 8pt;
}
```

在 a2.html 文档中有如下的内嵌样式:

```
h3{
    text- align: right;   /* 设置文本对齐方式为水平右对齐*
    font- size: 20pt;
}
```

则,h3 得到的样式是:

```
color:red;
text- align: right;
font- size: 20pt;
```

内嵌样式会覆盖掉外部样式表的一些样式。

由此例我们看到,样式表允许以多种方式规定样式信息。样式可以定义在单个 HTML

元素中,在 HTML 页的头元素中,或在一个外部的 CSS 文件中。甚至可以在同一个 HTML 文档内部引用多个外部样式表。

当同一个 HTML 元素被不止一个样式定义时,所有的样式会根据下面的规则层叠于一个新的虚拟样式表中,行内样式(在 HTML 元素内部)拥有最高的优先权,其次是<head>标签中的样式声明,然后是外部样式表中的样式声明,或者浏览器中的样式声明(缺省值)。

4.2 CSS 选择器

CSS 选择器用于选取要设置样式的 HTML 元素,CSS 选择器包括简单选择器、组合器选择器、伪类选择器、伪元素选择器、属性选择器等。

4.2.1 简单选择器

简单选择器是根据元素名称、id 属性、类属性来选取元素的。

1. 标签选择器

标签选择器是用 HTML 标签名称作为选择器,按标签名称分类,为页面中某一类标签指定统一的 CSS 样式。例如:h2{color:blue;},该代码将 h2 级别的标题设置为蓝色;再如 body{color:red;},使网页文档中所有文本呈现红色。

示例 4:本示例演示标签选择器的应用。

```
< ! DOCTYPE HTML>
< html>
< head>
    < meta charset= “utf- 8”>
    < title> CSS 样式< /title>
< style type= “text/css”>
body{
    background- color: # ccc;  /* 设置页面背景颜色为# ccc* /
    font- size: 12px;          /* 设置字体大小为 12px* /
}
h2{
    font- family:“黑体”;
    font- size: 20px;
    text- align: center;
}
p{
    color: red;
    font- size:16px;}
hr{
    width:200px; /* 设置水平线的宽度为 200px * /
}
< /style>
```

```
    </head>
    <body>
        <h2>CSS参考手册</h2>
        <hr>
        <p>在W3School,你可以找到所有属性和选择器的完整CSS参考手册,包括语法、示例、浏览器支持等。</p>
        版权所有
    </body>
    </html>
```

浏览效果如图4-6所示。

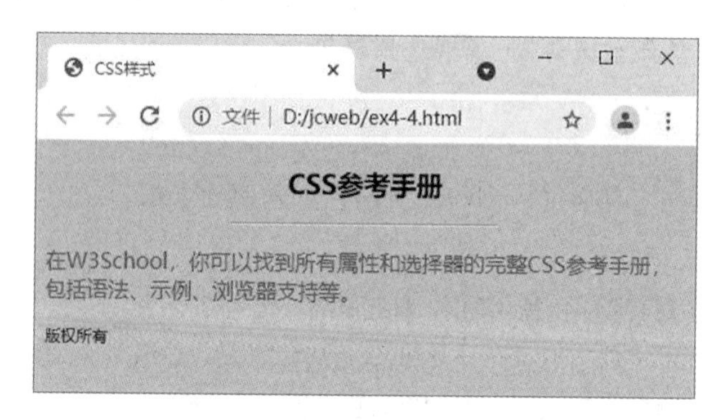

图4-6　标签选择器应用效果

标签选择器的最大优点是能快速为页面中同类型的元素统一样式,同时这也是它的缺点,即不能设计差异化样式。

2. id选择器

id选择器可以为标有特定id属性的HTML元素指定特定的样式。CSS中id选择器使用"#"进行标识,后面紧跟id名,其语法格式如下:

```
#id名{属性1:值;属性2:值;…}
```

该语法中,id名即为HTML元素的id属性值,元素的id属性在页面中是唯一的,也就是说,在一个页面中相同的id只允许出现一次。因此id选择器用于选择一个唯一的元素。

示例5:本示例演示id选择器的应用。

```
<!DOCTYPE HTML>
<html>
<head>
    <meta charset="utf-8">
    <title>CSS样式</title>
    <style type="text/css">
        #one{font-size:14px;color:#F00;}
        #two{font-size:20px;text-align:center}
    </style>
</head>
<body>
    <p id="one">要想掌握CSS,首先要学会HTML,因为一个样式它是不可能脱离HTML页面的,HTML不与样式结合的话,CSS就失去了存在的意义。</p>
```

```
    < p id= "two"> 一般书中都会举一个例子,告诉你 CSS 能做什么。一个小例子:"麻雀虽小,五脏俱全",你可能看不懂每一个语句的真正意思,但是你可以记得例子的模式,以后在实践中不断地用,一定会到达终点的。< /p>
< /body>
< /html>
```

浏览效果如图 4-7 所示。

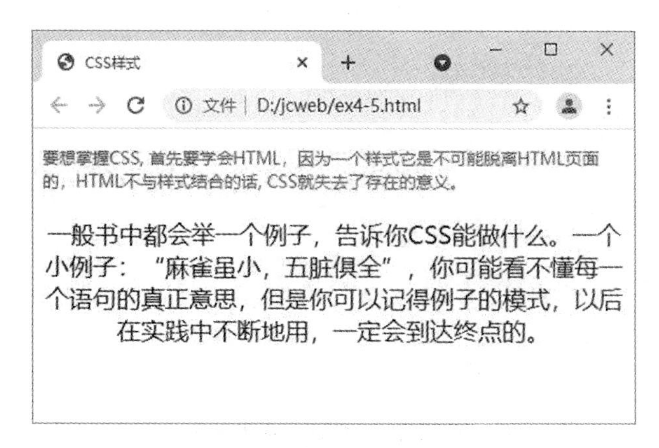

图 4-7　id 选择器的应用效果

注意　使用 id 选择器时,id 名称不能以数字开头。

3.类选择器(class 选择器)

文档中多个元素拥有相同的样式可以使用类选择器,在 CSS 中类选择器使用英文点"."号进行标识,后面紧跟类名,其语法格式如下:

```
.类名{属性 1 :值 1; 属性 2 :值 2;…}
```

在该语法中,类名即为 HTML 元素的 class 属性值。

示例 6:本示例演示 class 选择器的应用。

```
< ! DOCTYPE HTML>
< html>
< head>
    < meta charset= "utf- 8">
    < title> CSS 样式< /title>
< style type= "text/css">
    p{font- size: 12px;}
    .one{font- size: 18px;color: # bbb;}
    .two{font- size: 24px;color: # f00;}
< /style>
< /head>
< body>
    < h3 class= "two"> 这是文档标题< /h3>
    < p class= "one"> 类样式 1< /p>
    < p class= "one"> 类样式 1< /p>
    < p class= "two"> 类样式 2< /p>
    < p class= "two"> 类样式 2< /p>
```

```
        < p> 普通段落中的文字< /p>
    < /body>
    < /html>
```

浏览效果如图 4-8 所示。

图 4-8　class 选择器的应用效果(1)

由本例可以看到,我们可以为一个页面的相同元素或者不同元素设置相同的 class,使得相同 class 的元素具有相同的 CSS 样式。另外,如果要为两个或者两个以上元素定义相同的样式,建议使用 class 属性。因为这样可以减少大量的重复代码。

注意　对于一个元素,我们可以定义多个 class,类名之间用空格分开。例如,<div class="one yellow left">…</div>。此外,一个元素也可以 id 和 class 混用,中间用空格分开。例如,<div id="my" class="one yellow left">…</div>。但是一定要注意,一个元素不可以同时定义多个 id 选择器。

例如:下面的代码演示同时使用多个类选择器的效果。

```
< ! DOCTYPE HTML>
< html>
< head>
    < meta charset= "utf- 8">
    < title> CSS 样式< /title>
< style type= "text/css">
    .red{color:# f00;}
    .green{color:green;}
    .font20{font- size: 20px;}
    p{font- family: "微软雅黑";}
    # one{
        text- decoration: underline;   /* 设置文本有下划线效果* /
    }
< /style>
< /head>
< body>
    < h2 class= "red"> 领先的 Web 技术教程< /h2>
```

```
        < p id= “one” class= “green font20” > 在 W3School，你可以找到你所需要的所有的网站建设教程。< /p>
        < p class= “red font20”> 从基础的 HTML 到 CSS，乃至进阶的 XML、SQL、JS、PHP 和 ASP.NET。< /p>
    < /body>
    < /html>
```

浏览效果如图 4-9 所示。

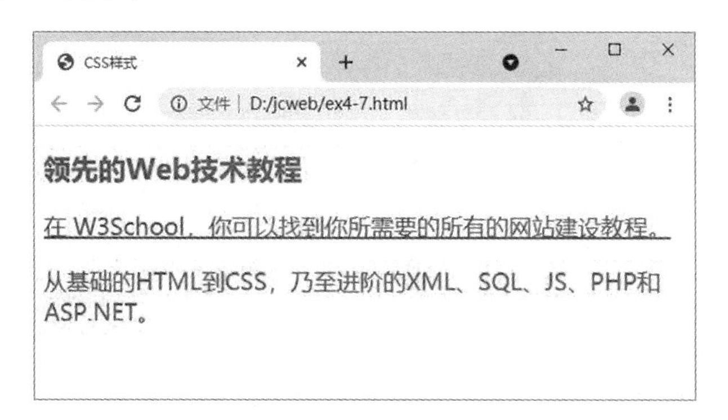

图 4-9　class 选择器的应用效果(2)

4. 包含选择器

包含选择器是可以单独对某种元素包含关系定义的样式表。元素 1 里包含元素 2，这种方式只对在元素 1 里的元素 2 定义，对单独的元素 1 或元素 2 无定义。

示例 7：包含选择器应用示例。

```
    < ! DOCTYPE HTML>
    < html>
    < head>
    < meta charset= “utf- 8”>
    < style type= “text/css”>
        p span{
            color: red;
        }
    < /style>
    < /head>
    < body>
        < p> < span> 层叠样式表< /span> 是一种用来表现 HTML 或 XML 等文件样式的计算机语言。< /p>
    < /body>
    < /html>
```

浏览效果如图 4-10 所示。

图 4-10　包含选择器的应用效果

5.选择器组

可以把几个具有相同样式的选择器合起来书写，用逗号将选择器分开，这样可以减少样式的重复定义。

示例8：选择器组应用示例。

```
< ! DOCTYPE HTML>
< html>
< head>
< meta charset= "utf- 8">
< style type= "text/css">
    h1,p{text- align:center;}
< /style>
< /head>
< body>
    < h1> 欢迎访问本网站< /h1>
    < p> 欢迎访问本网站< /p>
< /body>
< /html>
```

浏览效果如图4-11所示。

图4-11　选择器组的应用效果

6.通用选择器

通用选择器用"*"号表示，它的作用是匹配页面中所有的元素，其语法格式如下：

```
*{属性1:值1;属性2:值2;…}
```

例如，下面的代码使用通用选择器定义CSS样式，清除所有HTML元素的默认边距。

```
*{
    margin: 0px;   /* 设置外边距为0px* /
    padding: 0px;   /* 设置内边距为0px* /
}
```

4.2.2　伪类选择器

伪类选择器用于定义元素的特殊状态。例如，设置鼠标悬停在元素上时的样式、为已访问和未访问链接设置不同的样式，设置元素获得焦点时的样式。伪类选择器用冒号":"来表示，其语法格式如下：

```
选择器:伪类{属性1:值1;属性2:值2;…}
```

例如,下面的代码使用伪类选择器设置鼠标悬停在<p>元素上时背景颜色变为蓝色。

```
p:hover{
    background- color: blue;
}
```

比较常见的链接状态就是使用伪类选择器来实现的。超链接标签<a>有 4 种伪类状态,具体如下:

a:link——链接未被访问过的状态;

a:visited——链接被访问过的状态;

a:hover——鼠标放在链接元素上时,即鼠标悬停时的状态;

a:active——鼠标单击链接元素,但是不松手时的状态,即元素被激活的状态。

示例 9:使用伪类选择器设置超链接的四种状态。

```
< ! DOCTYPE html>
< html>
< head>
    < meta charset= "utf- 8">
    < title> 伪类选择器应用示例< /title>
    < style type= "text/css">
    a:link { /* 链接未被访问过的状态* /
      color: red;
    }
    a:visited {/* 链接被访问过的状态* /
      color: green;
    }
    a:hover {/* 鼠标悬停时的状态* /
      color: hotpink;
    }
    a:active {/* 元素被激活的状态 * /
      color: blue;
    }
    < /style>
< /head>
< body>
    < a href= "index.html" target= "_blank"> 这是一个链接< /a>
< /body>
< /html>
```

浏览网页,效果如图 4-12 所示。

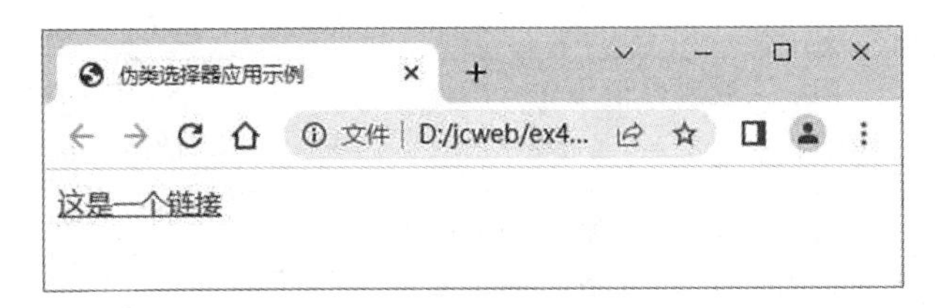

图 4-12　伪类选择器应用效果

注意 <a>标签的这四种伪类选择器存在着一定的顺序，一旦出现排序错误就有可能形成覆盖，导致其中某个样式无法显示。

这四种伪类选择器的排序为：a:hover 必须被置于 a:link 和 a:visited 之后，a:active 必须被置于 a:hover 之后。<a>标签的这四种伪类选择器的顺序为：a:link、a:visited、a:hover、a:active。

4.2.3 伪元素选择器

伪元素选择器也是通过冒号来定义，用于设置元素指定部分的样式。例如，它可用于设置元素的首字母、首行的样式，在元素的内容之前或之后插入内容等。常用 CSS 伪元素选择器如表 4-1 所示。

表 4-1 CSS 伪元素选择器

选择器	描述	示例
:first-letter	用于选取指定选择器的首字母	p:first-letter //选取每个<p>元素的第一个字母
:first-line	用于选取指定选择器的首行	p:first-line //选取每个<p>元素的第一行
:first-child	用于选取属于其父元素的首个子元素的指定选择器	p:first-child //匹配属于任意元素的第一个子元素的<p>元素
:before	用于在被选元素的内容前面插入内容	p:before //在每个<p>元素之前插入内容
:after	用于在被选元素的内容后面插入内容	p:after //在每个<p>元素之后插入内容

4.2.4 属性选择器

属性选择器可以为带有指定属性或属性值的 HTML 元素设置样式。所有 CSS 属性选择器如表 4-2 所示。

表 4-2 CSS 属性选择器

选择器	描述	示例
[attribute]	用于选取带有指定属性的元素	[target] //选择带有 target 属性的所有元素
[attribute=value]	用于选取带有指定属性和值的元素	[target=_blank] //选择带有 target="_blank"属性的所有元素
[attribute~=value]	用于选取属性值中包含指定词汇的元素	[title~=flower] //选择带有包含"flower"一词的 title 属性的所有元素
[attribute|=value]	用于选取带有以指定值开头的属性值的元素，该值必须是整个单词	[lang|=en]//选择带有以"en"开头的 lang 属性的所有元素

续表

选择器	描述	示例
[attribute^=value]	匹配属性值以指定值开头的每个元素	a[href^="https"] //选择其 href 属性值以"https"开头的每个<a>元素
[attribute$=value]	匹配属性值以指定值结尾的每个元素	a[href$=".pdf"] //选择其 href 属性值以".pdf"结尾的每个<a> 元素
[attribute*=value]	匹配属性值中包含指定值的每个元素	a[href*="w3school"] //选择其 href 属性值包含子串 "w3school"的每个<a>元素

4.3 CSS 文本与字体样式属性

4.3.1 CSS 单位与颜色

1.CSS 长度单位

许多 CSS 属性都要设置"长度"值，比如 width、height、margin、padding、font-size 等。CSS 长度单位有两种类型：绝对单位和相对单位。

1)绝对单位

在 CSS 中，绝对单位是固定的，用任何一个绝对单位表示的大小都将恰好显示为这个尺寸。具体如表 4-3 所示。

表 4-3 CSS 绝对单位

单位	描述
cm	厘米
mm	毫米
in	英寸(1in=96px=2.54cm)
px	像素(1px=1/96th of 1in)
pt	点(1pt=1/72 of 1in)

2)相对单位

在 CSS 中，相对单位定义的大小是不固定的，是相对于另一个长度而言的。相对单位在不同渲染介质之间缩放表现得更好。具体如表 4-4 所示。

表 4-4 CSS 相对单位

单位	描述
%	相对于父元素
em	相对于当前元素的字体大小(2em 等于当前字体大小的两倍)

例如,如果某元素以12pt显示,那么2em是24pt。在CSS中,em是非常有用的单位,因为它可以自动适应用户所使用的字体。

下面通过示例说明%的使用,例如,某HTML DOM树继承关系如图4-13所示,假设div标签中设置的字体大小为12px。如果设置p元素的字体大小为120%,则其实际大小为12px×120%;p元素行高设置为2em,则其实际大小为2em =12px×120%×2。

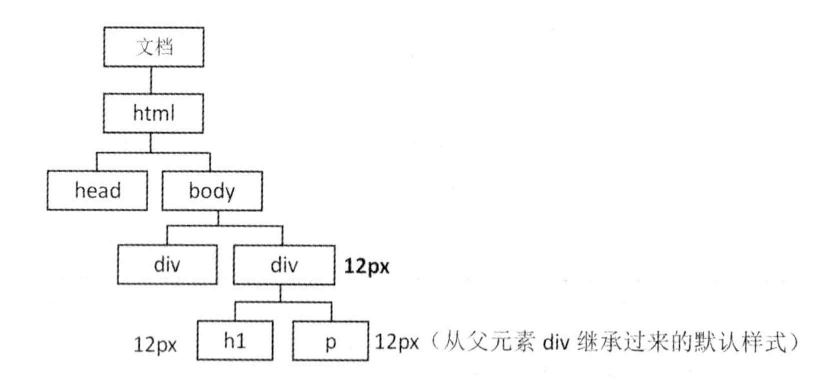

图4-13 HTML DOM树继承关系

2.CSS颜色

网页中颜色的设置可以使用英文颜色名,如red,blue,green等,还可以使用RGB函数或十六进制数设定。颜色设定方式如表4-5所示。

表4-5 CSS颜色设定方式

颜色	描述
red,blue,green	英文颜色名
rgb(x,x,x)	RGB值,每个颜色分量取值0~255;例如,红色:rgb(255,0,0),灰色:rgb(66,66,66)
rgb(x%,x%,x%)	RGB百分比值,每个颜色分量取值0%~100%;红色:rgb(100%,0%,0%)
rgba(x,x,x,x)	RGB值,透明度a值:0.0(完全透明)~1.0(完全不透明)。 例如,红色半透明:rgba(255,0,0,0.5)
#rrggbb	十六进制数,例如,红色:#ff0000,红色:#f00(去掉重复位)

多学一招:颜色值的缩写

十六进制颜色值是由#开头的6位十六进制数值组成的,每2位为一个颜色分量,分别表示颜色的红、绿、蓝3个分量。当3个分量的2位十六进制数都各自相同时,可以使用CSS缩写,例如,#ff6600可缩写为#f60,#ff000可缩写为#f00,#ffffff可缩写为#fff。使用颜色值的缩写可简化CSS代码。

4.3.2 CSS文本样式属性

CSS提供了一系列的文本样式属性,用于进行文本格式设置,具体如表4-6所示。

表 4-6　常用的 CSS 文本样式属性

属性	描述	取值
color	设置文本颜色	如：red、#f00、rgb(255,0,0)
line-height	设置行高	如：14px、1.5em、120%
letter-spacing	设置字符间距	如：2px、-3px
text-align	设置文本水平对齐方式	center、left、right、justify
text-decoration	设置文本修饰	none、overline、underline、line-through
text-indent	文本首行缩进	如：2em

1. 字符间距 letter-spacing

letter-spacing 属性用于设置字符间距，其属性值可为不同单位的数值，允许使用负值。默认值为 normal，相当于值为 0。

示例 10：letter-spacing 属性应用示例。

```
< ! DOCTYPE HTML>
< html>
< head>
    < meta charset= “utf- 8”>
    < style type= “text/css”>
        h1{letter- spacing:2px; }
        p{letter- spacing:- 3px; }
    < /style>
< /head>
< body>
    < h1> 标题内容< /h1>
    < p> 文本段落主要内容< /p>
< /body>
< /html>
```

浏览效果如图 4-14 所示。

图 4-14　letter-spacing 属性应用效果

2. 行高 line-height

line-height 属性用于设置行间距，所谓行间距就是行与行之间的距离，即字符的垂直间距。line-height 常用的属性值单位有三种，分别为像素 px、em 和百分比%，实际开发中使用较多的是像素 px 和 em。

示例 11：line-height 属性应用示例。

```
< ! DOCTYPE html>
< html>
< head>
    < meta charset= "utf- 8">
    < style type= "text/css">
        p{ font- size: 14px;
        line- height: 2em; }
    < /style>
< /head>
< body>
    < p> 中国最早的诗歌，不是横三竖四地记录在纸上的，而是唱出来的，有着飞流直下三千尺的跌宕起伏，也有珠落玉盘般的清脆响亮。"昔我往矣，杨柳依依，今来我思，雨雪霏霏。"只寥寥数句便将一位归乡之人的怅惘，摊在了众人面前。《诗经》这部承载了先古人民无数喜怒哀乐的诗歌总集，即是藏在中国古典文化之中的一颗夜明珠，永无休止地散发着万丈光辉。
    < /p>
< /body>
< /html>
```

浏览效果如图 4-15 所示。

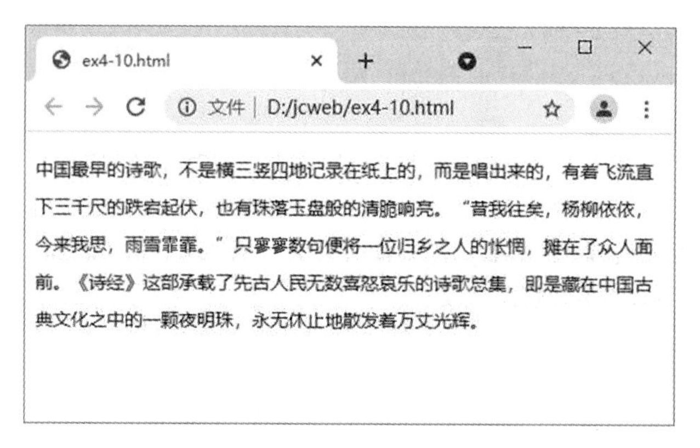

图 4-15　line-height 属性应用效果

多学一招：利用 line-height 属性设置文本垂直居中对齐

在网页中，我们为某元素设置了高度 height 属性，想要让元素中的文本垂直居中对齐，这时只要再为元素设置行高 line-height 属性，让元素的高度 height 属性与行高 line-height 属性大小一样就可以实现文本垂直居中对齐。主要代码如下：

```
< body>
    < p> Web 开发技术课程< /p>
< /body>
```

使用如下 CSS 样式可以设置文本垂直居中：

```
p{
    height: 40px;
    background- color: # ccc;
    font- size: 14px;
```

```
    line- height: 40px;
}
```

没有设置行高样式时,浏览效果如图 4-16(a)所示;利用 line-height 属性垂直居中时,浏览效果如图 4-16(b)所示。

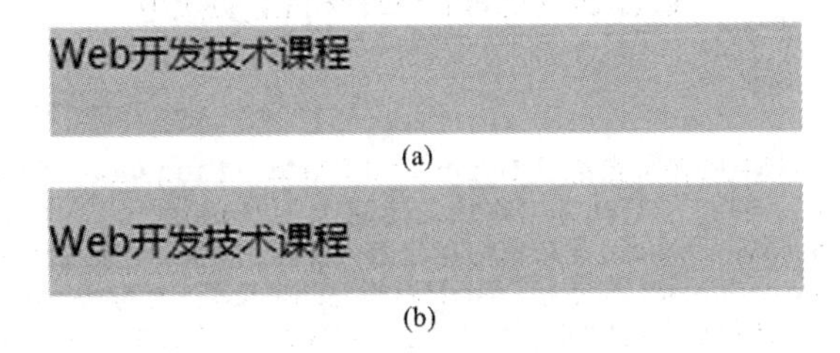

图 4-16 设置文本垂直居中

3. 文本对齐 text-align

text-align 属性用于设置文本的水平对齐方式,其可用属性值如下:

center:设置文本水平居中对齐。

left:设置文本左对齐。

right:设置文本右对齐。

justify:设置文本两端对齐。

示例 12:text-align 属性应用示例。

```
< ! DOCTYPE HTML>
< html>
< head>
< meta charset= "utf- 8">
< style type= "text/css">
    h1{text- align:center; }
    .date{text- align:right; }
    .main{text- align:justify; text- indent:2em;}
< /style>
< /head>
< body>
    < h1> CSS text- align 实例< /h1>
    < p class= "date"> 2021 年 04 月 19 日< /p>
    < p class= "main"> HTML 的英文全称是 Hyper Text Markup Language,即超文本标记语言。HTML 是由 Web 的发明者 Tim Berners- Lee 和同事 Daniel W. Connolly 于 1990 年创立的一种标记语言,它是标准通用化标记语言 SGML 的应用。用 HTML 编写的超文本文档称为 HTML 文档,它能独立于各种操作系统平台(如 UNIX,Windows 等)。使用 HTML,将所需要表达的信息按某种规则写成 HTML 文件,通过专用的浏览器来识别,并将这些 HTML 文件"翻译"成可以识别的信息,即现在所见到的网页。< /p>
< /body>
< /html>
```

浏览效果如图 4-17 所示。

图 4-17　text-align 属性应用效果

4. 文本修饰 text-decoration

text-decoration 属性用于设置文本的下划线、上划线、删除线等修饰效果，其可用属性如下：

text-decoration:none;没有修饰，定义标准的文本；

text-decoration:overline; 为文本设置上划线；

text-decoration:line-through;为文本设置删除线；

text-decoration:underline;为文本设置下划线。

示例 13：text-decoration 属性应用示例。

```
< ! DOCTYPE HTML>
< html>
< head>
< meta charset= “utf-8”>
< style type= “text/css”>
    h1{text-decoration:overline; }
    h2{text-decoration:line-through;}
    h3{text-decoration:underline;}
< /style>
< /head>
< body>
    < h1> 标题 1 文本< /h1>
    < h2> 标题 2 文本< /h2>
    < h3> 标题 3 文本< /h3>
< /body>
< /html>
```

浏览效果如图 4-18 所示。

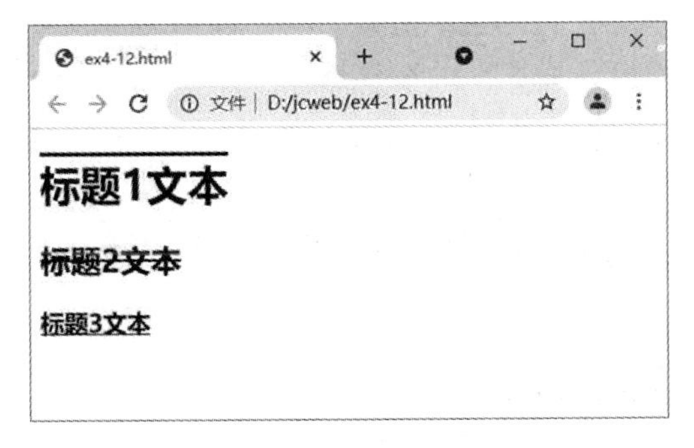

图 4-18　text-decoration 属性应用效果(1)

在网页中,我们通常利用 text-decoration 属性去掉超链接下划线。

示例 14:使用 text-decoration 属性设置超链接的四种状态。

```
< ! DOCTYPE HTML>
< html>
< head>
    < meta charset= “utf-8”>
    < style type= “text/css”>
        a:link{      /* 链接未被访问过的状态* /
          text-decoration: none; /* 链接文本没有下划线* /
          color:# 3c3c3c;}
        a:visited{   /* 链接被访问过的状态* /
          text-decoration: none;
          color:# 3c3c3c;}
        a:hover{  /* 鼠标悬停时的状态* /
          text-decoration: underline;   /* 链接文本有下划线* /
          color:# f00;}
        a:active  /* 元素被激活的状态* /
        {
          text-decoration: none;
          color:# 03c;}
    < /style>
< /head>
< body>
    < ul>
        < li> < a href= “# ”> 首页< /a> < /li>
        < li> < a href= “# ”> 慢谈历史< /a> < /li>
        < li> < a href= “# ”> 话说家乡< /a> < /li>
    < /ul>
< /body>
< /html>
```

浏览效果如图 4-19 所示。

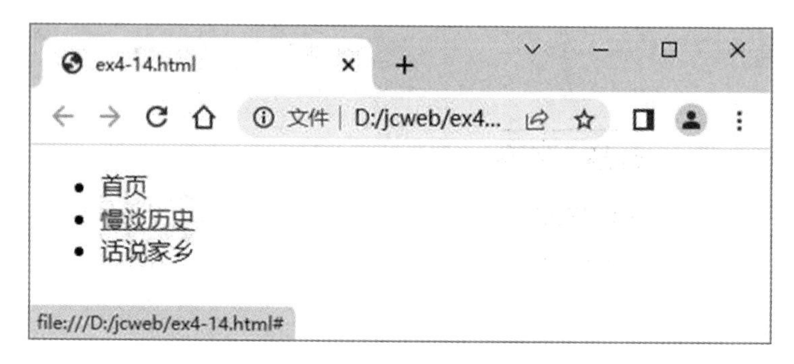

图 4-19 text-decoration 属性应用效果(2)

4.3.3 CSS 字体样式属性

CSS 提供了一系列的字体样式属性,用于进行文本字体样式设置,具体如表 4-7 所示。

表 4-7 CSS 字体样式属性

属性	描述
font-family	设置文本的字体系列(字体族)
font-size	设置文本的字体大小
font-style	设置文本的字体样式
font-weight	设置字体的粗细
font-variant	设置是否以 small-caps 字体(小型大写字母)显示文本
font	简写属性。在一条声明中设置所有字体属性

1. font-size 属性

font-size 属性用于设置文本的字体大小,该属性的值可以使用相对长度单位,也可以使用绝对长度单位。例如将网页中所有段落文本的字体大小设为 12px,可以使用如下 CSS 代码:

```
p{font-size:12px;}
```

2. font-family 属性

font-family 属性用于设置文本的字体。网页中常用的中文字体有宋体、微软雅黑、黑体等,例如将网页中所有段落文本的字体设为微软雅黑,可以使用如下 CSS 代码:

```
p{font-family:"微软雅黑";}
```

可以将网页中的文本同时设置多个字体,中间以逗号隔开,如果浏览器不支持第一个字体,则会尝试下一个,直到找到合适的字体,例如:

```
body{font-family:"华文彩云","黑体","宋体";}
```

当应用上面的字体样式时,会首选华文彩云,如果用户计算机上没有安装该字体则选择黑体,也没有安装黑体则选择宋体。当指定的字体都没有安装时,就会使用浏览器默认字体。

使用 font-family 设置字体时,需要注意以下几点:

(1)各种字体之间必须使用英文状态下的逗号隔开;

(2)中文字体需要加英文状态下的引号,英文字体一般不需要加引号。当需要设置英文字体时，英文字体名称必须位于中文字体名称之前，例如下面的代码：

```
body{font-family: Arial,"微软雅黑","宋体","黑体";} /* 正确的书写方式* /
body{font-family: "微软雅黑","宋体","黑体",Arial;} /* 错误的书写方式* /
```

(3)如果字体名称中包含空格、#、$等符号，则该字体必须加英文状态下的单引号或双引号，例如：font-family："Times New Roman"；。

(4)尽量使用系统默认字体，保证在任何用户的浏览器中都能正确显示。

3. font-weight 属性

font-weight 属性用于定义字体的粗细，其可用属性值如表 4-8 所示。

表 4-8 font-weight 属性值

值	描述
normal	默认值。定义标准的字符
bold	定义粗体字符
bolder	定义更粗的字符
lighter	定义更细的字符
100～900(100 的整数倍)	定义由粗到细的字符。400 等同于 normal，而 700 等同于 bold，值越大字体越粗
inherit	规定应该从父元素继承字体的粗细

实际应用中，常用的 font-weight 的属性值为 normal 和 bold，用来定义正常和加粗显示的字体。

4. font-style 属性

font-style 属性用于定义字体风格，如设置斜体、倾斜或正常字体，其可用属性值如下。

normal：默认值，文字正常显示。

italic：文本以斜体显示。

oblique：文本为"倾斜"(倾斜与斜体非常相似，但支持较少)。

示例 15：字体属性应用示例。

```
<! DOCTYPE html>
<html>
<head>
<style type= "text/css">
    p.normal{font-style: normal;}
    p.italic{font-style: italic;}
    p.oblique{font-style: oblique;}
</style>
</head>
<body>
    <p class= "normal"> 这是一个正常字体风格的段落。</p>
    <p class= "italic"> 这是一个 italic 字体风格的段落。</p>
    <p class= "oblique"> 这是一个 oblique 字体风格的段落。</p>
</body>
```

```
< /html>
```

浏览效果如图 4-20 所示。

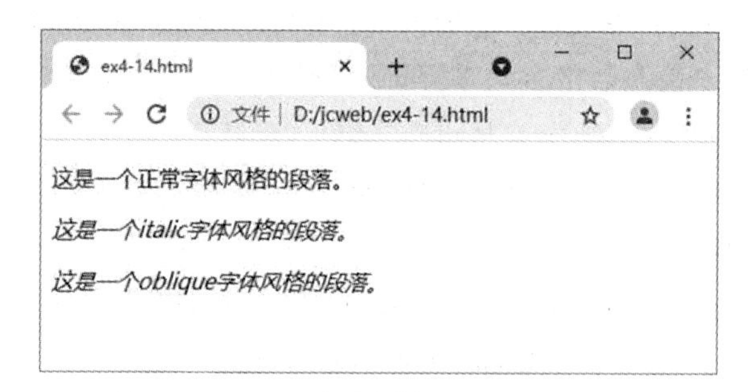

图 4-20　字体属性应用效果

5. font 属性

font 属性用于对字体样式进行简写设置，其语法格式如下：

```
font:font-style font-weight font-size/line-height font-family;
```

使用 font 属性时，必须按上面语法格式中的顺序书写，各个属性以空格隔开。例如：

```
p{
  font:italic bold 12px/30px Georgia,serif;
}
```

等价于

```
p{
    font-style:italic;
    font-weight: bold;
    font-size: 12px;
    line-height: 30px;
    font-family:Georgia serif;
}
```

注意　font-size 和 font-family 的值是必需的。如果缺少其他值之一，则会使用其默认值。

4.4 CSS 背景样式属性

CSS 背景样式属性用于定义元素的背景样式，具体如表 4-9 所示。

表 4-9　CSS 背景样式属性

属性	描述
background-color	为元素设置背景颜色
background-image	为元素设置背景图片
background-position	设置背景图片位置
background-repeat	设置背景图片是否重复
background-attachment	设置背景图片附着
background	简写属性，在一条声明中设置所有背景属性

4.4.1 背景颜色 background-color

background-color 属性用于设置元素的背景颜色,其语法格式如下。

```
background-color:颜色取值
```

其中颜色取值可以是有效的颜色名称(如 red)、十六进制值(如 #f00)、RGB 值[如 rgb(255,0,0)],还可以设置 transparent 背景颜色为透明。

示例 16:background-color 属性应用示例。

```
<!DOCTYPE html>
<html>
<head>
    <style type="text/css">
     body{background-color:skyblue;}
     h2{background-color:#FFA07A;}
     p{background-color:#F0E68C;}
    </style>
</head>
<body>
    <h2>华山</h2>
    <p>华山,古称“西岳”,雅称“太华山”,为五岳之一,位于陕西省渭南市华阴市,在省会西安以东 120 千米处。南接秦岭,北瞰黄渭,自古以来就有“奇险天下第一山”的说法。中华之“华”源于华山,由此,华山有了“华夏之根”之称 。2004 年,华山被评为中华十大名山。</p>
</body>
</html>
```

浏览效果如图 4-21 所示。

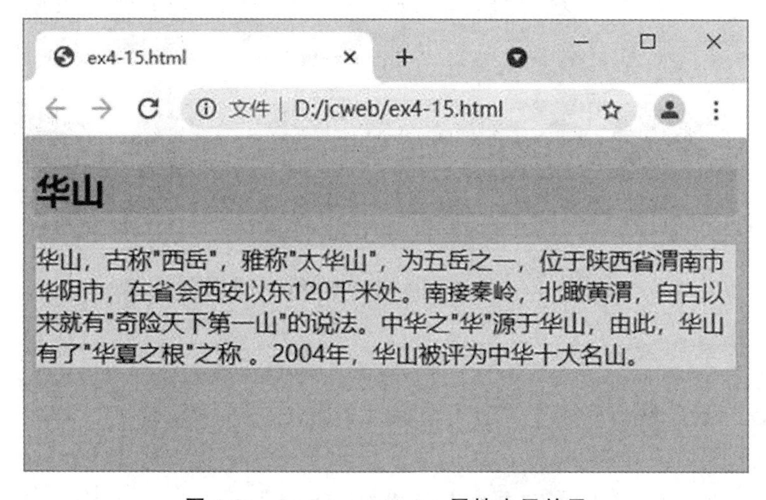

图 4-21 background-color 属性应用效果

4.4.2 背景图像 background-image

background-image 属性用于为元素设置背景图像,默认情况下,背景图像位于元素的左上角,并在水平和垂直方向上重复。其语法格式如下:

```
background-image: url(图像地址)
```

示例 17：background-image 属性应用示例。

```
< ! DOCTYPE html>
< html>
< head>
    < style type= "text/css">
        body{background-image: url(img/huashan1.jpg);}
        h2{background-color:# FFA07A;}
        p{background-color:# F0E68C;}
    < /style>
< /head>
< body>
    < h2> 华山< /h2>
    < p> 华山，古称“西岳”，雅称“太华山”，为五岳之一，位于陕西省渭南市华阴市，在省会西安以东 120 千米处。南接秦岭，北瞰黄渭，自古以来就有“奇险天下第一山”的说法。中华之“华”源于华山，由此，华山有了“华夏之根”之称 。2004 年，华山被评为中华十大名山。< /p>
< /body>
< /html>
```

浏览效果如图 4-22 所示。

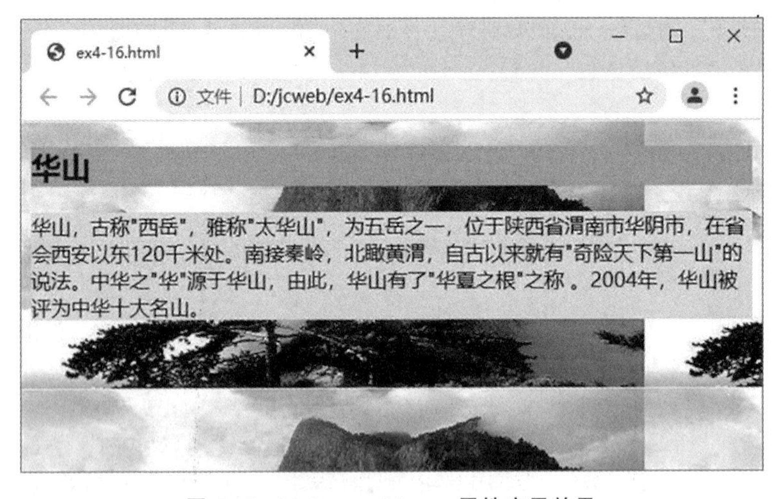

图 4-22　background-image 属性应用效果

4.4.3　背景重复

默认情况下，背景图像在水平和垂直方向上都重复。可以使用 background-repeat 属性设置背景是否重复，background-repeat 属性取值如下：

repeat：默认值，背景图像将在垂直方向和水平方向重复。

no-repeat：背景图像不重复。

repeat-x：背景图像将在水平方向重复。

repeat-y：背景图像将在垂直方向重复。

注意　background-repeat 属性和 background-image 属性联合使用决定背景图片是否

重复，如果只设置 background-image 属性，没设置 background-repeat 属性，则图片既横向重复，又竖向重复。

4.4.4 背景位置

background-position 属性用于设置背景图像的位置，其语法格式如下：

```
background-position:位置取值
```

位置取值方法有两种：

(1)使用关键字：top、bottom、left、right 和 center。

通常，这些关键字会成对出现，一个对应水平方向，另一个对应垂直方向，没有顺序。例如，top right 使图像放置在元素内边距区的右上角。如果只出现一个关键字，则认为另一个关键字是 center。

(2)使用长度值：长度值表示的是元素内边距区左上角的偏移，偏移点是图像的左上角。

例如，如果设置值为 50px 100px，图像的左上角将在元素内边距区左上角向右 50 像素、向下 100 像素的位置上。

示例 18：背景重复和背景位置属性应用示例。

```
< ! DOCTYPE html>
< html>
< head>
    < style type= “text/css”>
        body{
        background-image:url(img/huashan1.jpg);
        background-repeat: no-repeat;
        background-position:bottom right;
        background-color:skyBlue;
        }
        p{background-color:# F0E68C;}
    < /style>
< /head>
< body>
    < h2> 华山< /h2>
    < p> 华山，古称“西岳”，雅称“太华山”，为五岳之一，位于陕西省渭南市华阴市，在省会西安以东 120 千米处。南接秦岭，北瞰黄渭，自古以来就有“奇险天下第一山”的说法。中华之“华”源于华山，由此，华山有了“华夏之根”之称 。2004 年，华山被评为中华十大名山。< /p>
< /body>
< /html>
```

浏览效果如图 4-23 所示。

4.4.5 背景附着

background-attachment 属性用于设置背景图像是应该滚动还是固定的（不会随页面的其余部分一起滚动），其语法格式如下：

```
background-attachment:scroll|fixed
```

图 4-23 background-image 属性应用效果

说明：

scroll：表示背景图像会随着页面其余部分的滚动而移动，是默认选项。

fixed：表示背景图像固定在页面上静止不动。

注意 background-attachment 属性和 background-image 属性联合使用以决定图片是滚动还是固定不动。

4.4.6 简写属性 background

可以使用简写属性在一条声明中设置背景属性，在使用简写属性时，属性值的顺序为：background-color、background-image、background-repeat、background-position、background-attachment。

属性值之一缺失则会使用其默认值，只要按照此顺序设置其他值即可。

例如：

```
body{background:skyblue url(img/huashan1.jpg) no-repeat top right fixed;}
```

4.5 项目案例

本任务为项目 2 中创建的简单网页设置样式。

任务要求：

(1)创建样式表文件 simple.css，在该文件中设置如下样式：

①为页面 body 标签设置样式。背景颜色：rgb(141,170,200)，背景图片：bg1.jpg、图片不重复，图片位置：垂直底部、水平右对齐。

②为文档的三个 div 标签添加 id 属性，名字分别为 nav、content 和 footer。

③设置页面头部导航链接样式。设置链接未被访问和被访问过的样式：文本颜色#36332E、字体大小 16px、文本无下划线，设置鼠标悬停时链接样式：文本颜色#BB0F73，设置链接文本“首页”(特定链接地址)的样式：文本颜色#BB0F73。

④设置页面内容部分样式。

设置标题链接未被访问和被访问过的样式：文本颜色 #222、字体大小 20px、文本无下划线，设置鼠标悬停时样式：文本有下划线。

设置段落样式：字体大小 18px、字体颜色 #333、行高 28px、文本对齐方式两端对齐。

设置段落中第一行文本的样式：文本颜色 #f00、文本加粗。

设置列表项 li 的样式：高度 25px、行高 25px。

设置列表链接未被访问和被访问过的样式：文本颜色 #222、字体大小 14px、文本无下划线，设置鼠标悬停时样式：文本有下划线。

⑤设置页面底部样式。为 footer 中的段落设置样式：字体大小 14px、字体颜色 #333、文本对齐方式居中对齐。

(2)将样式表文件 simple.css 应用到 simple.html 文档中。

实现步骤：

①在站点的 css 文件夹中创建名为 simple.css 的样式表文件，并在 simple.css 中创建如下样式：

```
body{
    background-color: rgb(141,170,200);  /* 设置背景颜色* /
    background-image: url(../img/bg1.jpg);  /* 设置背景图片* /
    background-repeat: no-repeat;
    background-position: bottom right; }
/* 设置页面头部导航链接样式* /
# nav a,# nav a:visited{        /* 设置链接样式和访问过的链接样式* /
    color: # 36332e;
    font-size: 16px;
    text-decoration: none;
    font-weight: bold;}
# nav a:hover{              /* 设置鼠标悬停时的链接样式* /
    color: # bb0f73;
}
# nav a[href= "index.html"]{   /* 设置特定链接地址的样式* /
    color:# bb0f73;
}
/* 设置标题链接样式* /
# content h2 a,# content h2 a:visited{
    color:# 222;
    font-size: 20px;
    text-decoration: none;}
# content h2 a:hover{
    text-decoration: underline;
}
/* 设置段落样式* /
# content p{
    font-size: 18px;
    color:# 333;
```

```
        line-height: 28px;
        text-align: justify;}
    # content p::first-line{   /* 设置段落中第一行文本的样式* /
        color:# f00;
        font-weight: bold;
    }
    /* 设置列表项 li 的样式* /
    # content ul li{
        height: 25px;
        line-height: 25px;}
    /* 设置列表链接样式* /
    # content ul li a,# content ul li a:visited{
        color:# 222;
        font-size: 14px;
        text-decoration: none;}
    # content ul li a:hover{
        text-decoration: underline;
    }
    # footer{
        font-size: 14px;
        color:# 333;
        text-align: center;}
    # content em{
        font-size: 14px;
    }
    # content img{
        float:left;width:200px;
    }
```

②在网页文件 simple. html 中应用样式表。

在页面的<head>内部链接该样式，代码如下。

```
    < link rel= "stylesheet" href= "css/simple.css">
```

simple. html 页面完整代码如下：

```
    < ! DOCTYPE html>
    < html >
    < head>
        < meta charset= "utf-8">
        < title> 一个简单网页< /title>
        < link rel= "shortcut icon"  type= "image/x-icon"  href= "img/favicon.
ico">
        < link rel= "stylesheet" href= "css/simple.css">
    < /head>
    < body>
    < ! --导航栏部分-->
```

```
< div id= “nav”>
< pre> < img src= “img/logo.png”>    < a href= “index.html”> 首页< /a>    < a href= “# ”> 慢谈历史< /a>    < a href= “# ”> 话说家乡< /a>    < a href= “# ”> 趣谈美食< /a>    < a href= “# ”> 故事集锦< /a>    < a href= “# ”> IT 人物录< /a> < /pre>
< /div>
< hr>
< ! --内容区域-->
< div id= “content”>
< h2> < a href= “# ”> 我和我的父母(4)带全家往前走的“生活指南”,爸妈交给我书写< /a> < /h2>
< img src= “img/story1.jpg”>
< p> 最近看电视剧《流金岁月》,剧中原本岁月静好的“白富美”蒋南孙,看似长期快活地游离于家庭之外,可当家庭遭遇巨大变故时,她才是这一家人唯一能依靠的精神支柱,有思路,有执行力,带着慌乱的亲人熬过难关。
看到这样的情节,我不由感慨,其实在很多家庭里,一直被当作“孩子”的最年轻成员,或许会在某一天扔掉柔弱的外壳,站出来带领全家继续好好生活。而当这一天到来的时候,“孩子”才会真正意识到,自己已经不小了,从被保护的角色利落切换为保护者的角色。
< /p>
< ul>
< li> < a href= “# ”> 我和我的父母(3)平凡生活,没那么不堪< /a> < em> 作者:黄灯< /em> < /li>
< li> < a href= “# ”> 我和我的父母(2)母亲的行囊< /a> < em> 作者:桑飞月 < /em> < /li>
< li> < a href= “# ”> 我和我的父母(1)母亲,我真的有那么忙吗? < /a> < em> 作者:刘继荣< /em> < /li>
< /ul>
< /div>
< hr>
< ! --版权区域-->
< div id= “footer”>
    < p> 茅草屋——让学习更快乐、生活更美好! < /p>
    < p> 版权所有 &copy;2021-2031 茅草屋工作团队< /p>
< /div>
< /body>
< /html>
```

浏览网页,效果如图 4-1 所示。

◆ 项目总结

本项目主要学习了 CSS 语法规则,引入 CSS 样式的方式,CSS 基本选择器、伪类选择器、伪元素选择器及属性选择器,学习了 CSS 文本与字体样式属性、背景与超链接样式属性,并通过项目案例展示了如何定义及应用 CSS 样式。

通过本项目的学习,理解 CSS 所实现的结构与表现分离原理,掌握 CSS 各种选择器及样式属性的使用规则,学习过程中多模仿、实践,才能熟练地运用 CSS 控制页面外观样式。

课后习题

一、填空题

1. CSS 是________________________的缩写，中文翻译为____________。

2. 注释 CSS 样式，使用______________。

3. 取消超链接默认的下划线，需要设置它的 CSS 样式属性 text-decoration 值为__________。

4. 在页面内引用外部样式文件，需要使用的 HTML 标签是______________。

二、选择题

1. 下列（　　）是定义样式表的正确格式。

A. {body:color=black}　　B. body:color=black

C. body {color: black}　　D. {body;color:black}

2. 下列（　　）是定义样式表中的注释语句。

A. /* 注释语句 */　　B. // 注释语句

C. // 注释语句 //　　D. ′注释语句

3. 如果要在不同的网页中应用相同的样式表定义，应该（　　）。

A. 直接在 HTML 的元素中定义样式表

B. 在 HTML 的<head>标记中定义样式表

C. 通过一个外部样式表文件定义样式表

D. 以上都可以

4. 引用外部样式表的语法格式是（　　）。

A. <style src="mystyle. css">

B. <link rel="stylesheet" type="text/css" href="mystyle. css">

C. <stylesheet>mystyle. css</stylesheet>

D. <a href="style. css"></a>

5. 样式表定义 #title {color:red}表示（　　）。

A. 网页中的标题是红色的

B. 网页中某一个 id 为 title 的元素中的内容是红色的

C. 网页中元素名为 title 的内容是红色的

D. 以上任意一个都可以

6. 样式表定义. outer {background-color:red}表示（　　）。

A. 网页中某一个 id 为 outer 的元素的背景色是红色的

B. 网页中含有 class="outer"元素的背景色是红色的

C. 网页中元素名为 outer 元素的背景色是红色的

D. 以上任意一个都可以

7. 以下关于 class 和 id 的说法错误的是（　　）。

A. class 的定义方法是:. 类名{样式规则};

B. id 的应用方法:<指定标签 id="id 名">

C. class 的应用方法:<指定标签 class="类名">

D. id 和 class 只是在写法上有区别,在应用和意义上没有区别

8. 下列(　　)表示 p 元素中的字体是粗体。

A. p {text-size:bold}

B. p {font-weight:bold}

C. <p style="text-size:bold">

D. <p style="font-size:bold">

9. 下列样式定义字体为宋体、字体颜色为红色、斜体、大小 20px、粗细 800 号,正确的定义是(　　)。

A. p {font-family:20px; font-size:宋体; font-weight:800; color:red; font-style:italic;}

B. p {font-family:宋体;font-size:20px;font-weight:800;color:red; font-style:italic;}

C. p {font-family:20px; font-size:800; font-weight:宋体; color:red; font-style:italic;}

D. p{font-family:800; font-size:20px; font-weight:red; color:italic; font-style:宋体;}

10. 下列(　　)方式是给所有的<h1>标签添加背景颜色。

A. .h1 {color:#FFFFFF}　　B. h1 {background-color:#FFFFFF;}

C. #h1 {background-color:#FFFFFF}　　D. h1.all {background-color:#FFFFFF}

11. 如下所示的这段 CSS 样式代码,定义的样式效果是(　　)。

```
a:active {color: # 000000;}
```

A. 默认链接是#000000 颜色　　B. 访问过链接是#000000 颜色

C. 鼠标悬停在链接上是#000000 颜色　　D. 元素被激活的链接是#000000 颜色

12. 以下关于背景样式描述正确的是(　　)。

A. 背景颜色会覆盖掉背景图片

B. 背景图片和背景颜色不能同时设置

C. 背景图片使用 background-image 设置,背景颜色使用 background-color 设置

D. 背景图片默认棋盘格填充,不能只设置背景图片显示一次

项目 4 实验

一、实验目的

(1)掌握 CSS 选择器的作用及使用方法;

(2)掌握 CSS 文本与字体样式属性、背景与超链接样式属性;

(3)掌握使用 CSS 样式设置页面外观的实现方法。

二、实验内容及步骤

为项目 3 中创建的话说家乡(hometown.html)网页文档设置样式,要求:

1. 在 css 文件夹中创建样式表文件 style.css。

2. 在 style.css 文件中设置如下样式:

(1)设置<header>、<article>及<footer>标签的宽度均为 690px,margin: 0 auto;

(2)设置<body>标签样式：

字体微软雅黑、字体大小 16px，背景颜色为 rgb(251,239,243)、背景图片：bg.jpg、垂直方向重复、位置：垂直顶部、水平右对齐。

(3)设置<header>标签中超链接样式。

设置未访问和访问过链接样式：文本颜色＃333、字体大小 16px、文本无下划线，设置悬停时链接样式：文本颜色＃bb0f73，使用属性选择器将“首页”链接样式设置为：文本颜色＃bb0f73、字体加粗。

(4)设置<section >标签中文本样式。

为<section>标签中的标题设置类样式：字体：黑体、字体大小：20px、字体颜色：＃F00，<section>标签中的图片样式：宽度 200px、高度 100px、float：left。<section>标签中的段落设置类样式：字体颜色＃666、行高 20px、文本对齐方式两端对齐。

(5)为<footer>标签中段落设置样式：字体大小：14px、字体颜色：＃333、文本对齐方式：居中对齐、背景颜色：＃999。

(6)将样式表文件 style.css 应用到 hometown.html 文档中。

最终浏览效果如图 4-24 所示。

图 4-24　话说家乡页面效果

三、实验小结及思考

(由学生填写，重点写上机中遇到的问题。)

项目5

网页布局与定位

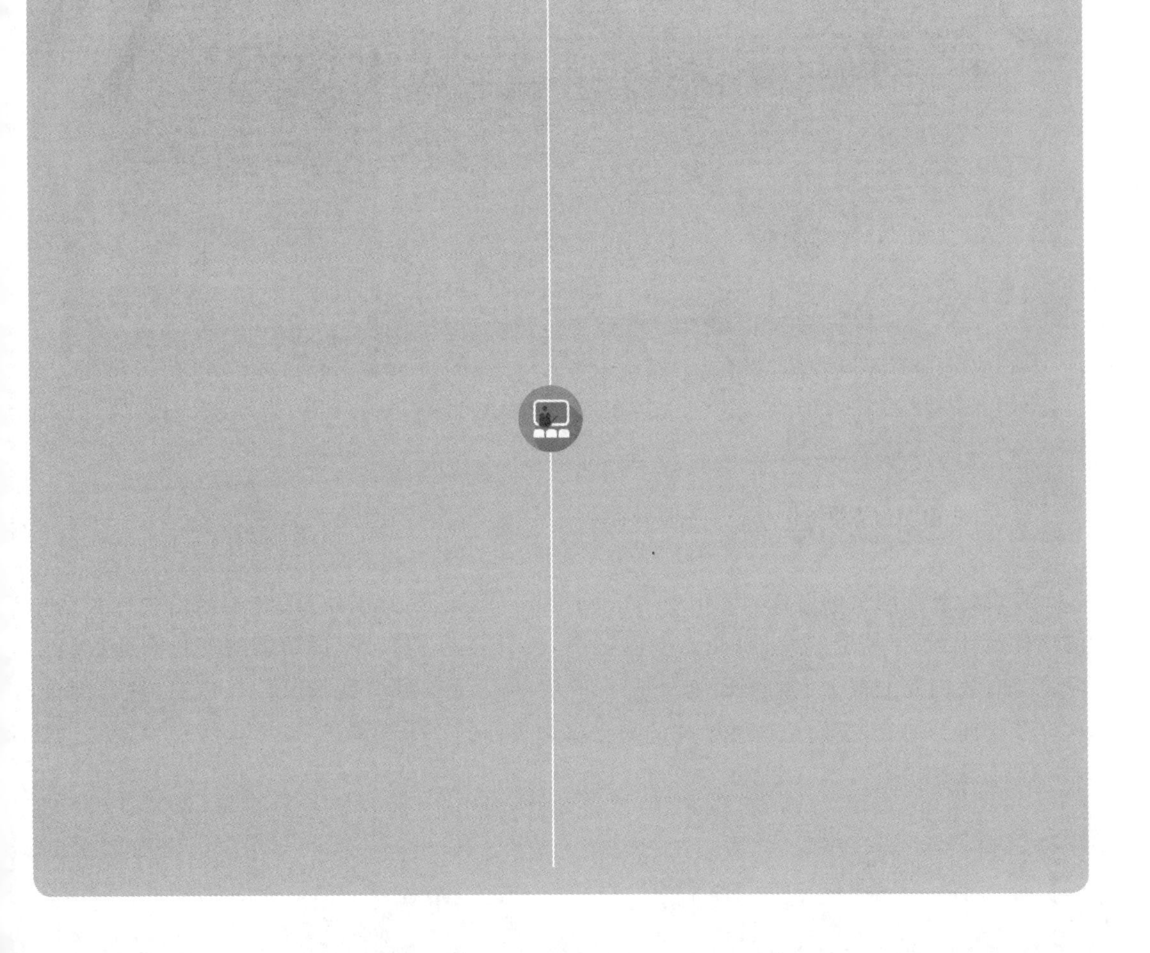

项目4学习了CSS样式规则、CSS选择器，学习了CSS文本与字体样式属性、背景及超链接样式属性；使用CSS不仅可以改变网页文档的外观，还可以实现页面的布局与定位。

本项目学习盒子模型、元素的定位机制，并通过实例讲解如何使用CSS的浮动定位、层定位进行页面布局。

学习目标

- 理解盒子模型；
- 掌握元素定位的几种方法；
- 会使用CSS的文档流定位、层定位及浮动定位进行页面布局。

项目案例

通过本项目学习，完成如图5-1所示的头部固定，头部、底部宽度均为100%，中间宽度为固定宽度的二列布局效果。

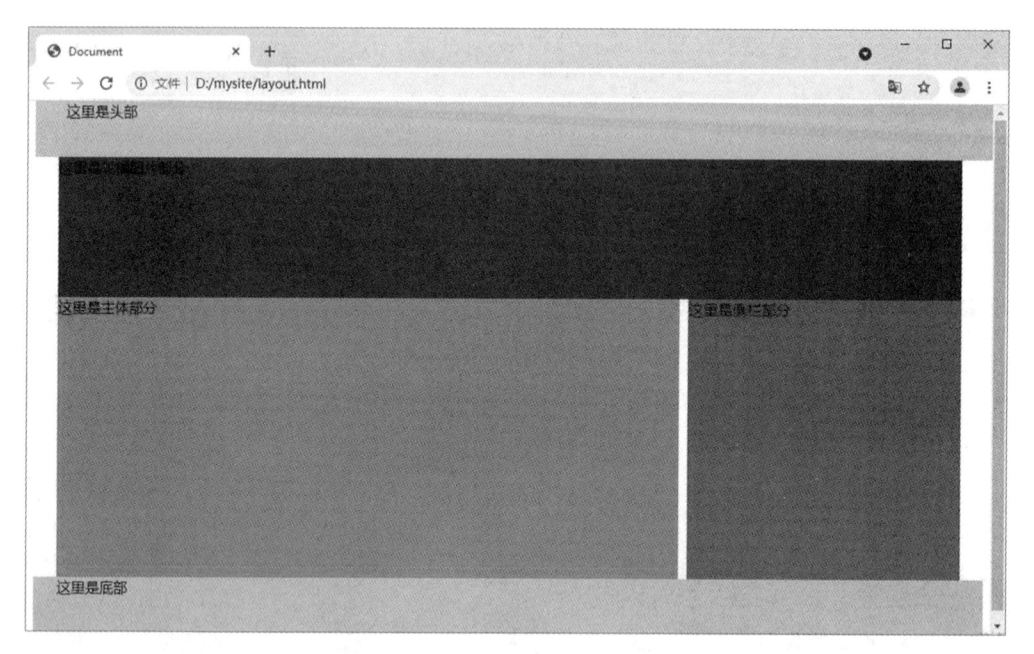

图5-1　页面布局效果

5.1 网页布局概述

在设计制作网页的时候，比如图5-2所示的网页，我们最先考虑的并不是这个网页选用的字体是什么、字号是多大，而是要考虑整个效果图体现出来的页面结构。我们会逐级划分，比如，我们先把整个大的页面划分成三部分，对于上面部分我们又划分成左、右两部分，这样依次向下划分，我们把这种结构的划分称为页面的一个布局。

图 5-2　页面结构效果图

页面布局是指网页元素的合理编排，是呈现页面内容的基础。合理的布局将有效地提高页面的可读性，提升用户体验。页面布局非常像生活中接触到的如图 5-3 所示的这种中秋月饼礼盒。

图 5-3　月饼礼盒

我们可以把这个大的礼盒看成是一个页面，网页元素被一个个小盒子组织在一起，每个元素的内容就相当于这个小盒子里面的月饼。依照月饼礼盒，图 5-2 所示的页面可以划分成如图 5-4 所示的布局结构。

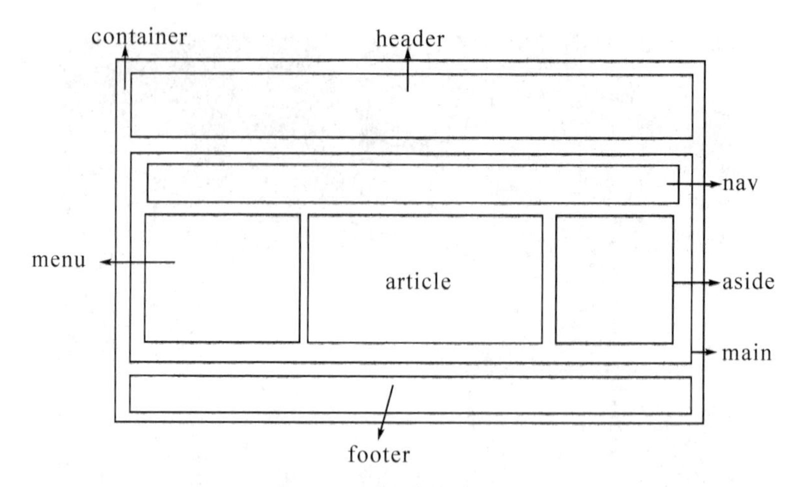

图 5-4 页面布局结构图

由此我们看到，在进行页面布局设计时需要考虑两方面的知识：页面划分成多少个盒子，每个盒子的摆放位置，即盒子模型以及元素的定位机制。

5.2 盒子模型

所谓盒子模型，就是把页面中的每个 HTML 元素都看作装了东西的盒子，并且占据着一定的页面空间，如图 5-5 所示。元素框的最内部分是实际的内容(content)，直接包围内容的是内边距(padding)。内边距的边缘是边框(border)。边框以外是外边距(margin)，外边距默认是透明的，因此不会遮挡其后的任何元素。

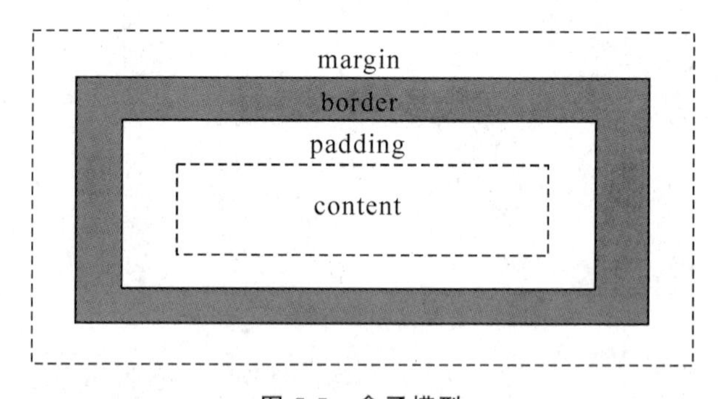

图 5-5 盒子模型

一个页面由许多这样的盒子组成，通过盒子之间的嵌套、叠加或并列，最终形成了页面。因此掌握盒子模型需要从两个方面来理解：一是理解单独一个盒子的内部结构，二是理解多个盒子之间的相互关系。

一个盒子模型由如下几部分组成：

content(内容)：盒子的内容，可以是文本和图像等。

height(高度)：盒子的高度。

width(宽度)：盒子的宽度。

border(边框)：围绕在内边距和内容外的边框。

padding(内边距)：盒子里面的内容到盒子的边框之间的距离。

margin(外边距)：盒子边框外和其他盒子之间的距离，指的是两个盒子之间的距离，它可能是子元素与父元素之间的距离，也可能是兄弟元素之间的距离。

以上组成部分除内容之外，其他都是通过 CSS 样式属性设置。其中边框、内边距及外边距又分上、下、左、右四个方向，如图 5-6 所示。

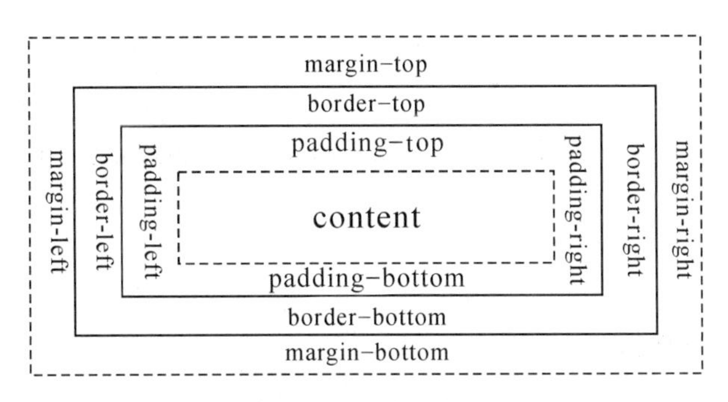

图 5-6　CSS 盒子模型

5.2.1　盒子的宽度

在制作网页时我们需要设置整个页面的宽度，也就是一个个盒子的宽度。在网页中如何计算一个盒子的宽度呢？

一个盒子的宽度＝content＋padding＋border＋margin，如图 5-7 所示。

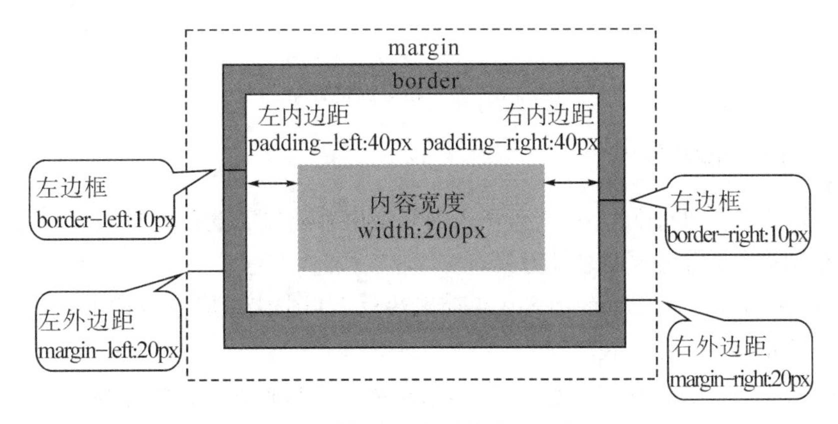

图 5-7　盒子宽度

此盒子的宽度为：20px＋10px＋40px ＋200px＋40px＋10px＋20px＝340px。

由此可以看到：一个盒子的实际宽度＝左外边距＋左边框＋左内边距＋内容宽度＋右内边距＋右边框＋右外边距。

示例 1：以下示例演示盒子模型的属性应用。

```
< ! DOCTYPE html>
< html>
< head>
    < meta charset= “utf-8”>
    < title> 盒子模型示例< /title>
    < style type= “text/css”>
    # box{
        width:100px; /* 宽度为 100px* /
        height: 100px; /* 高度为 100px* /
```

```
            border: 1px solid # 000;    /* 宽度为 1px 的实线边框* /
            padding: 20px; /* 内边距为 20px* /
            margin: 10px;} /* 外边距为 10px* /
        < /style>
    < /head>
    < body>
        < div id= "box"> 黄山:世界文化与自然双重遗产,中华十大名山,天下第一奇山。
        < /div>
    < /body>
    < /html>
```

浏览效果如图 5-8 所示。

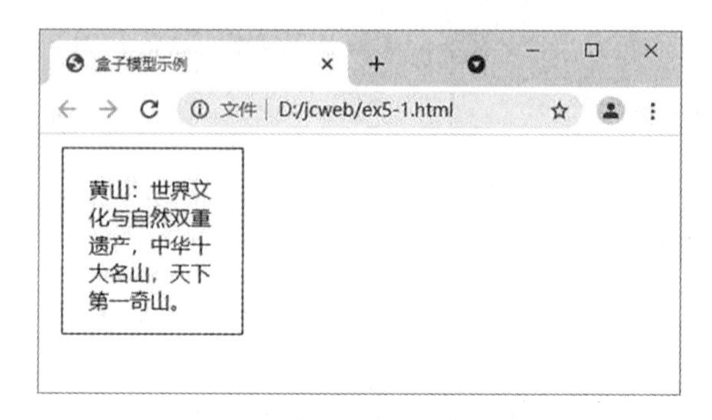

图 5-8　盒子模型浏览效果

5.2.2　overflow 属性

盒子定义了宽度和高度以后,当盒子内的元素内容超出了盒子自身的大小时,需要使用 overflow 属性定义溢出内容的显示方式。

overflow 属性指定在元素的内容太多而无法放入指定区域时是剪裁内容还是添加滚动条。overflow 属性的取值如下:

- visible——默认值;内容不会被剪裁,溢出内容会呈现在元素框之外。
- hidden——溢出内容会被剪裁,溢出内容将不可见。
- scroll——溢出内容不会被剪裁,同时添加滚动条以查看其余内容。
- auto——与 scroll 类似,如果有超出部分,显示滚动条,反之则不显示滚动条。

下面通过示例对 overflow 属性的取值进行演示。

示例 2:本示例演示当 overflow 属性分别取值 visible、hidden、scroll、auto 时文本浏览显示效果。

```
< ! DOCTYPE html>
< html>
< head>
    < meta charset= "utf-8">
    < title> 盒子模型示例< /title>
    < style type= "text/css">
    # box{
        width:200px;
```

```
        height: 200px;
        border: 1px solid # 000;
        padding: 10px;}
    < /style>
< /head>
< body>
    < div id= "box"> 黄山，中华十大名山之一，天下第一奇山。黄山原名"黟山"，因峰岩青黑，遥望苍黛而名。后因传说轩辕黄帝曾在此炼丹，故改名为"黄山"。黄山代表景观有"五绝三瀑"，五绝：奇松、怪石、云海、温泉、冬雪；三瀑：人字瀑、百丈泉、九龙瀑。明朝旅行家徐霞客登临黄山时赞叹："薄海内外之名山，无如徽之黄山。登黄山，天下无山，观止矣！"被后人引申为"五岳归来不看山，黄山归来不看岳"。
    < /div>
< /body>
< /html>
```

在此文档的样式表中分别添加 overflow：visible；overflow：hidden；overflow：scroll；overflow：auto；浏览效果如图 5-9 所示。

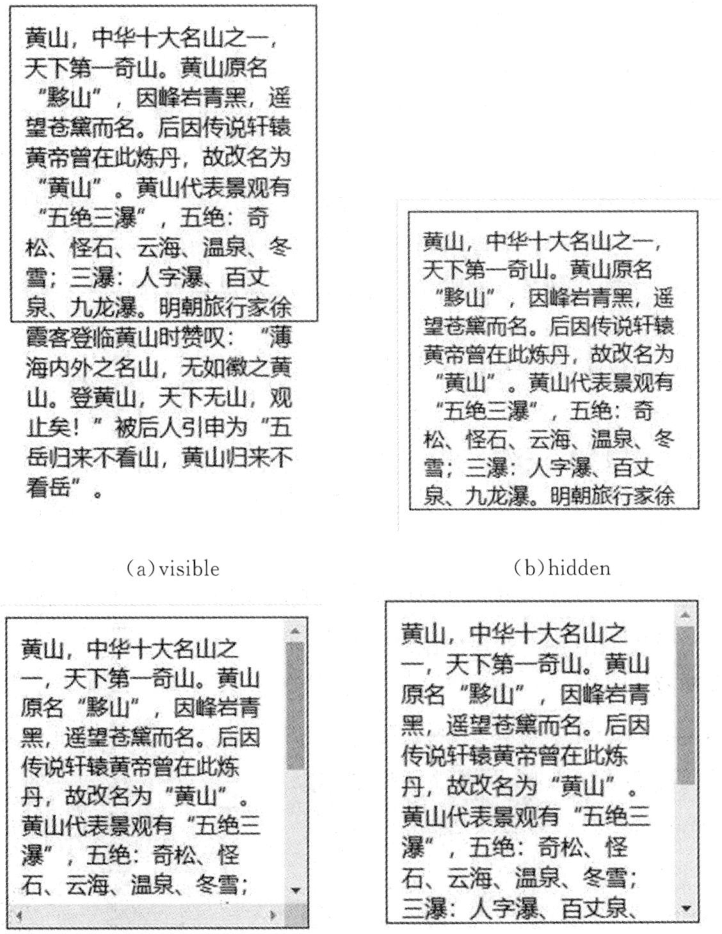

(a) visible　　(b) hidden

(c) scroll　　(d) auto

图 5-9　overflow 属性应用效果

注意　overflow 属性仅适用于具有指定高度的块元素。

5.3 定位机制

在 CSS 中，元素存在 3 种定位机制：文档流 flow、浮动定位和层定位。

5.3.1 文档流定位

默认情况下，所有元素都在普通流中定位。普通流中的元素位置由元素在 HTML 中的位置决定。块级元素从上到下一个接一个地排列，行内元素在一行中水平布置。

1.元素分类

HTML 元素一般分为块元素和行内元素。

1)块元素(block)

块元素在页面中以区域块的形式出现，块元素特点如下：

- 每个块元素都从新的一行开始，并且其后的元素也另起一行；
- 元素的宽度(width)、高度(height)、内边距(padding)和外边距(margin)都可以设置。
- 元素宽度在不设置的情况下，是它本身父容器的 100%(和父元素的宽度一致)。

常见的 block 元素有：＜div＞、＜p＞、＜h1＞～＜h6＞、＜ol＞、＜ul＞、＜table＞、＜form＞及＜header＞、＜nav＞、＜section＞、＜article＞、＜aside＞、＜figure＞、＜footer＞等。

2)行内元素(inline)

行内元素也称内联或内嵌元素，行内元素特点如下：

- 和相邻的行内元素在同一行上显示，不会单独占一行；
- 元素的宽度(width)、高度(height)，内边距的 padding-top、padding-bottom 和外边距的 margin-top、margin-bottom 不可设置；
- width 就是元素里面文字或图片的大小。

常见的 inline 元素：＜span＞、＜a＞。

3)内部块元素(inline-block)

内部块元素同时具备 inline 元素、block 元素的特点。

- 不单独占一行；
- 元素的 height、width、margin、padding 都可以设置。

常见的 inline-block 元素：＜img＞、＜input＞。

2.元素类型转换

有时我们需要将行内元素转换为块元素，在 CSS 中通过元素的 display 属性可以实现块元素与行内元素间的转换。display 属性的取值如下：

- display:none——元素不会被显示。
- display:block——显示为块级元素。
- display:inline——显示为内联元素。
- display:inline-block-——显示为内联块元素。

例如：a{display:block;}将 inline 元素 a 转换为 block 元素，从而使 a 元素具有块元素特点。

5.3.2 层定位

像图像软件中的图层一样，可以对每个 layer 进行精确定位操作。通过使用 position 属性可以为元素设置 4 种不同类型的定位方式。

position 属性的取值如下：

- static——默认值；没有定位，元素出现在正常的文档流中。
- fixed——生成固定定位的元素。
- relative——生成相对定位的元素。
- absolute——生成绝对定位的元素。

设置了元素的定位方式以后，需要确认定位的参照物，固定定位是相对于浏览器窗口进行定位的，相对定位是相对于其在原文档流的位置进行定位的，而绝对定位是相对于其已经定位的父元素进行定位的。

确认了参照物以后就可以通过以下四个属性 top 属性、bottom 属性、left 属性、right 属性进行位置的设定。

多个元素进行层定位以后，可能会覆盖其他元素，如图 5-10 所示。这时可以通过 z-index 属性进行前后叠加次序的设定。

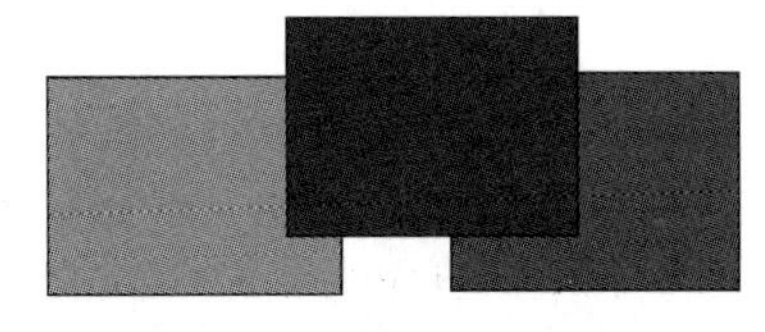

图 5-10　元素之间覆盖

由上我们可以总结 position 属性的取值及用法：

- static：HTML 元素的默认值，即没有定位，元素出现在正常的文档流中，无法通过元素的 top、bottom、left、right，z-index 属性来改变元素的位置。
- fixed：生成固定定位的元素，相对于浏览器窗口进行定位。元素的位置通过 left、top、right 以及 bottom 属性进行规定。
- relative：生成相对定位的元素，相对于其在原文档流中的位置进行定位。元素的位置通过 left、top、right 以及 bottom 属性进行规定。
- absolute：生成绝对定位的元素，相对于已经定位的父元素进行定位。元素的位置通过 left、top、right 以及 bottom 属性进行规定。

1. CSS 固定定位

元素的位置是相对于浏览器窗口进行定位的，这意味着即使滚动页面，它也始终位于同一位置。可以通过元素的 top、right、bottom 和 left 属性定位此元素。

示例 3：固定定位应用示例。

```
< ! DOCTYPE html>
< html>
< head>
    < meta charset= “utf-8”>
    < style type= “text/css”>
    # box{
        width:800px;
        border: 1px solid # 000 ;
```

```
            padding: 10px;
            margin: 0 auto;   /* 设置此 div 区域水平居中* /
        }
        .fixed{position: fixed;   /* 固定定位* /
            width: 100px;
            height: 100px;
            background:# ff6347;
            color:# fff;}
        .left{top:50px;        /* 位于浏览器顶端 50px * /
            left: 50px;      /* 左端 50px * /
        }
        .right{top:50px;     /* 位于浏览器顶端 50px * /
            right:50px;      /* 右端 50px * /
        }
    < /style>
    < /head>
    < body>
        < div id= "box">
        < p> 黄山,中华十大名山之一,天下第一奇山。黄山原名"黟山",因峰岩青黑,遥望苍黛而名。后因传说轩辕黄帝曾在此炼丹,故改名为"黄山"。黄山代表景观有"五绝三瀑",五绝:奇松、怪石、云海、温泉、冬雪;三瀑:人字瀑、百丈泉、九龙瀑。明朝旅行家徐霞客登临黄山时赞叹:"薄海内外之名山,无如徽之黄山。登黄山,天下无山,观止矣!"被后人引申为"五岳归来不看山,黄山归来不看岳"。…… < /p>
        < /div>
        < div class= "fixed left"> 中华十大名山< /div>
        < div class= "fixed right"> 天下第一奇山< /div>
    < /body>
    < /html>
```

浏览效果如图 5-11 所示。

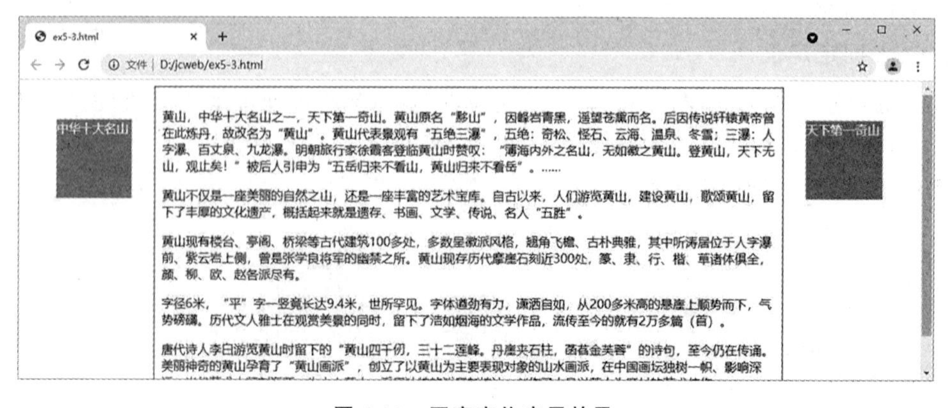

图 5-11　固定定位应用效果

由图 5-11 我们看到,这两个固定定位元素始终在浏览器窗口的固定位置。即使滚动窗口,它们的位置也始终不变,网页中固定广告条就是用这种方式实现的。

2.CSS 相对定位

相对定位是指元素相对于其在父元素上的位置进行偏移，定位为 relative 的元素脱离正常的文档流，但其在文档流中的原位置依然存在。

示例 4：相对定位应用示例。

图 5-12 所示的页面中有三个宽度为 200px、高度为 100px 的 div 元素，默认 static 定位。将其中的 div2 设置为相对定位，如果将 top 设置为 20px，那么元素将在原位置顶部下面 20px 的地方。如果 left 设置为 30px，那么会在元素左边创建 30px 的空间，也就是将元素向右移动 30px。

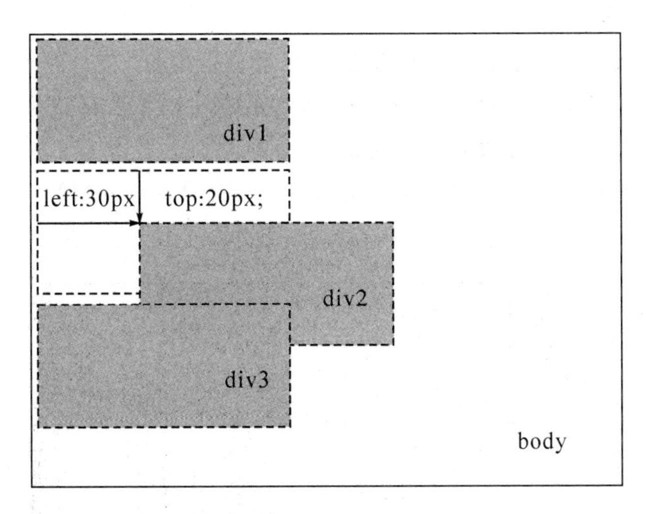

图 5-12　相对定位应用效果

其代码如下。

```
< ! DOCTYPE html >
< html>
< head>
    < meta charset= “utf-8” />
    < title> 无标题文档< /title>
    < style type= “text/css”>
    .mydiv{
        background:# ddd;
        width:200px;
        height:100px;
        margin:5px;}
    .mydiv1{
        position:relative;   /* 元素相对定位* /
        left:30px;
        top:20px;}
    < /style>
< /head>
< body>
    < div class= “mydiv”> < /div>
```

```
        <div class="mydiv mydiv1"></div>
        <div class="mydiv"></div>
    </body>
    </html>
```

由图 5-12 看到，相对定位是相对于元素原来的位置进行定位，并根据 CSS 中设置的 left 和 top 值进行移动。

注意 在使用相对定位时，无论是否进行移动，元素仍然占据原来的空间。因此，移动元素会导致它覆盖其他元素。

3. CSS 绝对定位

绝对定位是指元素相对于其已经定位的父元素进行定位，定位为 absolute 的元素脱离正常的文档流，但与 relative 的区别：其在文档流中的原位置不再存在。

例如，将图 5-12 中的 div2 设置为绝对定位，如果将 top 设置为 20px，left 设置为 30px，那么元素将移动到相对于浏览器窗口左上角向下 20px、向右 30px 的位置，但其在文档流中的原位置不再存在。其后继元素 div3 将前移，占据 div2 的位置，结果如图 5-13 所示。

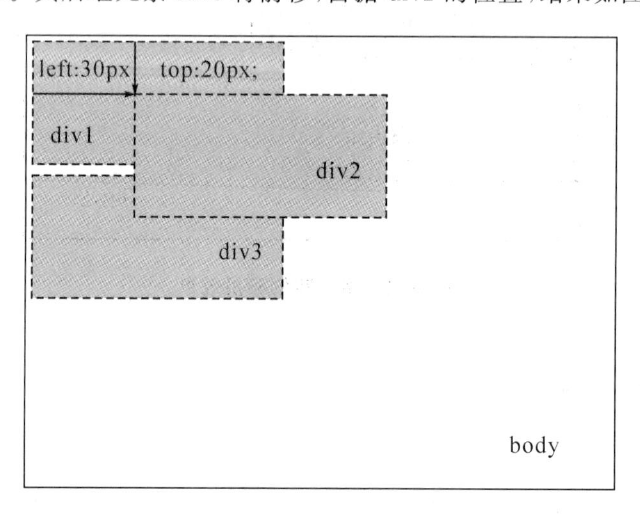

图 5-13 绝对定位应用效果

由图 5-13 看到，绝对定位是相对于其已经定位的父元素进行定位，如果父元素是 body，则其将相对 body 进行定位。

绝对定位的元素框与文档流无关，所以它们可以覆盖页面上的其他元素。可以通过设置 z-index 属性来控制这些元素框的堆放次序。

z-index 属性设置元素的堆叠顺序，拥有更高堆叠顺序的元素总是会处于堆叠顺序较低的元素的前面。

注意 元素可拥有负的 z-index 属性值，z-index 属性仅能在定位元素上起作用。

4. 相对定位与绝对定位

相对定位与绝对定位对比如表 5-1 所示。

表 5-1 相对定位与绝对定位对比

项	相对定位	绝对定位
position 取值	relative	absolute

续表

项	相对定位	绝对定位
文档流中原位置	保留	不保留
定位参照物	父元素	已经定位的父元素

relative定位的元素总是相对于其直接父元素，无论其父元素是什么定位方式；absolute定位的元素总是相对于其最近的定位为absolute或relative的父元素，而这个父元素并不一定是其直接父元素。

例如：假设页面中有三个div元素，div1中包含div2、div2中包含div3，如果将div1元素的position属性设置为relative或absolute，div2没有设置position属性，即默认的static，如果将div3的position属性设置为relative，设置top为20px、left为30px，那么div3会相对其在div2中的位置向下移动20px、向右移动30px，如图5-14所示。

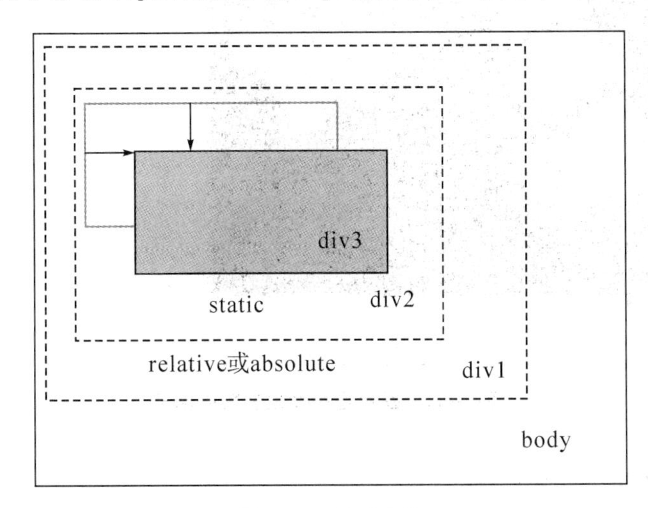

图5-14　相对定位

如果将div3设置为绝对定位，设置top为20px、left为30px，那么div3会相对于其最近定位为absolute或relative的父层，即div1左上角的位置向下移动20px、向右移动30px，如图5-15所示。

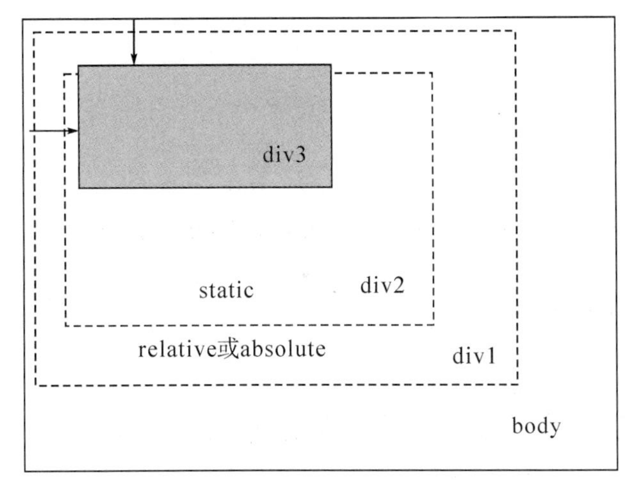

图5-15　绝对定位

对于 absolute 定位的元素，如果其父元素中都未定义为 absolute 或 relative，则其将相对 body 进行定位。

5. 相对定位+绝对定位

在网页中制作一些特殊效果的元素，例如图片上添加文字时，就要用到相对定位+绝对定位。所谓相对定位+绝对定位就是父元素设置为相对定位，子元素设置为绝对定位，子元素通过 top、bottom、left、right 属性相对于父元素来进行偏移定位。

示例 5：制作浏览效果如图 5-16 所示的图片上添加文字的页面效果。

图 5-16　图片上添加文字浏览效果

实现代码如下：

```
< ! DOCTYPE html >
< html>
< head>
    < meta charset= “utf-8” />
    < title> 无标题文档< /title>
    < style>
    # box1{
        width:320px;
        height:240px;
        border:2px solid red;
        position: relative;   /* 父元素设置为相对定位* /
    }
    # box1img{width: 100% ;
        height: 100% ;}
    # box2{width:96% ;
        position: absolute; /* 子元素设置为绝对定位* /
        top:0;   /* 子元素位置* /
        padding: 6px;
```

```
        font-weight:bold;
        color:# fff;}
    < /style>
    < /head>
< body>
< div id= “box1”>
    < img src= “img/huangshan2.jpg” >
    < div id= “box2”> 黄山:中华十大名山之一,天下第一奇山。< /div>
< /div>
< /body>
< /html>
```

5.3.3 浮动定位

在网页中两个块元素(如div元素),默认情况下是上下排列的。有时我们需要让其左右排列,需要使用float属性,让元素脱离原文档流,向左向右浮动。

1. float属性

在CSS中,通过元素的float属性来定义浮动。所谓元素的浮动是指设置了浮动属性的元素会脱离普通文档流的控制,移动到其父元素中指定位置的过程。

常用的float属性值及含义如下:

- left——元素向左浮动。
- right——元素向右浮动。
- none——默认值;元素不浮动,并会显示在其在文档中出现的位置。

示例6:将两个上下排列的div元素水平排列。

```
< ! DOCTYPE html >
< html>
< head>
    < meta charset= “utf-8” />
    < title> 无标题文档< /title>
    < style>
        div{width: 200px;
        height:200px;
        border: 1px solid red;
        float: left;     /* 没有设置 float 属性时上下排列* / }
    < /style>
< /head>
< body>
    < div id= “box1”> < /div>
    < div id= “box2”> < /div>
< /body>
< /html>
```

浏览效果如图5-17所示。

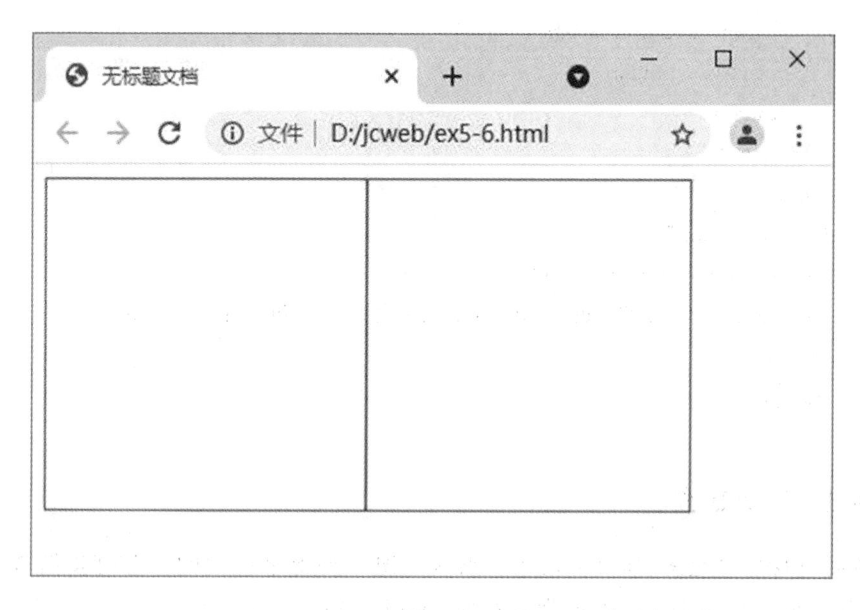

图 5-17　div 元素水平排列浏览效果

由图 5-17 我们看到，盒子 box1 与 box2 脱离了文档流原来位置，呈水平方式排列。

1)float 属性作用

(1)文档图文混排。通过浮动技术可以对图文进行混排。如果浮动框(图像)后面或前面有行框(文本)，则浮动框旁边的行框向后或向前移动，给浮动框留出空间，形成文本框围绕浮动框，实现图文混排效果，如图 5-18 所示。

(2)网页布局。

利用 CSS 的定位、浮动和边距控制实现网页布局，如图 5-19 所示。

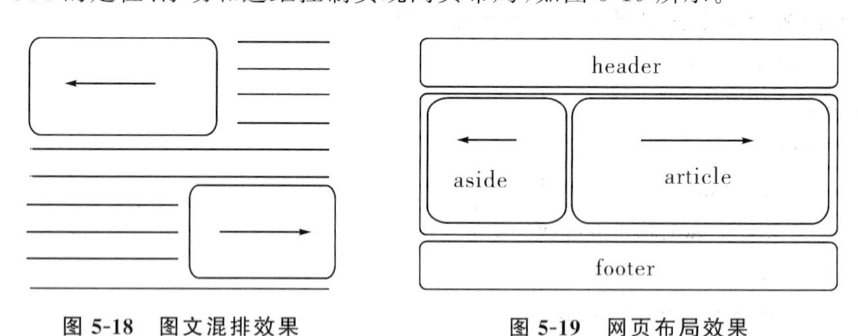

图 5-18　图文混排效果　　图 5-19　网页布局效果

2)float 属性特点

浮动的框可以向左或向右移动，直到它的外边缘碰到包含框或另一个浮动框的边框为止。由于浮动框不在文档的普通流中，所以文档的普通流中的框表现得就像浮动框不存在一样。

例如图 5-20 所示，当 div1 向右浮动时，此元素脱离文档流并且向右移动，直到它的右边缘碰到包含框的右边缘，结果如图 5-21 所示。

再如，当 div1 向左浮动时，它脱离文档流并且向左移动，直到它的左边缘碰到包含框的左边缘。另外，由于此时 div1 不再处于文档流中，所以它不占据空间，实际上覆盖住了 div2，使 div2 从页面中消失，结果如图 5-22 所示。

如果把所有三个 div 元素都向左移动，那么 div1 首先向左浮动直到碰到包含框，另外两个框向左浮动直到碰到前一个浮动框，结果如图 5-23 所示。

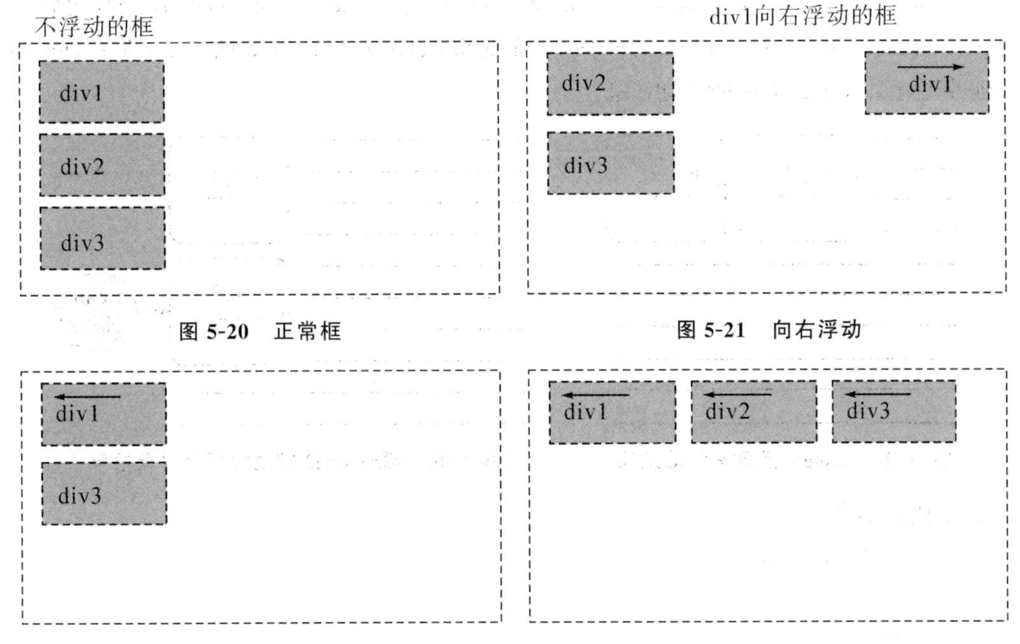

图 5-20　正常框

图 5-21　向右浮动

图 5-22　div1 向左浮动

图 5-23　所有三个框向左浮动

如图 5-24(a)所示，如果包含框太窄，无法容纳水平排列的三个浮动元素，那么其他浮动块向下移动，直到有足够的空间。如果浮动元素的高度不同，那么当它们向下移动时可能被其他浮动元素卡住，如图 5-24(b)所示。

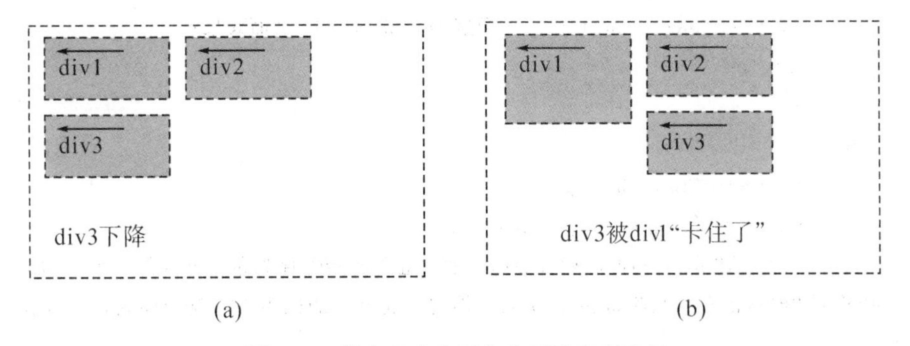

图 5-24　所有三个盒子向左浮动宽度不够

2. clear 属性

对于浮动定位方案，盒称为浮动盒，它位于当前行的开头或末尾，这导致常规流环绕在它的周围，除非设置 clear 属性。

在网页中，clear 属性指定一个元素是否允许有其他元素漂浮在它的周围。其取值如下：

- none——默认值，表示允许两边都可以有浮动对象；
- left——只清除左边的浮动对象；
- right——只清除右边的浮动对象；
- both——清除左右两边的浮动对象。

1)文档图文混排单方向清除浮动的用法

在页面中有两个<img>元素、一个段落元素，设置<img>元素右浮动(CSS 代码：img{float: right;})，则出现如图 5-25 所示的页面效果；如果要想设置如图 5-26 所示的页面效果，则需要清除 img2 右边的浮动对象。

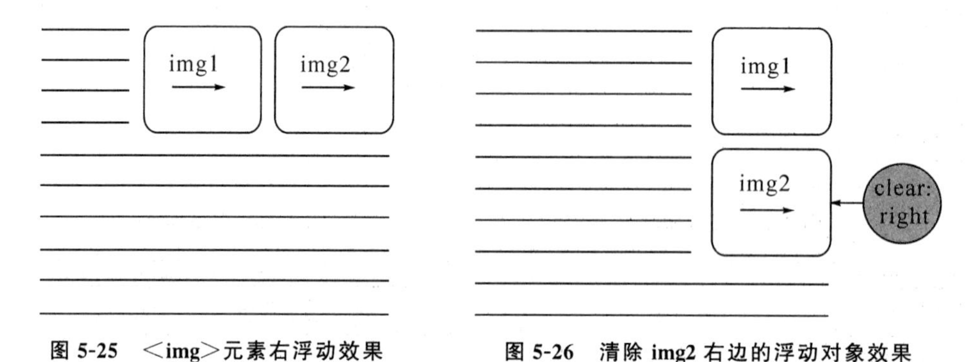

图 5-25　<img>元素右浮动效果　　**图 5-26　清除 img2 右边的浮动对象效果**

实现代码如下：

```
< ! DOCTYPE html >
< html>
< head>
    < meta charset= "utf-8" />
    < title> 无标题文档< /title>
    < style>
        img{float: right; }
        # t2{clear: right; }  /* 删除此样式图 5-25 页面效果* /
    < /style>
< /head>
< body>
    < img src= "img/tb1.jpg" >
    < img src= "img/tb2.jpg" id= "t2">
    < p> 浮动的框可以向左或向右移动，直到它的外边缘碰到包含框或另一个浮动框的边框为止。由于浮动框不在文档的普通流中，所以文档的普通流中的框表现得就像浮动框不存在一样……< /p>
< /body>
< /html>
```

2)网页布局清除浮动的用法

如图 5-27 所示的页面中，侧栏向右浮动，并且短于主内容区域。页脚(footer)于是按浮动所要求的向上跳到了可能的空间。

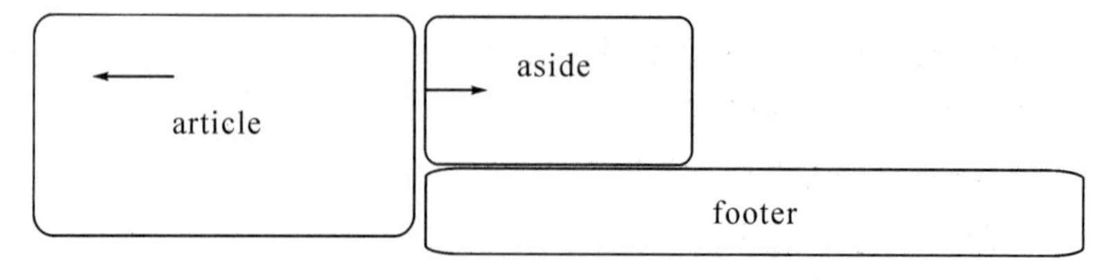

图 5-27　页脚清除浮动前的页面效果

解决的办法是使用 clear 属性清除页脚(footer)左右两边的浮动对象,代码如下:

```
footer{
  clear: both;
}
```

这时页面的显示效果如图 5-28 所示。

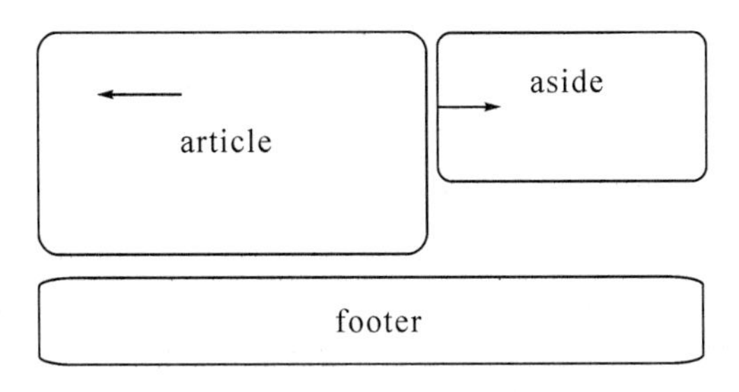

图 5-28 页脚清除浮动后的页面效果

想一想:元素的定位方式有哪些?根据这些定位方式,图 5-2 所示的页面结构都使用了哪些定位方式?

5.4 CSS 布局

利用 CSS 的定位、浮动和边距控制可以很好地实现页面布局。页面布局有多种结构,如两列的浮动布局、三列的浮动布局等。

示例 7:两列布局应用示例。

代码如下:

```
< ! DOCTYPE html>
< html>
< head>
< meta charset= “utf-8” />
< title> 页面布局< /title>
< style>
# container{
    width: 1000px;
    margin: 0 auto;   /* 设置 div 区域水平居中* /
}
article{
  float: left;     /* 设置 article 区域左浮动* /
  width: 680px;
  height:400px;
  background-color:# bbb;
}
aside{
  float: right;     /* 设置 aside 区域右浮动* /
  width: 300px;
```

```
  height:400px;
  background-color:# ccc;
}
< /style>
< /head>
< body>
< div id= "container">
    < article> < /article>
    < aside> < /aside>
< /div>
< /body>
< /html>
```

浏览效果如图 5-29 所示。

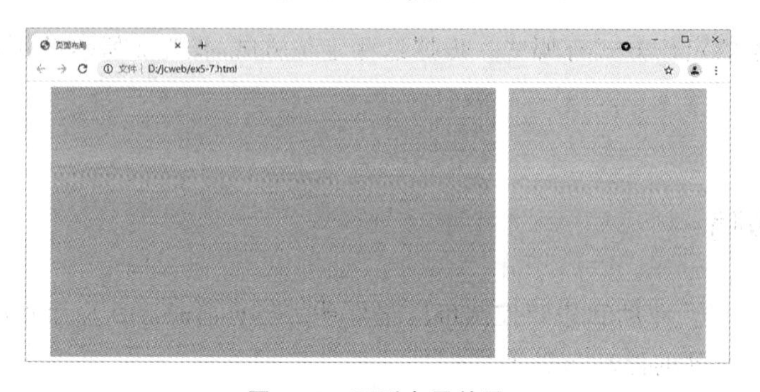

图 5-29　两列布局效果

本例中元素框的宽度以像素为单位，这种布局类型称为固定宽度的布局。这种布局很常见，但缺点是无论窗口的尺寸有多大，它们的尺寸始终不变，屏幕尺寸小时需要拖动滚动条来显示完整内容，当屏幕尺寸大时又浪费很多可用空间。为了解决这种问题，人们提出了流式布局或弹性布局。

流式布局的尺寸不是用像素，而是用百分数来设置的，它使内容随着浏览器窗口变大而增大宽度，随着浏览器窗口变小而减小宽度。

例如，下面的代码可以实现流式布局的效果，如图 5-30 所示。

```
# container{
    width: 100% ;
    margin: 0 auto;   /* 设置 div 区域水平居中* /
}
article{
  float: left;     /* 设置 article 区域左浮动* /
  width: 75% ;
  height: 400px;
  background-color:# bbb;
}
aside{
  float: right;     /* 设置 aside 区域右浮动* /
  width: 24% ;
```

```
  height: 400px;
  background-color:# ccc;
 }
```

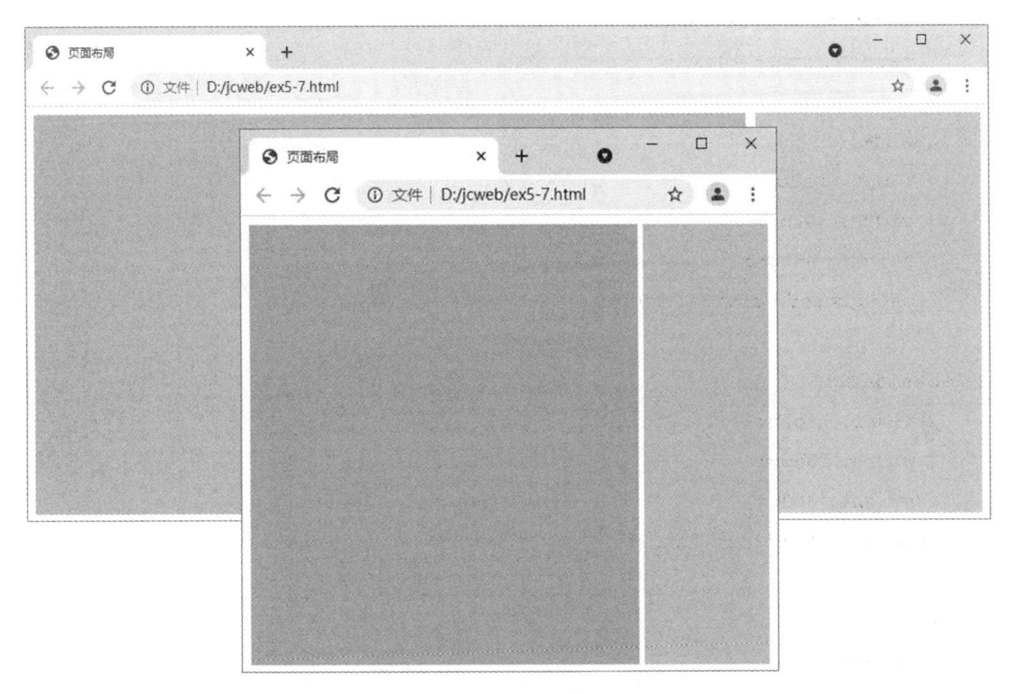

图 5-30　根据浏览器窗口尺寸自适应的布局效果

流式布局也有缺陷，就是在窗口宽度较小时，行会变得非常窄，不便于阅读。因此，可以设置 min-width 属性来防止布局变得太窄。同样的道理，为了防止行变得过长，可以设置 max-width 属性来限制最大宽度。代码如下：

```
# container{
   width:100% ;
   max-width:140em;
   min-width:50em;
   margin:0 auto;
}
```

示例 8：三列布局应用示例。

```
< ! DOCTYPE html>
< html>
< head>
< meta charset= "utf-8" />
< title> 页面布局< /title>
< style>
# container{
   width: 1000px;
   margin: 0 auto;   /* 设置 div 区域水平居中* /
}
article{
```

```
    float: left;
    width: 500px;
    height: 400px;
    background-color:# bbb;
    margin-right: 10px;
  }
  .aside1{
    float: left;
    width: 300px;
    height: 400px;
    background-color:# f00;
  }
  .aside2{
    float: right;
    width: 180px;
    height: 400px;
  background-color:# 3cb371;
  }
  < /style>
  < /head>
  < body>
  < div id= "container">
      < article> < /article>
      < aside class= "aside1"> < /aside>
      < aside class= "aside2"> < /aside>
  < /div>
  < /body>
  < /html>
```

浏览效果如图 5-31 所示。

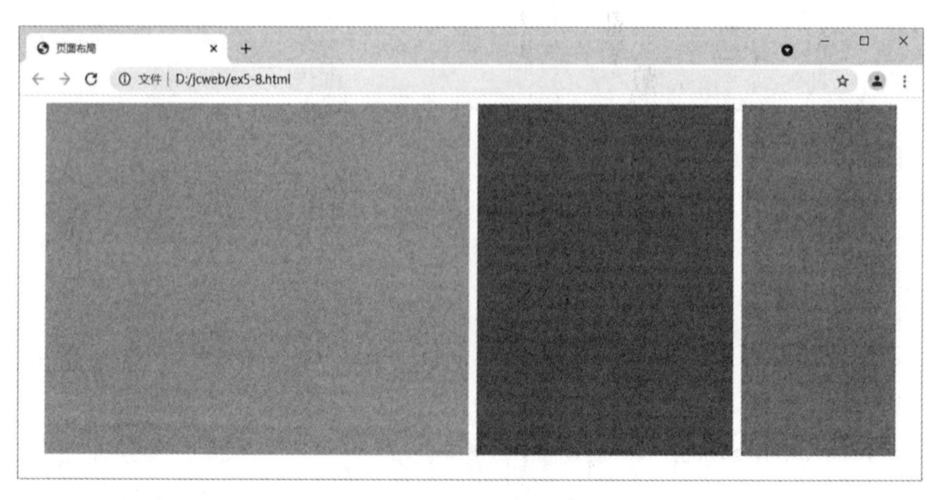

图 5-31　三列布局浏览效果

想一想：在示例8中如果元素框<aside class="aside2"></aside>也采用左浮动，效果会怎样？元素框<aside class="aside2"></aside>采用左浮动，如何实现与图5-31相同的效果？

5.5 项目案例

本任务完成如图5-1所示的头部固定，头部、底部宽度均为100%，中间宽度为固定宽度的两列布局效果。

任务分析：本任务的HTML布局结构，如图5-32所示。

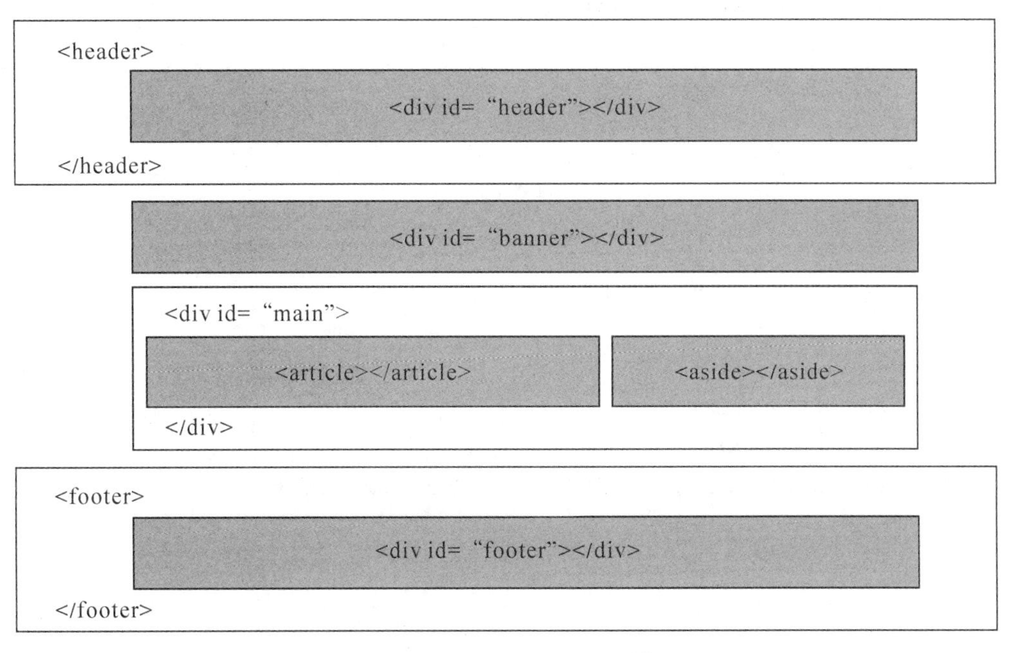

图5-32　页面HTML布局结构

实现步骤：

(1)启动HBuilder，新建名为layout.html的文件并保存在myweb文件夹中。

(2)添加HTML内容。

使用<header>标签、id为banner及id为main的<div>标签及<footer>标签定义头部、图片轮播、主体和底部四个区域，主体部分采用两列布局，使用<article>标签和<aside>标签；同时，为了实现头部固定，头部、底部宽度均为100%，在头部、底部内嵌了<div id="header"></div>和<div id="footer"></div>标签。实现代码如下。

```
< body>
    < header >
        < div id= "header"> 这里是头部< /div>
    < /header>
    < div id= "banner"> 这里是轮播图片部分< /div>
    < div id= "main">
        < article> 这里是主体部分< /article>
        < aside> 这里是侧栏部分< /aside>
```

```
    < /div>
    < footer>
        < div id= "footer"> 这里是底部< /div>
    < /footer>
< /body>
```

(3)设置 CSS 样式。

在 css 文件夹中创建样式表文件 layout.css,在该文件中设置如下样式:

```
header{
    width: 100% ;
    height: 60px;
    position:fixed;   /* 头部固定定位* /
    top:0px;
    background: # ccc;
}
# header{
    width: 1020px;
    height: 60px;
    margin: 0px auto;
}
# banner{
    width: 1020px;
    height: 150px;
    margin: 60px auto;   /* 轮播图片在头部下方 60px 的位置* /
    margin-bottom: 0px;
    background: # 00f;
}
# main{
    width: 1020px;
    height: 300px;
    margin:0px auto;
}
article{
  float: left;
  width:690px;
  height: 300px;
  background-color:# 3cb371;
}
aside{
  float: right;
  width: 310px;
  height: 300px;
  background-color:# f00;
}
```

```
footer{
    width: 100% ;
    background: # ccc;
}
# footer{width: 1020px;
    height: 60px;
    margin: 0px auto;
}
```

将样式表文件 layout. css 应用到 layout. html 文档中,浏览此页面效果如图 5-1 所示。

本任务的页面布局由四个部分组成,同样我们还可以不断地扩充成五个、六个乃至更多部分,只需在某个部分的上方或下方再增加一个元素框即可。

多学一招:巧用 box-sizing 属性和 Flexbox 属性

在页面布局时,设置了元素框的宽度/高度以后,再为元素框设置边框样式及内边距样式时(比如在#main 样式中添加 padding:50px;),元素的实际宽度/高度会比设置的变大(因为元素的边框和内边距已被添加到元素的指定宽度/高度中),防止这种情况发生,可以使用 box-sizing 属性解决这个问题。

如果在元素上设置了 box-sizing:border-box;则宽度和高度会包括内边距和边框。

另外,在网页中为了让左右浮动的元素框具有相同的高度,可以为它们设置相同的高度。但是,这么做就失去了弹性。可以使用 CSS3 Flexbox 属性,因为它可以自动拉伸框使其与最长的框一样长。

如果在元素框的外层框上设置了 display: flex;则可以使左右浮动的元素框具有相同的高度。

◆ 项目总结

本项目主要学习了盒子模型与定位机制。布局与定位是网页设计的基础,掌握了定位、浮动和边距的含义及使用,才能创建合理美观的布局。

但要记住,只有<div>标签及 HTML5 新增的结构标签<header>、<nav>、<section>、<article>、<aside>、<footer>等块元素才能布局网页各部分区域。

◆ 课后习题

一、填空题

1. 盒子模型中盒子由内容区、宽度、高度、边框、外边距和________六部分组成。

2. 在浏览器窗口里水平居中某个 div,应设置 CSS 属性 margin-left 和 margin-right 的值为__________。

3. 子容器使用绝对定位的前提是父容器使用__________定位。

二、选择题

1. 下列(　　)属性能够设置盒子模型的左侧外边距。

A. margin　　B. indent　　C. margin-left　　D. padding-left

2. 下列(　　)样式定义后,行级元素可以定义宽度和高度。

A. display:inline　　B. display:none　　C. display:block　　D. display:inheric

3. 以下(　　)是 HTML 常用的块标签。

A. <span>　　B. <a>　　C.
　　D. <h1>

4. 关于元素显示模式的转换,下列说法正确的是(　　)。

A. 将块元素转换为行内元素的方法是使用 display:inline;样式

B. 将行内元素转换为块元素的方法是使用 display:inline;样式

C. 两者不可以转换

D. 两者可以随意转换

5. position 属性用于定义元素的定位模式,下列选项中属于 position 属性默认属性值的是(　　)。

A. absolute　　B. relative　　C. static　　D. fixed

6. position 属性取值(　　)表示固定定位。

A. absolute　　B. relative　　C. static　　D. fixed

7. position 属性取值(　　)表示相对定位。

A. relative　　B. absolute　　C. static　　D. fixed

8. 在 CSS 中,可以通过 float 属性为元素设置浮动,以下属于 float 属性值的是(　　)。

A. left　　B. center　　C. right　　D. none

9. clear 属性取值说法正确的是(　　)。

A. 取值为 all 表示四周浮动元素被删除　　B. 取值为 left 表示左侧浮动元素被删除

C. 取值为 right 表示右侧浮动元素被删除　D. 取值为 both 表示清除两侧浮动

10. float 属性说法不正确的是(　　)。

A. 该属性可以用于图文混排　　B. 该属性可以用于网页分栏

C. 该属性可以用于盒子层叠　　D. 该属性可以用于浮动定位

11. overflow 属性用于规范溢出内容的显示方式,下列选项中属于 overflow 属性默认属性值的是(　　)。

A. visible　　B. hidden　　C. auto　　D. scroll

◆ 项目 5 实验　页面布局设计

一、实验目的

(1)掌握网页元素的定位方法;

(2)掌握使用 CSS 样式进行页面布局的实现方法。

二、实验内容与步骤

1. 在站点文件夹 MySite 中新建 cate. html 文件,设置网页标题为"趣谈美食"。

利用 DIV+CSS 样式进行页面布局,浏览效果如图 5-33 所示。

要求:

(1)使用<div>、<header>、<article>、<aside>、<footer>标签进行页面布局设计。

(2)设置页面样式,在 css 文件夹中创建名为 style. css 的样式表文件,并对页面的标签进行样式设置;设置页面宽度 1020px,产品图片列表区域宽度 690px,侧栏新闻列表区域宽

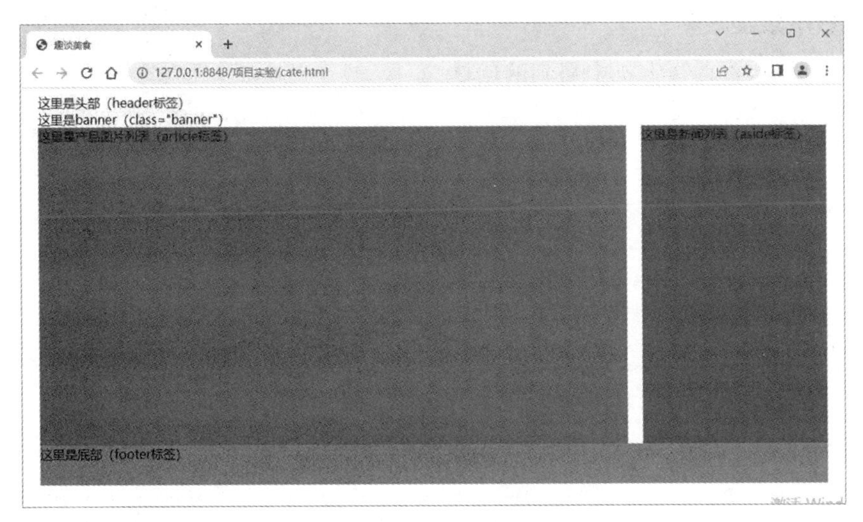

图 5-33　趣谈美食页面布局

度 310px，头部、底部高度均为 60px。

(3)将样式表文件 style. css 应用到此页面。

2. 制作如图 5-34 所示的页面内容。

(1)在 banner 部分添加一张图片。

(2)在"这里是产品图片列表"位置上添加四个<section></section>标签，每个<section>标签内放置一个图片标签、一个标题标签和一个段落标签，并添加相应的内容。

(3)在"这里是侧栏新闻列表"位置上添加一个标题标签和一个有序列表标签，并添加相应的内容。

(4)为页面设置 CSS 样式，最终效果如图 5-34 所示。

图 5-34　趣谈美食页面浏览效果

三、实验小结及思考

(由学生填写,重点写上机中遇到的问题。)

项目6

设置页面导航条和列表样式

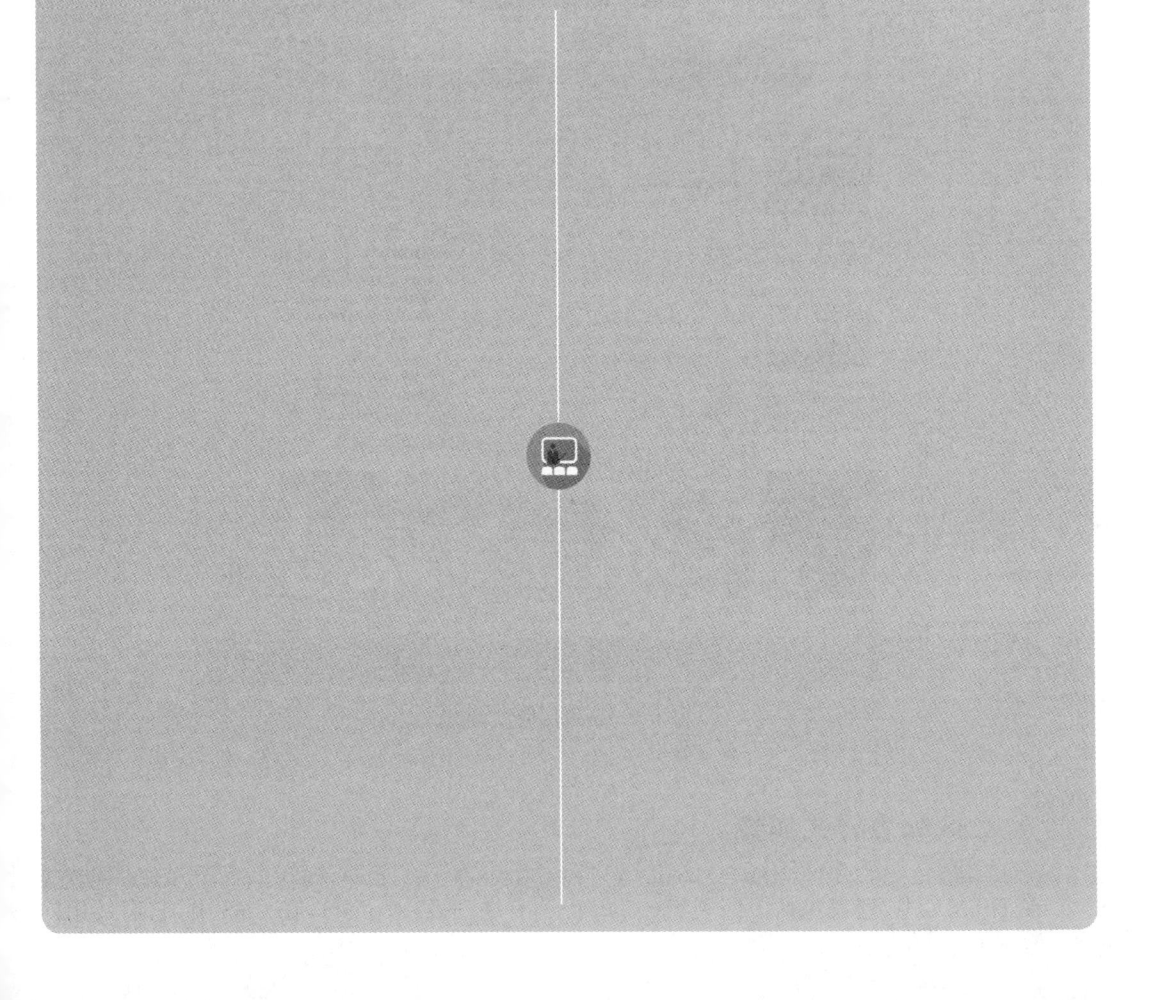

项目5学习了盒子模型与定位机制，通过CSS的position属性可以实现元素框的固定定位、相对定位以及绝对定位，通过float属性可以为元素框设置浮动定位。页面布局与定位之后，就可以向元素框中添加文本、图片、导航条、列表栏等内容。

本项目学习CSS列表样式属性、边框样式属性以及边距样式属性，并通过实例讲解导航条、图片列表、新闻列表的制作方法。

学习目标

- 掌握列表样式的属性及用法；
- 掌握边框样式的属性及用法；
- 掌握边距样式的属性及用法；
- 掌握新闻列表、导航条、文章列表和图片列表的制作方法。

项目案例

通过本项目的学习，实现如图6-1所示的茅草屋网站首页制作。

图6-1 茅草屋网站首页

6.1 CSS列表样式属性

在HTML中，列表包括无序列表(<ul>)和有序列表(<ol>)，在CSS中，它们共用同一个 CSS 列表属性。CSS 列表属性如表 6-1 所示。

表 6-1　CSS 列表属性

属性	描述
list-style-type	设置列表项标记的类型
list-style-position	设置列表项标记(项目符号)的位置
list-style-image	指定图像作为列表项标记
list-type	简写属性。在一条声明中设置列表的所有属性

1. 列表项符号类型属性

list-style-type 属性用来设置列表项标记的类型,有多种值可选,表 6-2 为常用列表项标记类型的取值及其含义。

表 6-2　常用列表项标记类型的取值及其含义

符号的取值	含义
none	列表项无标记
disc	默认值,标记是实心圆
circle	标记是空心圆
square	标记是实心方块
decimal	标记是普通阿拉伯数字 1、2、3……
lower-roman	以小写罗马数字 ⅰ、ⅱ、ⅲ……作为项目编号
upper-roman	以大写罗马数字 Ⅰ、Ⅱ、Ⅲ……作为项目编号
lower-alpha	以小写英文字母 a、b、c……作为项目编号
upper-alpha	以大写英文字母 A、B、C……作为项目编号

示例 1:list-style-type 属性应用示例。

```
< ! DOCTYPE html>
< html>
< head>
< meta charset= “utf-8”>
< title> list-style-type 属性应用示例< /title>
< style>
.a{
    list-style-type:square; /* 设置列表项符号标记为实心方块* /
}
.b{
    list-style-type:upper-roman; /* 设置列表项符号标记为大写罗马数字* /
}
< /style>
< /head>
< body>
< p> 列表示例:< /p>
```

```
< ul class= “a”>
    < li> 家乡风味< /li>
    < li> 家乡风光< /li>
    < li> 家乡风俗< /li>
< /ul>
< ul class= “b”>
    < li> 家乡风味< /li>
    < li> 家乡风光< /li>
    < li> 家乡风俗< /li>
< /ul>
< /body>
< /html>
```

浏览效果如图 6-2 所示。

图 6-2 list-style-type 属性应用示例(1)

由图 6-2 我们看到,列表项标记的类型既可以设置成项目符号标记,也可以设置成数字或字母标记。

示例 2:去除列表项标记的默认项目符号。

```
< ! DOCTYPE html>
< html>
< head>
< meta charset= “utf-8”>
< title> list-style-type 属性应用示例< /title>
< style>
.demo {
    list-style-type: none;   /* 去除列表项目符号标记* /
    margin: 0px;         /* 设置外边距为 0px* /
    padding: 0px;        /* 设置内边距为 0px* /
}
< /style>
< /head>
```

```
< body>
< p> 默认项目列表:< /p>
< ul>
    < li> 家乡风味< /li>
    < li> 家乡风光< /li>
    < li> 家乡风俗< /li>
< /ul>
< p> 去除项目符号、外边距和内边距:< /p>
< ul class= “demo”>
    < li> 家乡风味< /li>
    < li> 家乡风光< /li>
    < li> 家乡风俗< /li>
< /ul>
< /body>
< /html>
```

浏览效果如图 6-3 所示。

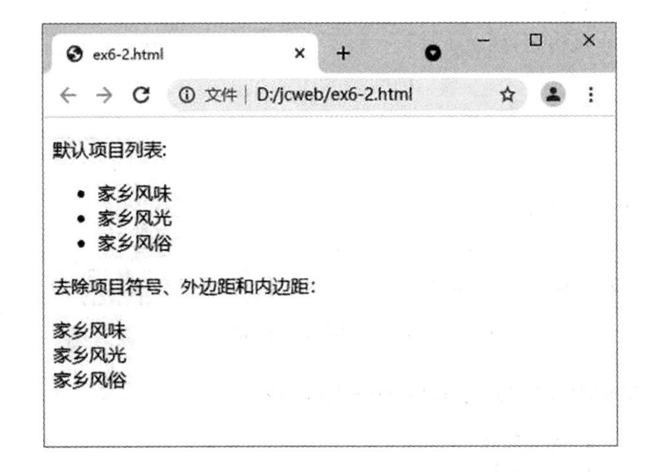

图 6-3 list-style-type 属性应用示例(2)

注意 列表拥有默认的外边距和内边距。要删除此内容,需要在<ul>或<ol>中添加 margin:0px 和 padding:0px。

2. 列表项标记位置属性

list-style-position 属性用于设置列表项标记(项目符号)的位置,取值有两种:

- outside——以列表项内容为准对齐;
- inside——以列表项标记为准对齐。

示例 3:list-style-position 属性应用示例。

```
< ! DOCTYPE html>
< html>
< head>
< meta charset= “utf-8”>
< title> list-style-position 属性应用示例< /title>
< style type= “text/css”>
```

```
    .inside{
        list-style-position: inside; }
    .outside{
        list-style-position: outside; }
< /style>
< /head>
< body>
< p> 该列表的 list-style-position 的值是 inside< /p>
< ul class= "inside">
    < li> 家乡风味< /li>
    < li> 家乡风光< /li>
    < li> 家乡风俗< /li>
< /ul>
< p> 该列表的 list-style-position 的值是 outside< /p>
< ul class= "outside">
    < li> 家乡风味< /li>
    < li> 家乡风光< /li>
    < li> 家乡风俗< /li>
< /ul>
< /body>
< /html>
```

浏览效果如图 6-4 所示。

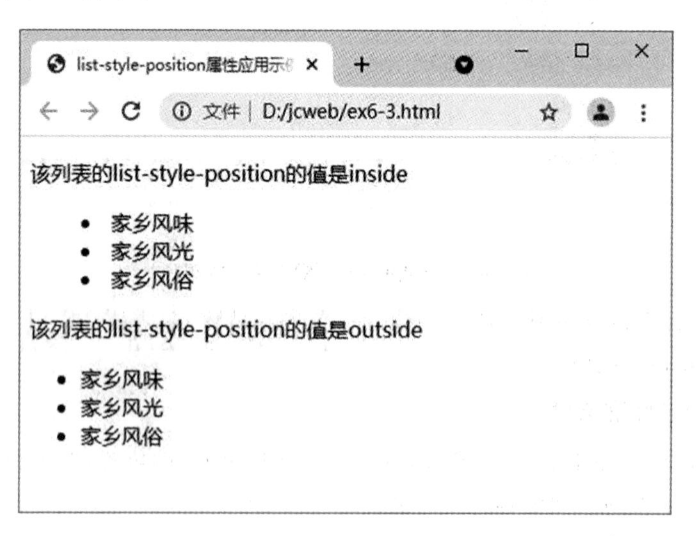

图 6-4 list-style-position 属性应用示例

由图 6-4 我们看到：list-style-position：inside；表示项目符号将在列表项内，list-style-position：outside；表示项目符号将在列表项之外，这是默认值。

3. 图像作为列表项标记

使用 list-style-image 属性可以将图像指定为列表项标记，其语法格式如下：

```
list-style-image:url(图像地址)
```

示例 4：list-style-image 属性应用示例。

```
< ! DOCTYPE html>
< html>
< head>
    < meta charset= “utf-8”>
    < title> list-style-image 属性应用示例< /title>
    < style>
    ul {
        list-style-image:url('img/apple.png');
    }
    < /style>
< /head>
< body>
    < p> list-style-image 属性规定图像作为列表项标记:< /p>
    < ul>
        < li> 家乡风味< /li>
        < li> 家乡风光< /li>
        < li> 家乡风俗< /li>
    < /ul>
< /body>
< /html>
```

浏览效果如图 6-5 所示。

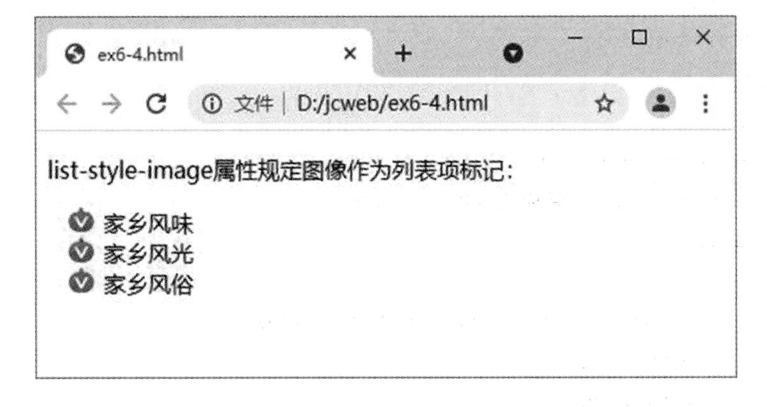

图 6-5　list-style-image 属性应用示例

4. 简写属性

list-style 属性是一种简写属性，它用于在一条声明中设置所有列表属性。在使用简写属性时，属性值的顺序为：

- list-style-type：如果指定了 list-style-image，那么在由于某种原因而无法显示图像时，会显示这个属性的值。
- list-style-position：指定列表项标记应显示在内容流的内部还是外部。
- list-style-image：将图像指定为列表项标记。

如果缺少上述属性值之一，则将使用缺失属性的默认值。

例如：

```
ul{list-style:circle inside url('img/apple.png');}
```

值得说明的是，网站中有各式各样的导航链接，无论是水平链接还是垂直链接，大多数是通过列表样式实现的。下面我们演示如何使用 list-style 属性制作垂直导航栏。

示例 5：创建背景色为灰色的垂直导航栏，当用户将鼠标移到链接上时改变链接的背景色，如图 6-6 所示。

图 6-6　垂直导航栏

示例分析：导航条实际上就是链接列表，因此，可以使用<ul>和<li>元素实现。

实现代码如下：

```
<!DOCTYPE html>
<html>
<head>
    <meta charset="utf-8">
    <title>垂直导航条应用示例</title>
    <style>
    ul{
        list-style-type: none;   /* 去除项目符号标记*/
        margin: 0px;
        padding: 0px;
        width:200px;   /* 设置列表宽度为 200px*/
        background-color: #f1f1f1;
    }
    ul li a,ul li a:visited {
        display: block;   /* a 元素转换为块元素*/
        color: #000;
        padding: 8px 16px;   /* 上下内边距为 8px、左右内边距为 16px*/
        text-decoration: none;
    }
    /* 鼠标悬停时改变链接颜色*/
    ul li a:hover {
```

```
        background-color: # 555;
        color: white;
    }
    < /style>
< /head>
< body>
< h2> 垂直导航栏< /h2>
< ul>
    < li> < a href= "# "> 首页< /a> < /li>
    < li> < a href= "# "> 慢谈历史< /a> < /li>
    < li> < a href= "# "> 话说家乡< /a> < /li>
    < li> < a href= "# "> 趣谈美食< /a> < /li>
    < li> < a href= "# "> 关注健康< /a> < /li>
    < li> < a href= "# "> IT 人物录< /a> < /li>
< /ul>
< /body>
< /html>
```

这样就实现了如图 6-6 所示的导航栏效果。

6.2 CSS 边框样式属性

CSS 边框属性可以为元素设置边框的样式、边框的宽度和边框的颜色。CSS 边框属性如表 6-3 所示。

表 6-3　CSS 边框属性及含义

属性	含义
border-style	设置边框的样式
border-width	设置边框的宽度
border-color	设置边框的颜色
border	简写属性,把所有用于边框样式的属性设于一个声明中

1. 边框样式

border-style 即边框风格属性,用来定义边框的样式,它的取值如表 6-4 所示。

表 6-4　常见边框样式属性值及其含义

属性值	含义
none	默认无边框
dotted	定义点线边框
dashed	定义虚线边框
solid	定义实线边框
double	定义双线边框

续表

属性值	含义
groove	定义 3D 沟槽边框，效果取决于边框的颜色值
ridge	定义 3D 脊线边框，效果取决于边框的颜色值
inset	定义一个 3D 的嵌入边框，效果取决于边框的颜色值
outset	定义一个 3D 突出边框，效果取决于边框的颜色值

border-style 属性可以设置一到四个值：用于上边框、右边框、下边框和左边框。

例如：

```
border-style:dotted solid double dashed;  /* 上边框是 dotted，右边框是 solid，下边框是 double，左边框是 dashed * /
border-style:dotted solid double;  /* 上边框是 dotted，左、右边框是 solid，下边框是 double * /
border-style:dotted solid;  /* 上、底边框是 dotted，右、左边框是 solid * /
border-style:dotted;  /* 四个边框都是 dotted * /
```

注意 设置边框样式时必须设置 border-style 属性，否则其他 CSS 边框属性都不会有任何作用。

2.边框宽度

可以通过 border-width 属性为边框指定宽度。为边框指定宽度有两种方法：指定长度值，比如 2px 或 0.1em；或者使用 3 个关键字之一，它们分别是 thin、medium（默认值）和 thick。border-width 属性可以设置一到四个值：用于上边框、右边框、下边框和左边框。

例如：

```
p.one{
  border-style:solid;
  border-width:5px 20px; /* 上边框和下边框为 5px，左边框和右边框为 20px * /
}
```

再如：

```
p.two{
  border-style:solid;
  border-width:25px 10px 4px 35px; /* 上边框 25px，右边框 10px，下边框 4px，左边框 35px * /
}
```

3.边框颜色

border-color 属性用于设置边框的颜色。可以通过以下方式设置边框颜色：

- name——有效的英文颜色名称，如 red；
- RGB 函数——指定 RGB 值，如 rgb(255,0,0)；
- Hex——指定十六进制值，如 #ff0000；
- transparent——颜色为透明。

border-color 属性可以设置一到四个值：用于上边框、右边框、下边框和左边框。

例如：

```
p{
  border-style:solid;
  border-color: red green blue yellow; /* 上红、右绿、下蓝、左黄 * /
}
p {
    border-style: solid;
    border-color: bluergb(25% ,35% ,45% ) # 909090 red;
  }
```

4. 边框简写属性

我们也可以在一个属性中指定边框的样式、宽度及颜色属性，border 属性是以下边框属性的简写属性：border-width、border-style(必需)、border-color。

例如：

```
p{
    border:5px solid red;   /* 宽度为 5px、实线、红色边框* /
}
```

5. 单边框属性

有时，我们不想为元素的四个边框都设置样式。如果希望为元素框的某一个边设置边框样式，而不是设置所有 4 个边的边框样式，可以使用下面的单边框样式属性：

• 设置上边框属性：使用 border-top、border-top-width、border-top-style 和 border-top-color。

• 设置下边框属性：使用 border-bottom、border-bottom-width、border-bottom-style 和 border-bottom-color。

• 设置左边框属性：使用 border-left、border-left-width、border-left-style 和 border-left-color。

• 设置右边框属性：使用 border-right、border-right-width、border-right-style 和 border-right-color。

示例 6：只为元素的一个边设置边框样式。

```
< ! DOCTYPE html>
< html>
< head>
    < meta charset= "utf-8">
    < title> 单边框应用示例< /title>
    < style>
    p {
        border-left: 6px solid red;
        background-color:lightgrey;
    }
    < /style>
< /head>
< body>
    < h2> border-left 属性< /h2>
```

```
    <p> 此属性是 border-left-width、border-left-style 以及 border-left-color 的简
写属性。</p>
  </body>
  </html>
```

浏览效果如图 6-7 所示。

图 6-7 单边框属性应用示例

多学一招:CSS 实现三角形

使用 CSS 边框属性实现三角形的原理:将一个元素的 width 和 height 设置为 0px,然后为它设置较粗的边框,并且将其中任意三条边框或者两条边的颜色定义为 transparent。

其参考代码如下:

(1)HTML 代码:

```
<div id="box"></div>
```

(2)CSS 代码:

```
# box{
    width:0px;
    height: 0px;
    border-width:20px;
    border-style:solid;
    border-color: red transparenttransparent transparent;}
```

注意 上面例子中所有边框的 border-width 都是相同的,我们可以通过定义不同的 border-width 来改变三角形的形状。

想一想:下面这些三角形是如何实现的?

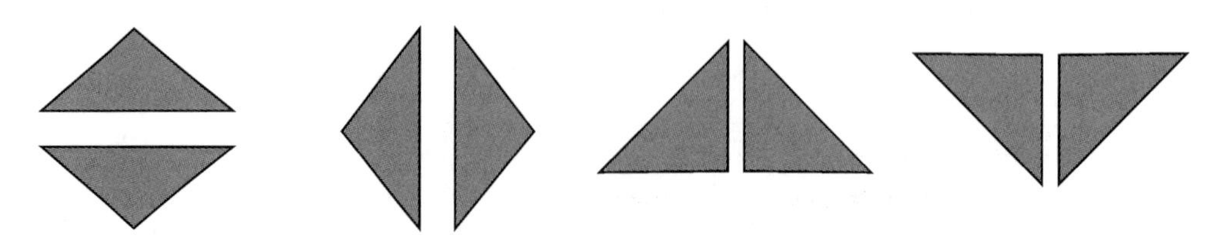

6.3 CSS 边距样式属性

6.3.1 CSS 内边距样式

为了调整内容在盒子中的显示位置，常常需要给元素设置内边距。内边距也称为内填充，指的是元素内容与边框之间的距离。CSS 内边距属性如表 6-5 所示。

表 6-5 CSS 内边距属性及含义

属性	描述
padding-top	设置元素的上内边距
padding-right	设置元素的右内边距
padding-bottom	设置元素的下内边距
padding-left	设置元素的左内边距
padding	简写属性，用于在一条声明中设置所有内边距属性

padding 属性的取值可为 auto 自动（默认值）、不同单位的数值、相对于父元素（或浏览器）宽度的百分比。

在实际开发中，padding 属性值最常用的单位是像素值 px，并且不允许取负值。

同边框属性一样，使用简写属性 padding 定义内边距时，必须按顺时针方向设置一到四个值：用于上内边距、右内边距、下内边距和左内边距。

例如：

```
p{
    padding: 10px 20px;   /* 设置上下内边距为 10px、左右内边距为 20px * /
}
```

6.3.2 CSS 外边距样式

一个元素有上、下、左、右四个边，外边距表示从一个元素的边到相邻元素边之间的距离，可以为一个元素设置一个或四个外边距，也可以不设置外边距。CSS 外边距属性如表 6-6 所示。

表 6-6 CSS 外边距属性及含义

属性	描述
margin-top	设置元素的上外边距
margin-right	设置元素的右外边距
margin-bottom	设置元素的下外边距
margin-left	设置元素的左外边距
margin	简写属性，在一个声明中设置所有外边距属性

margin 属性接受任何长度单位，可以是像素、英寸、毫米或 em。其取值可以是正值，也可以是负值；取正值时元素之间有一定间距，取负值时，使相邻元素发生重叠。

与内边距padding的用法类似，使用简写属性margin定义外边距时，必须按顺时针方向设置一到四个值：用于上外边距、右外边距、下外边距和左外边距。

下面通过一个示例演示外边距属性的用法和效果。

示例7：外边距属性应用示例。

```
< ! DOCTYPE html>
< html>
< head>
    < meta charset= "utf-8">
    < title> 外边距属性应用示例< /title>
    < style>
    img{
        width: 240px;
        border:3px solid green;
        float: left;   /* 设置图片左浮动* /
        margin-right: 20px; /* 设置图片的右外边距* /
        margin-left: 10px;   /* 设置图片的左外边距* /
    /* 上面两行代码等价于 margin: 0px 20px 0px 10px;* /
    }
    p{
        text-indent: 2em;   /* 段落文本首行缩进 2 字符* /
        line-height: 2em;   /* 段落文本行高 2 字体高* /
    }
    h2{
        padding-left: 10px;   /* 设置标题文本的左内边距* /
    }
    < /style>
< /head>
< body>
    < h2> 平凡生活，没那么不堪< /h2>
    < img src= "img/story2.jpeg" alt= "我和我的父母">
    < p> 年龄越大，就越认可父母的人生。越是见识到不同的人群，就越意识到他们的难得。越是和概念、理论打交道，就越意识到父母落地的人生姿态，是多么的活色生香而又充满生命活力。妈妈半生给我的印象就是忙、累，但她活得虎虎生威，平凡又充实，仿佛不用追问人生的意义，就自带庄重的价值。< /p>
< /body>
< /html>
```

浏览效果如图6-8所示。

由图6-8看到，图片和段落文本之间拉开了一定的距离，实现了图文混排的效果。但是仔细观察效果图会发现，浏览器边界与网页内容之间也存在着一定的距离，然而我们并没有对<p>标签和<body>标签应用内边距和外边距，可见这些标签默认情况下是存在内边距和外边距的。

网页中默认存在内外边距的标签有<body>、<h1>～<h6>、<p>、<li>等。制作

图 6-8　外边距的应用效果

网页时可使用如下样式代码清除页面所有标签默认的内外边距：

```
* {
    padding: 0px;  /* 清除内边距* /
    margin: 0px;  /* 清除外边距* /
}
```

6.4 项目案例

6.4.1 制作新闻列表

该新闻列表有一个标题，在标题和新闻列表之间有一个分隔线，如图 6-9 所示。需要设置单边边框，每一个新闻列表前面没有项目符号，具体操作步骤如下。

1. 添加新闻列表的内容

我们用无序列表来制作新闻列表，标题设为“茅草屋公告牌”，用<h3>标签表示标题，代码如下。

```
< div class= “news”>
< h3> 茅草屋公告牌< /h3>
< ul>
    < li> < a href= “# ”> Web 前端设计师必读精华文章推荐< /a> < /li>
    < li> < a href= “# ”> 15 个精美的 HTML5 单页网站作品欣赏< /a> < /li>
    < li> < a href= “# ”> 35 个让人惊讶的 CSS3 动画效果演示< /a> < /li>
    < li> < a href= “# ”> 30 个与众不同的优秀视差滚动效果网站< /a> < /li>
    < li> < a href= “# ”> 25 个优秀的国外单页网站设计作品欣赏< /a> < /li>
    < li> < a href= “# ”> 8 个惊艳的 HTML5 和 JavaScript 特效< /a> < /li>
    < li> < a href= “# ”> 8 款效果精美的 jQuery 进度条插件< /a> < /li>
    < li> < a href= “# ”> 34 个漂亮网站和应用程序后台管理界面< /a> < /li>
< /ul>
< /div>
```

2. 设置 CSS 样式

在外部样式表文件 style. css 中添加如下样式代码：

```
/* 边距清零,将元素的外边距和内边距清零* /
* {
    margin: 0px;
    padding: 0px;
    box-sizing:border-box;
}
/* 修改 body 样式,设置 body 元素的字体、大小、颜色和背景色* /
body{
    font-family:"微软雅黑";
    font-size:14px;
    color:# 36332e;
    background-color:# f4f4f4;}
/* 修改超链接样式,设置 a 元素的链接样式、已访问过链接的样式及鼠标悬停在链接上样式* /
a, a:visited {
    color:# 36332e;
    text-decoration:none;}
a:hover{
    color:# bb0f73;  /* 鼠标悬停时链接颜色为# bb0f73* /
}
/* 修饰新闻列表,取消列表默认的项目符号,设置标题和新闻列表之间的分隔线。* /
.news ul{
    list-style-type:none;   /* 去掉项目符号* /
}
.news h3{
    border-bottom-style:solid;
    border-bottom-width:2px;
    border-bottom-color:# c4c4c4;
    /* 上面三行代码等价于 border-bottom: 2px solid # c4c4c4;* /
    line-height: 28px;
    padding-bottom:5px; /* 下内边距为 5px,使新闻标题和分隔线之间有一定的距离* /
}
/* 设置列表项的高度* /
.news ul li{
    height: 28px;
    line-height: 28px;
}
/* 为盒子加边框* /
.news{
    border: 1px solid # e6e6e6;
    padding: 10px 15px;  /* 上下内边距为 10px,左右内边距为 15px* /
```

```
        background: # faf9f8;
        margin-bottom: 15px;
    }
```

3.添加更多

根据图6-9所示的效果，我们还需要添加新闻页面链接文字“更多”。文字“更多”和新闻标题在同一行，但是居右显示，可以将其放入span元素内部，代码如下。

```
< h3> 茅草屋公告牌< span class= "more"> < a href= "# "> 更多< /a> < /span> < /h3>
```

设置该span元素样式，代码如下。

```
.more  a{
    float:right;
    font-size:12px;
    line-height:24px;}
```

最终的新闻列表样式如图6-9所示。

图6-9　新闻列表样式

6.4.2 创建水平导航条

创建具有二级菜单的水平导航条，该导航条水平排列，二级菜单隐藏；当鼠标悬停在导航条上时，一级菜单出现下划线，并且相应二级菜单显示，效果如图6-10所示。

任务分析：导航条实际上就是链接列表，可以使用<ul>和<li>元素实现，可以通过浮动列表项即浮动<li>元素实现水平导航效果。通过“相对定位+绝对定位”实现鼠标悬停在一级菜单上时显示相应的二级菜单，即导航列表<ul>相对定位、嵌套列表<ul>绝对定位。具体操作步骤如下。

1.添加导航条的内容

用无序列表创建导航条的一级菜单和二级菜单，代码如下。

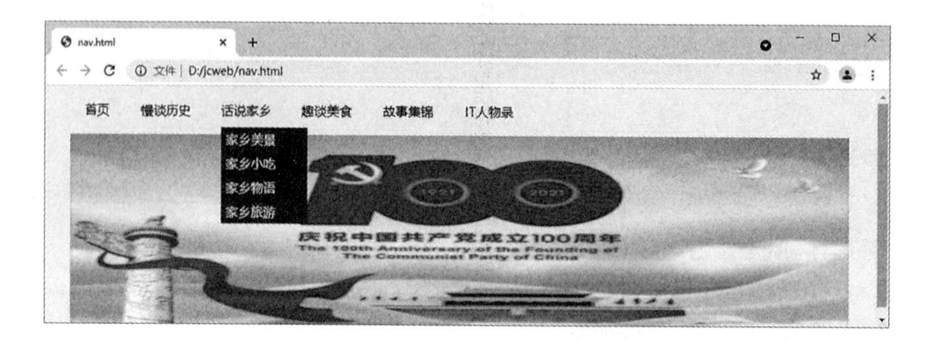

图 6-10　导航栏浏览效果

```
< nav>
    < ul>                                           < ! ---一级菜单-->
        < li> < a class= "active" href= "# "> 首页< /a> < /li>
        < li> < a href= "# "> 慢谈历史< /a> < /li>
        < li> < a href= "# "> 话说家乡< /a>
            < ul>                                   < ! --二级菜单-->
                < li> < a href= "# "> 家乡美景< /a> < /li>
                < li> < a href= "# "> 家乡小吃< /a> < /li>
                < li> < a href= "# "> 家乡物语< /a> < /li>
                < li> < a href= "# "> 家乡旅游< /a> < /li>
            < /ul>
        < /li>
        < li> < a href= "# "> 趣谈美食< /a> < /li>
        < li> < a href= "# "> 故事集锦< /a> < /li>
        < li> < a href= "# "> IT 人物录< /a> < /li>
    < /ul>
< /nav>
```

2. 创建 CSS 样式

在外部样式表文件 style. css 中添加如下样式代码：

```
/* 边距清零,将元素的外边距和内边距清零* /
* {
    margin: 0px;
    padding: 0px;
    box-sizing:border-box;
}
/* 修饰导航条,取消列表默认的项目符号,并且用 float 属性设置导航栏水平排列* /
nav ul{
  list-style-type: none;   /* 去掉项目符号* /
}
nav ul li {
  float: left;          /* 导航栏一级菜单水平排列* /
  height:40px;           /* 设置导航栏高度 40px* /
```

```
    line-height:40px;    /* 设置导航栏行高 40px* /
    padding: 0px 20px;   /* 设置导航栏上下内边距为 0px、左右内边距为 20px* /
  }
  /* 设置导航栏链接样式，设置 a 元素的链接样式、已访问过链接的样式及鼠标悬停在链接上的
样式* /
  nav ul li a,nav ul li a:visited{
    color:# 000;
    text-decoration: none;
    font-size: 16px;
  }
  nav ul li a:hover {
  color:# FF9900;
  }
```

此时，样式效果如图 6-11 所示。

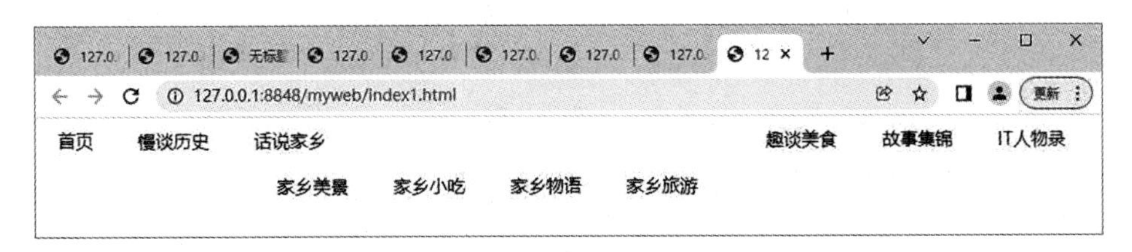

图 6-11　设置左浮动后的效果

可以利用 position:absolute 结合 left 属性控制二级菜单的位置，出现隐藏或显示的效果，代码如下。

```
  nav{
      position: relative;   /* 设置一级导航栏相对定位* /
  }
  /* 设置导航栏二级菜单* /
  nav ul li ul{
      width:8em;      /* 设置导航栏二级菜单宽度为 8em* /
      position:absolute; /* 设置二级导航栏绝对定位* /
      left: -999em;/*    隐藏二级菜单* /
  }
  nav ul li:hover ul{
      left:auto;      /* 当鼠标悬停在一级菜单时二级菜单显示* /
      z-index: 9999;  /* 让二级菜单置顶 * /
  }
  nav ul li:hover ul li{
      float: none;     /*  让二级菜单垂直显示* /
  }
```

此时，样式效果如图 6-12 所示。

首页 慢谈历史 话说家乡 趣谈美食 故事集锦 IT人物录
家乡美景
家乡小吃
家乡物语
家乡旅游

图 6-12　鼠标悬停时出现二级菜单，离开时隐藏

下面修饰二级菜单，为二级菜单创建按钮式链接样式，代码如下。

```
nav ul li:hover ul li, nav ul li:hover ul li a{    /* 二级菜单创建按钮式链接样式* /
    display: block;      /* a 元素转换成块级元素* /
    padding: 0 0.2em;
    line-height: 30px;
    background: # 4d4945;
    height: 30px;
    color:# fff;
}
/* 当鼠标悬停在二级菜单上时，背景色改变* /
nav ul li:hover ul li a:hover{
    background: # 404040;
}
```

为二级菜单设置背景色并创建按钮式链接后的样式，如图 6-13 所示。

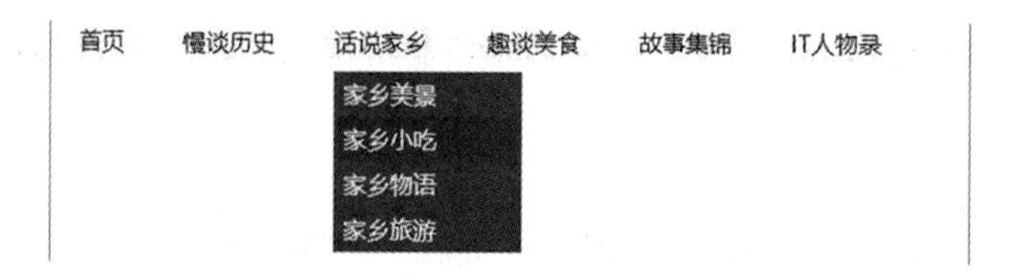

图 6-13　为二级菜单设置背景色并创建按钮式链接后的样式

为了体现交互性，设置鼠标悬停一级菜单时有下划线，鼠标悬停二级菜单时没有下划线。在这里用 border-bottom 属性设置下划线，代码如下。

```
nav ul li a:hover{        /* 当鼠标悬停在一级菜单时出现下划线* /
    padding-bottom:6px;
    border-bottom: 2px solid # 4d4945;
}
nav ul li:hover ul li a:hover{      /* 当鼠标悬停在二级菜单时不显示下划线* /
    border-bottom: none;
}
```

至此，具有二级菜单的水平导航栏就创建好了。

6.4.3　制作文章列表

文章列表使用<section>标签制作，每个<section>标签中包含文章的标题、内容简介、内容图片和主题列表，嵌套的主题列表使用无序列表制作，样式如图 6-14 所示，具体操作步骤如下。

1. 添加文章列表的内容

代码如下：

```
< article>
< h3 class= "title"> 最新故事< /h3>
< ! --列表项 1-->
< section>                    < ! --标题、图片和内容部分-->
< h3> < a href= "# "> 大学生活怎么过才不会有遗憾? < /a> < /h3>
< img src= "img/gs1.jpg" alt= "">
< p> 张爱玲说：娶了红玫瑰，久而久之，红玫瑰就变成了墙上的一抹蚊子血，白玫瑰还是"床前明月光"；娶了白玫瑰，白玫瑰就是衣服上的一粒饭粘子，红的还是心口上的一颗朱砂痣。大学只有四年，而人生想要的美好，实在是太多太多。你选择了学业上奋起努力，毕业参加工作得到了很好的年薪，回想起大学，你会后悔没有谈一场轰轰烈烈撕心裂肺的恋爱。你选择了爱情，选择了天荒地老，结婚之后回忆起大学，你会后悔自己没有好好学习，现在的收入还可以更高。那么你认为大学生活怎么过才不会有遗憾呢? < /p>
< ul class= "itemlist">       < ! --嵌套的主题列表项-->
< li> < a href= ""> 相忘于江湖< /a> < time> 2021 年 7 月 9 日< /time> < /li>
< li> < a href= ""> 打开人生的相册< /a> < time> 2021 年 7 月 9 日< /time> < /li>
< li> < a href= ""> 随风而去< /a> < time> 2021 年 7 月 8 日< /time> < /li>
< /ul>
< /section>
< ! --列表项 2-->
< section>
< h3> < a href= "# "> 哪种动物曾带给你人生的启迪? < /a> < /h3>
< img src= "img/gs2.jpg" alt= "" style= "display: block;">
< p> 小动物们的生活，其实没有想象中轻松。他们不光要躲避巨型动物的追捕，还要应对突如其来的自然灾害。他们赖以生存的是无尽的智慧和勇气。比如说，壁虎会在危机时刻，断尾自救；大雁从来都是组织严密、纪律严明；勤劳的工蜂一生都在无私奉献......希望通过你的故事，孩子们甚至是成年人，可以认识到每一个渺小的生命都很伟大，也可以学习到更多关乎生命的智慧。< /p>
< ul class= "itemlist">
< li> < a href= ""> 湖臭大姐的屁< /a> < time> 2021 年 7 月 10 日< /time> < /li>
< li> < a href= ""> 它把它的孩子摔死了< /a> < time> 2021 年 7 月 9 日< /time> < /
li>
< li> < a href= ""> 狮王的故事< /a> < time> 2021 年 7 月 7 日< /time> < /li>
< /ul>
< /section>
< ! --列表项 3-->
< section>
< h3> < a href= "# "> 你家乡的哪些地名和历史典故有关? < /a> < /h3>
< img src= "img/gs3.png" alt= "">
< p> 我国地大物博且历史悠久，很多地名都和历史典故或者民间传说有关，你家乡的哪个地名来自于历史典故呢? < /p>
```

```
< ul class= “itemlist”>
< li> < a href= “”> 传奇访仙,国恨家仇< /a> < time> 2021 年 6 月 23 日< /time> < /li>
< li> < a href= “”> 热血三国,千年吕城< /a> < time> 2021 年 5 月 28 日< /time> < /li>
< li> < a href= “”> 古鄗城的变迁< /a> < time> 2021 年 5 月 31 日< /time> < /li>
< /ul>
< /section>
< /article>
```

2.设置 CSS 样式

在外部样式表文件 style.css 中添加如下样式代码：

```
/* 边距清零,将元素的外边距和内边距清零* /
* {
    margin: 0px;
    padding: 0px;
    box-sizing:border-box;
}
/* 取消列表默认的项目符号* /
ul{
    list-style-type:none; /* 去掉项目符号* /
}
/* 设置文章标题样式,设置标题和文章列表之间的分隔线* /
article .title{
    color: # f7644a;
    border-bottom-style:solid;
    border-bottom-width:1px;
    border-bottom-color:# c4c4c4;
    line-height: 28px;
    padding-bottom:5px; /* 下内边距为 5px,使标题和分隔线之间有一定的距离* /}
/* 图片左浮动,实现图文混排* /
section img{
    float: left;
    margin-right: 10px;
}
/* 为文章的标题、段落设置样式* /
section h3{
    margin-top:6px;
    margin-bottom:6px;
}
section p{
    height: 100px;    /* 段落高度为 100px * /
    font-size: 16px;
```

```
        color: # 666;
        line-height: 28px;
        text-align: justify;
        overflow: hidden;
        padding: 10px 0px; }
    time{
        margin-left: 10px;
        color: # 999;
    }
    /* 设置列表项和列表项之间的分隔线* /
    section{
        padding-top: 10px;
        padding-bottom: 10px;
        border-bottom: 1px solid # ccc; }
    /* 为嵌套列表设置样式* /
    .itemlist li{
        line-height: 24px;
        height: 24px; }
```

浏览效果如图 6-14 所示。

图 6-14　文章列表浏览效果

6.4.4　制作图片列表

图片列表同样采用无序列表制作，该列表项中包含作品图片、作品名称和菜系，样式如图 6-15 所示，具体操作步骤如下。

1. 添加作品图片列表的内容

采用无序列表方式制作，每个列表项中有三项内容，即作品图片、作品名称和菜系，分别用类.item、.name 和.set 来表示，代码如下。

```
< div id= "reclist">
  < h3 class= "title"> 传统美食< /h3>
  < ul>
    < li class= "item">               < ! --第一个作品列表项-->
    < a href= "# "> < img src= "img/delicious1.jpg" alt= ""> < /a>   < ! --作品图片-->
    < div>
        < a href= "# " class= "name"> 廖排骨< /a>     < ! --作品名称-->
        < p class= "set"> < a href= "# "> 川菜< /a> < /p>   < ! --菜系-->
    < /div>
    < /li>
    < li class= "item">              < ! --第二个作品列表项-->
    < a href= "# "> < img src= "img/delicious2.jpg" alt= ""> < /a>
    < div>
        < a href= "#  " class= "name"> 脆皮烧肉< /a>
        < p class= "set"> < a href= "# "> 粤菜< /a> < /p> < /div>
    < /li>
    < li class= "item">             < ! --第三个作品列表项-->
    < a href= "# "> < img src= "img/delicious3.jpg" alt= ""> < /a>
    < div> < a href= "#  " class= "name"> 葱扒海参< /a>
        < p class= "set"> < a href= "# "> 鲁菜< /a> < /p> < /div>
    < /li>
    < li class= "item">             < ! --第四个作品列表项-->
    < a href= "# "> < img src= "img/delicious4.jpg" alt= ""> < /a>
    < div>
        < a href= "#  " class= "name"> 金陵烤鸭< /a>
        < p class= "set"> < a href= "# "> 江苏菜< /a> < /p> < /div>
    < /li>
    < li class= "item">          < ! --第五个作品列表项-->
    < a href= "# "> < img src= "img/delicious5.jpg" alt= ""> < /a>
    < div>
        < a href= "#  " class= "name"> 油焖春笋< /a>
        < p class= "set"> < a href= "# "> 浙菜< /a> < /p> < /div>
    < /li>
  < /ul>
< /div>
```

2. 设置 CSS 样式

在外部样式表文件 style.css 中添加如下样式代码：

```
/* 边距清零，将元素的外边距和内边距清零* /
* {
```

```
    margin:0px;
    padding:0px;}
/* 修改超链接样式,设置 a 元素的链接样式、已访问过链接的样式* /
a,a:visited{
    color:# 36332e;
    text-decoration: none;}
```

设置整个产品图片区域的宽度为 1020px,居中显示,并取消列表项默认的项目符号。

```
# reclist{
    width: 1020px; /* 整个产品图片列表的宽度* /
    margin: 0 auto;}
# reclist ul{
    list-style: none;       /* 取消默认的项目符号* /
}
```

列表项水平分布,每个列表项的宽度为 194px,列表图片的宽度为 180px。

```
# reclist .item{
    float: left;      /* 使列表项水平分布* /
    width:194px;      /* 每个列表项的宽度* /
    margin-left:10px;  /* 设置左外边距为 10px * /
}
# reclist .item img{
  width: 180px;   /* 每个列表图片的宽度为 180px * /
}
```

为作品标题,即每个列表项中作品名称和菜系设置样式。

```
# reclist .title{
  padding-top: 10px;
  padding-bottom: 10px;
  color: # f7644a;}
.item .name{
    width: 180px;
    margin: 4px;}
.item .set a{
  font-size: 12px;
  padding-left: 4px;}
```

浏览效果如图 6-15 所示。

图 6-15　产品图片列表

6.4.5 制作搜索栏

搜索栏一般由两部分组成,一个是输入框,一个是提交按钮。输入框显示为搜索栏效果,并显示默认关键词“请输入关键词”。样式如图 6-16 所示,具体操作步骤如下。

图 6-16 搜索栏浏览效果

1. 添加 HTML 内容

本搜索栏有两个表单元素:一个是 input,用于输入关键词;另一个是 button,用于提交表单。在 input 元素中属性 placeholder=“请输入关键词”,设置默认关键词“请输入关键词”。其 HTML 代码如下。

```
< div class= “header-input”>
    < form method= “get”>
        < input type= “text” name= “search” id= “search” placeholder= “请输入关键词”>
        < button type= “submit” name= “search-btn” id= “search-btn”> 搜索< /button>
    < /form>
< /div>
```

2. 设置样式

首先将所有元素的边距清零,代码如下。

```
* {
    padding: 0px;
    margin: 0px;
}
```

接下来设置输入框和搜索按钮的样式。设置输入框的宽度、内边距、字体大小和边框,搜索按钮需要设置背景和边框颜色、宽度、高度、文本颜色,用来将鼠标指针变成手的形状。它们的CSS样式代码如下。

```
# search{
    width:184px;
    font-size:12px;
    padding:6px 8px;
    border:1px solid # ccc;
    float: left;
}
```

```
# search-btn{
    background:# f7644a;
    border:1px solid# f7644a;
    width:40px;
    height: 28px;
    color:# fff;
    cursor: pointer;
    float: left;}
```

至此,图 6-16 所示的搜索栏效果就完成了。

将本项目案例制作的水平导航条放到项目 5 制作的“页面布局”文档的<div id="header"> </div>标签内,将“新闻列表”放到<aside></aside>标签内,将文章列表替换<article></article>标签,将图片列表放到<footer></footer>标签上方,即可实现如图 6-1 所示的页面效果。

项目总结

本项目主要学习了列表样式属性、边框样式属性及边距样式属性,并通过项目案例展示了如何利用列表样式、边框样式、边距样式及元素的相对定位、绝对定位和浮动定位实现新闻列表、文章列表、图片列表及水平导航条的制作。

学习列表栏、水平导航栏制作,要重点掌握列表样式、边框样式及边距样式的属性及用法,灵活运用元素的相对定位、绝对定位及浮动定位属性,并辅以其他 CSS 样式属性。学习这部分知识要多实践、反复尝试,才能创建出更实用、更美观的导航条和列表栏。

课后习题

一、填空题

1. list-style-type 属性的取值为________ 可以去除列表项标记的默认项目符号。

2. list-style-position 属性的取值有________和________ 两种。

3. 使用属性________ 可以为元素设置下边框,使用属性______ 可以为元素设置上边框。

4. 使用属性________ 可以设置盒子模型的左侧外边距。

二、选择题

1. 下列代码中,用于清除列表默认项目符号的是(　　)。

A. list-style: none;　　B. list-style: 0;

C. list-style: zero;　　D. list -style: delete;

2. 下列(　　)CSS 属性能够设置盒子模型的内边距为 10、20、30、40(顺时针方向)。

A. padding:10px 20px 30px 40px　　B. padding:40px 30px 20px 10px

C. padding:10px 40px 30px 20px　　D. padding:20px 10px 40px 30px

3. 阅读下面 CSS 代码,下面选项中与该代码段效果等同的是(　　)。

```
.box { margin:10px 5px; margin-right:10px; margin-top:5px; }
```

A. box { margin:5px 10px 0px0px; }　　B. box { margin:5px 10px 10px 5px; }

C. box { margin:5px 10px; }　　D. box { margin:10px 5px 10px 5px; }

4. 利用以下(　　)代码可以设置 div 区域的水平居中。

A. div{margin:0}　　B. div{margin:auto 100px}

C. div{margin:100px auto}　　D. div{margin:100px 100px }

5. 将一个盒子的上边框定义为 1 像素、蓝色、单实线,下列代码正确的是(　　)。

A. border-top:1px solid #00F;　　B. border:1px solid #00F;

C. border-top:1px dashed #00F;　　D. border:1px dashed #00F;

三、操作题

1. 制作一个搜索栏,效果如图 6-17 所示。

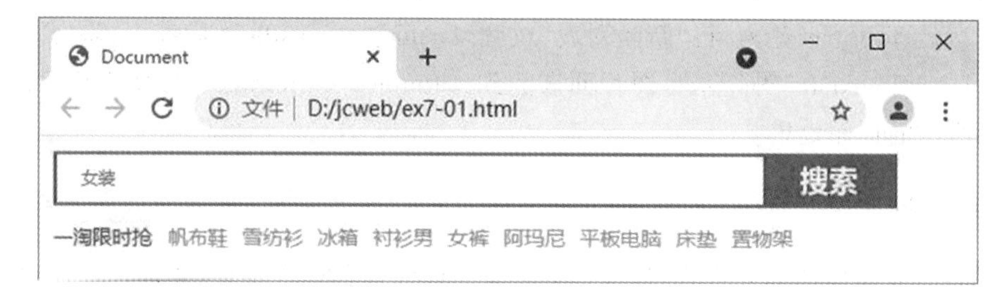

图 6-17　制作搜索栏

2. 制作用户登录页面,效果如图 6-18 所示。

图 6-18　用户登录页面

项目 6 实验　茅草屋网站首页制作

一、实验目的

(1)掌握列表样式的属性及用法;

(2)掌握边框样式的属性及用法;

(3)掌握边距样式的属性及用法;

(4)掌握新闻列表、导航条和图片列表的制作方法。

二、实验内容与步骤

1. 在站点文件夹 MySite 中打开 index.html 文件，设置网页标题为“茅草屋网站首页”。

2. 利用 DIV+CSS 样式进行页面布局，浏览效果如图 6-19 所示。

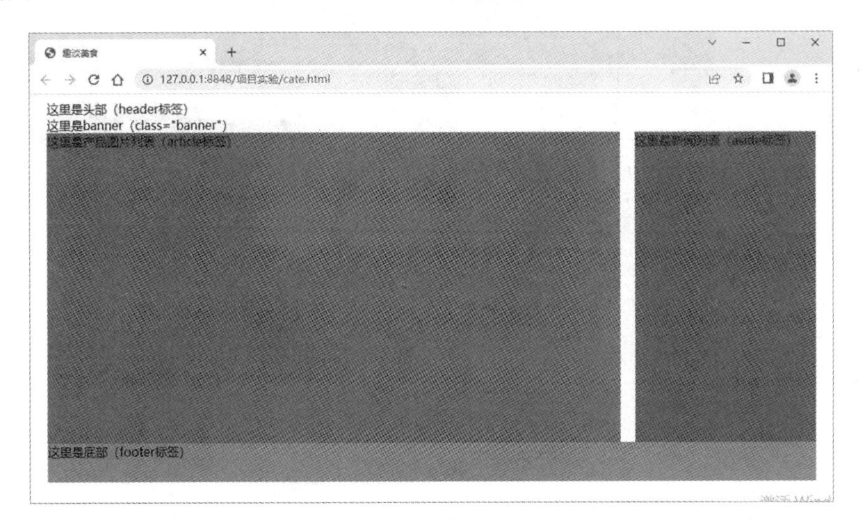

图 6-19　页面布局

要求：

(1)使用<div>、<header>、<article>、<aside>、<footer>标签进行页面布局设计。

(2)设置页面样式，在 css 文件夹中创建名为 style1.css 的样式表文件，并对页面的标签进行样式设置；设置页面宽度 1020px、产品图片列表区域宽度 690px，侧栏新闻列表区域宽度 310px，头部、底部高度均为 60px。

(3)将样式表文件 style1.css 应用到此页面。

3. 添加页面内容。

(1)在“这里是头部”位置添加两个<div>标签和一个<nav>标签，第一个标签中添加 logo 图片，第二个标签中添加水平导航条，第三个标签中添加表单元素。

(2)在 banner 部分添加一张图片。

(3)在“这里是产品图片列表”位置添加产品图片列表。

产品图片列表使用无序列表制作，每个列表图片放在<figure>标签中，图片中的文本放在<figcaption>标签中。

(4)在“这里是新闻列表”位置添加两个<div></div>标签，其中第一个标签中添加图片，第二个标签中使用列表添加新闻内容，新闻标题使用<h3>标签。

(5)在“这里是底部”位置添加如下内容：

茅草屋——让学习更快乐，生活更美好！

版权所有 ©2021-2031 Web 前端开发学习团队

4. 使用 CSS 样式美化页面内容，浏览效果如图 6-20 所示。

提示：设置产品图片列表中每个列表项的宽度为 210px、背景颜色为白色、上外边距为 20px、左右外边距为 10px、左浮动，设置每个图片的宽度为 210px。

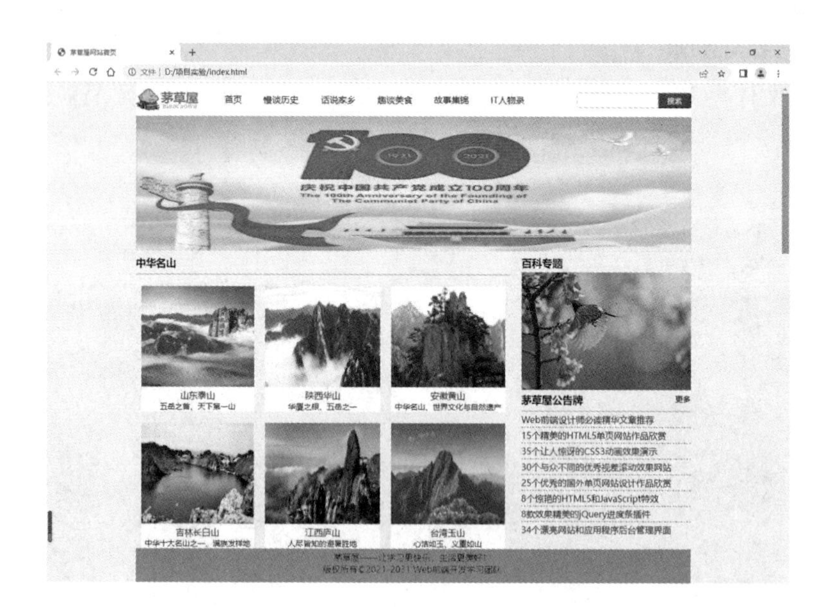

图 6-20　茅草屋网站首页浏览效果

三、实验小结及思考

（由学生填写，重点写上机中遇到的问题。）

项目7

使用CSS3美化页面

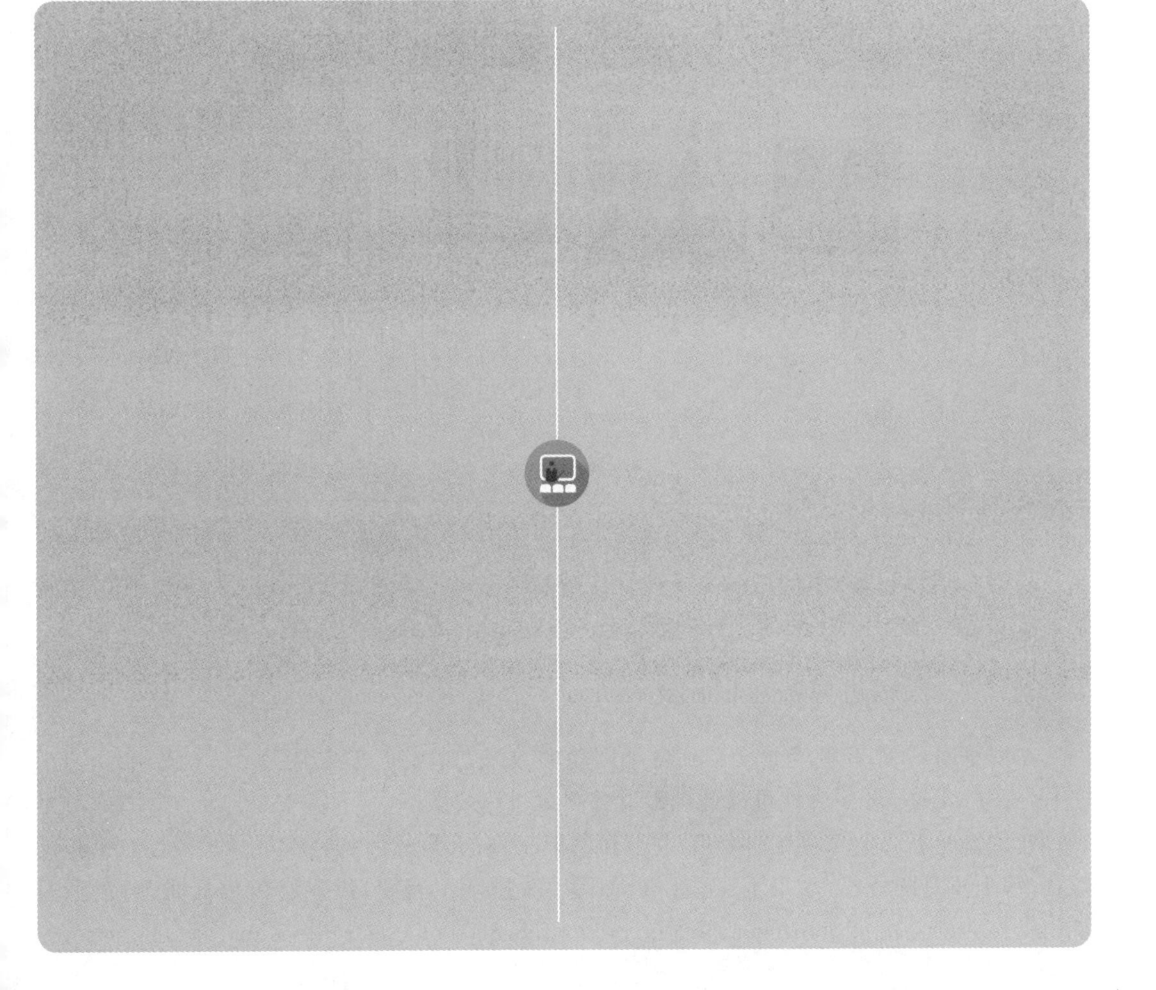

CSS3 是 CSS 的最新标准。CSS3 相对于 CSS2.1 来说，不仅对原来的 CSS 样式进行重组并划分为多个模块，而且新增了许多实现特定功能的属性，如圆角边框、图片边框、文本阴影、过渡与动画等。这些效果不仅可以让页面更加美观，最重要的是可以提高网站的可维护性以及访问速度。

本项目学习 CSS3 中应用比较多的几个属性，如文本阴影、圆角边框、字体图标、2D 转换、过渡与动画等，并通过实例讲解这些属性的使用方法。

学习目标

- 掌握 CSS3 边框属性、文本阴影属性；
- 掌握 CSS3 2D 转换、过渡与动画属性；
- 掌握 CSS3 图标字体的使用方法；
- 会使用 CSS3 新增的属性美化页面。

项目案例

通过本项目学习，完成如图 7-1、图 7-2 所示的页面效果。

图 7-1 IT 人物涂鸦墙

7.1 CSS3 边框属性

利用 CSS3 可以在不使用图片处理软件（如 Photoshop）的情况下，创建圆角边框，给矩形框添加阴影，使用图片来创建边框等。

7.1.1 圆角边框属性 border-radius

在浏览网页时，我们经常会看到各种圆角的效果，如按钮、产品图片、头像图片等，通过 CSS3 的 border-radius 属性可以为元素设置圆角边框效果。

通常情况下一个盒子有四个角，左上角的形状、右上角的形状、左下角的形状、右下角的形状，每个角有两个值：水平值、垂直值，如图 7-3 所示。因此，设置圆角边框时，可以通过 border-top-left-radius、border-top-right-radius、border-bottom-right-radius、border-bottom-

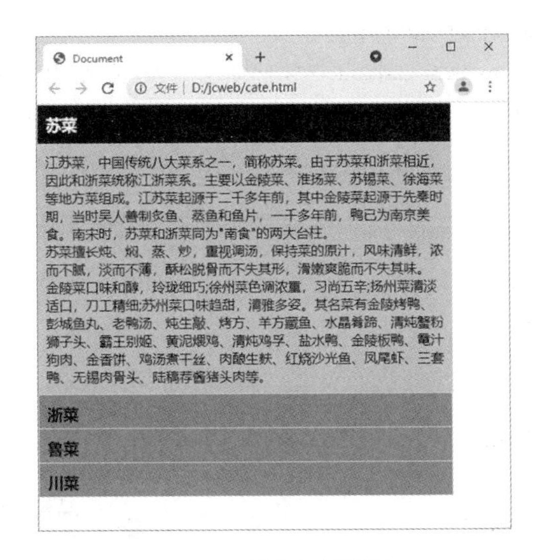

图 7-2　折叠面板页面

left-radius 分别为每个角设置不同的圆角边框形状。设置圆角边框形状时每个角的水平值和垂直值可以相同，也可以不同。

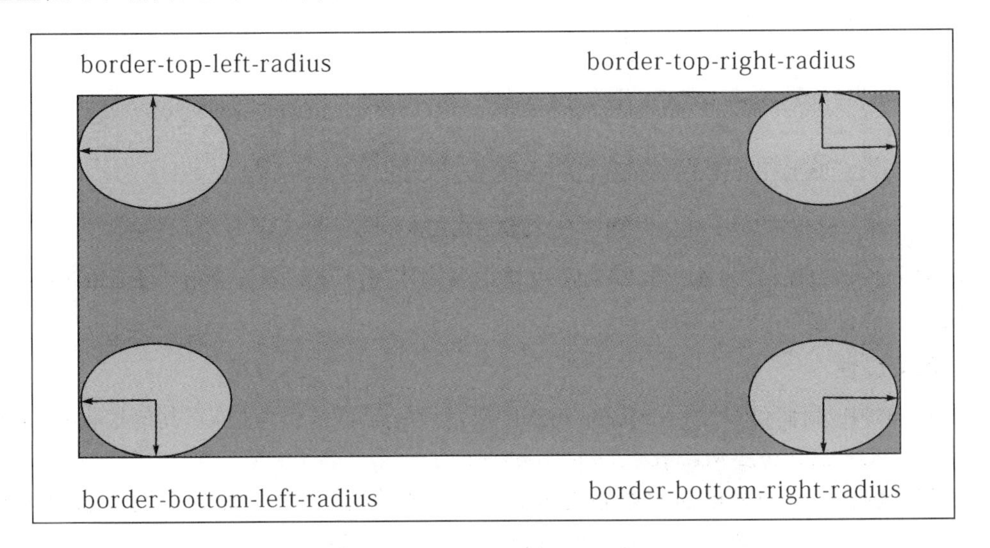

图 7-3　四角盒子

1. 分别定义四个角

示例 1：圆角边框应用示例。

```
< ! DOCTYPE html>
< html>
< head>
    < meta charset= "utf-8">
    < title> CSS3 圆角边框< /title>
    < style type= "text/css">
    div{
        height:100px;
        width:150px;
```

```
            border:1px solid blue;
            border-top-left-radius: 40px 20px;   /* 设置左上角的圆角边框* /
            border-bottom-right-radius: 20px;   /* 设置右下角的圆角边框* /
        }
        < /style>
    < /head>
    < body>
        < div> < /div>
    < /body>
    < /html>
```

浏览效果如图 7-4 所示。

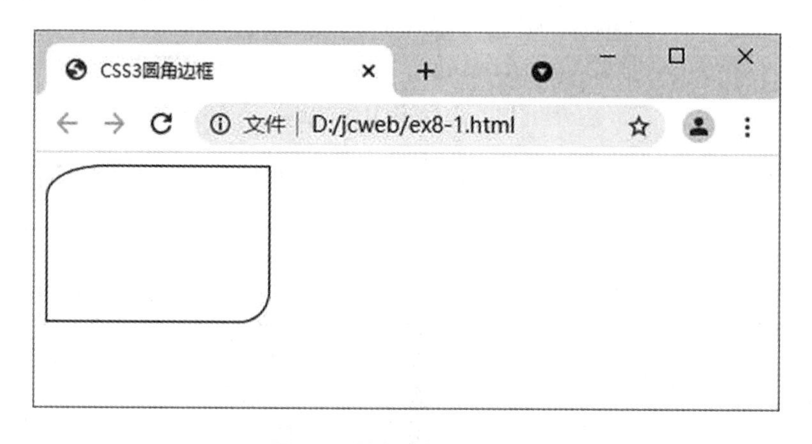

图 7-4　圆角边框应用示例

由图 7-4 可以看到，为盒子元素的左上角设置了水平 40px、垂直 20px 的圆角边框，为右下角设置了半径为 20px 的圆角边框。

2. 简写属性

在 CSS3 中，我们可以使用 border-radius 属性设置元素的圆角边框，其语法格式如下：

```
border-radius:1-4length|% /1-4length|% ;
```

说明：该语法中，斜杠前面的参数表示圆角的水平半径，斜杠后面的参数表示圆角的垂直半径。斜杠后面的参数一般省略，表示和水平半径值一样。

border-radius 属性可以接受一到四个值，规则如下：

• 四个值——border-radius:15px 50px 30px 5px;（依次分别用于左上角、右上角、右下角、左下角）。

• 三个值——border-radius:15px 50px 30px;（第一个用于左上角，第二个用于右上角和左下角，第三个用于右下角）。

• 两个值——border-radius:15px 50px;（第一个用于左上角和右下角，第二个用于右上角和左下角）。

• 一个值——border-radius:15px;（该值用于所有四个角，圆角都是一样的）。

效果如下所示。

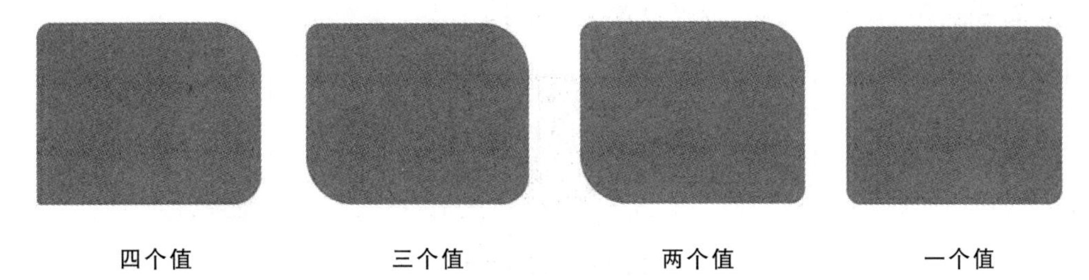

结论：圆角边框四个值的顺序是：左上角，右上角，右下角，左下角。如果省略左下角，则左下角和右上角是相同的；如果省略右下角，则右下角和左上角是相同的。

示例 2：border-radius 属性应用示例。

```
< ! DOCTYPE html>
< html>
< head>
< meta charset= "utf-8">
< title> CSS3 圆角边框< /title>
< style type= "text/css">
div{
    width:350px;
    height:50px;
    border: 2px solid # a1a1a1;
    background-color:# ddd;
    border-radius: 25px;  /* 四个角都是一样的* /
}
< /style>
< /head>
< body>
    < div> < /div>
< /body>
< /html>
```

浏览效果如图 7-5 所示。

图 7-5　border-radius 属性应用效果

由图 7-5 可以看到，在该示例中为盒子元素的四个角设置了水平半径和垂直半径都相等的圆角边框。

多学一招：用 border-radius 属性设置圆形效果，如图 7-6 所示。

图 7-6　圆形效果

CSS 中，圆的实现原理如下：元素的宽度和高度定义为相同值，然后设置四个角的圆角半径为宽度(或高度)的一半。实现代码如下：

```
< ! DOCTYPE html>
< html>
< head>
< meta charset= "utf-8">
< title> CSS3 圆角边框< /title>
< style type= "text/css">
div{
    width:100px;    /* 元素的宽度和高度定义为相同值* /
    height:100px;
    background-color:# 00008B;
    border-radius: 50px; /* 圆角半径定义为宽度的一半* /}
< /style>
< /head>
< body>
    < div> < /div>
< /body>
< /html>
```

7.1.2　边框阴影属性 box-shadow

在 CSS3 中，我们可以使用 box-shadow 属性为矩形框添加一个或多个阴影，其语法格式如下：

```
box-shadow:h-shadow v-shadow blur spread color inset;
```

说明：

• h-shadow：定义水平阴影的偏移距离(必需的)，允许负值。如果值为正，则阴影向右偏移；如果值为负，则阴影向左偏移。

• v-shadow：定义垂直阴影的偏移距离(必需的)，允许负值。如果值为正，则阴影向下偏移；如果值为负，则阴影向上偏移。

• blur：定义阴影的模糊半径(可选)，只能取正值。值越大，阴影越模糊；值越小，阴影越清晰。

• spread：定义阴影的尺寸(可选)，只能为正值。

• color：定义阴影的颜色(可选)。

• inset：将外部阴影改为内侧阴影(可选)，默认 outset(外部阴影)。

注意 box-shadow 属性是用逗号分隔的阴影列表，每个阴影有两个阴影长度值和四个可选的模糊距离、阴影的大小、阴影的颜色及阴影的位置值进行规定。

示例 3：box-shadow 属性应用示例。

```
< ! DOCTYPE html>
< html>
< head>
< meta charset= "utf-8">
< title> box-shadow 属性应用示例< /title>
< style type= "text/css">
div
{
    width:300px;
    height:100px;
    background-color:yellow;
    box-shadow: 10px10px 5px # 888;
}
< /style>
< /head>
< body>
    < div> < /div>
< /body>
< /html>
```

该阴影为水平向右 10px 的偏移、垂直向下 10px 的偏移，投影的模糊距离为 5px，投影颜色为 # 888，实现效果如图 7-7 所示。

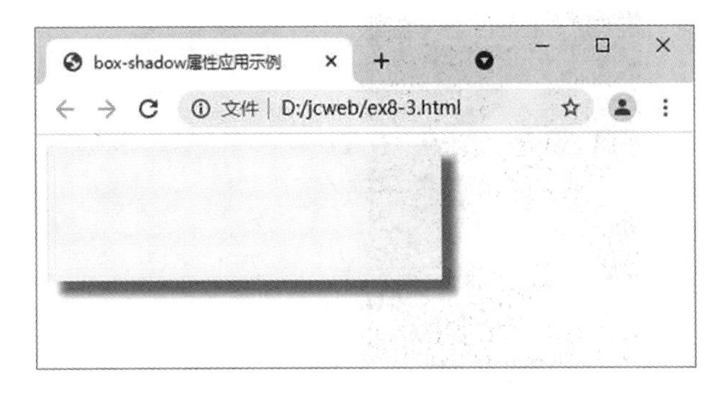

图 7-7 box-shadow 属性应用效果

示例 4：使用 box-shadow 属性制作类似纸质的卡片。

```
< ! DOCTYPE html>
< html>
< head>
    < meta charset= "utf-8">
    < title> box-shadow 属性应用示例< /title>
    < style type= "text/css">
    figure {
```

```
            width:200px;
            /* 逗号分隔的阴影列表* /
             box-shadow: 0 4px 8px 0rgba(0, 0, 0, 0.2), 0 6px 20px 0 rgba(0, 0,
0, 0.19);
            text-align: center;
        }
        figcaption{
            padding: 20px;
        }
        < /style>
    < /head>
    < body>
        < p> box-shadow 属性可用于创建类似纸质的卡片:< /p>
        < figure>
            < img src= "img/coffee.jpg" alt= "coffee">
            < figcaption> Coffee< /figcaption>
        < /figure>
    < /body>
    < /html>
```

浏览效果如图 7-8 所示。

图 7-8 阴影列表应用效果

7.1.3 图片边框属性 border-image

在 CSS3 中,我们可以使用 border-image 属性为边框添加背景图片。border-image 属性是一个简写属性,用于设置 border-image-source、border-image-slice、border-image-width、border-image-outset 和 border-image-repeat 的值。其语法格式如下。

```
border-image: source slice width outset repeat;
```

border-image 属性值及含义如表 7-1 所示。

表 7-1　border-image 属性值及含义

属性值	含义
border-image-source	用于指定用作边框的图片的路径
border-image-slice	用于指定裁切图片边框的方式(图片边框向内偏移量)
border-image-width	指定图片边框的宽度,默认值 none
border-image-outset	指定边框图片区域超出边框的量,默认值 0
border-image-repeat	指定图像边框是否应重复(repeat)、拉伸(stretch)还是铺满(round)

示例 5:border-image 属性应用示例。

```
< ! DOCTYPE html>
< html>
< head>
< meta charset= “utf-8”>
< title>  border-image 属性应用示例< /title>
< style type= “text/css”>
    # borderimg1 {
    border: 10px solid transparent;
    padding: 15px;
    border-image:url(img/border.png) 30 round;
}
# borderimg2 {
    border: 10px solid transparent;
    padding: 15px;
    border-image:url(img/border.png) 30 stretch;
}
< /style>
< /head>
< body>
    < p> border-image 属性用于指定一个元素的边框图像。< /p>
    < p id= “borderimg1”> 在这里,图像平铺(重复),以填补该地区。< /p>
    < p id= “borderimg2”> 在这里,图像被拉伸以填补该地区< /p>
    < p> 这是原始图片:< /p> < img src= “img/border.png”>
< /body>
< /html>
```

浏览效果如图 7-9 所示。

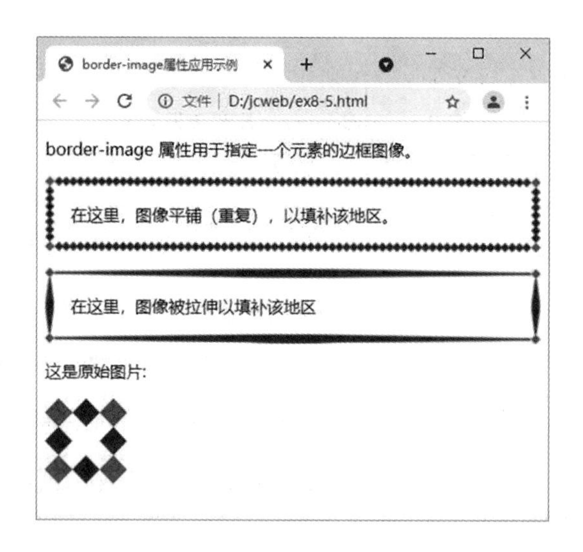

图 7-9 border-image 属性应用效果

注意 为了使 border-image 属性起作用，该元素还需要设置 border 属性。

7.2 文本阴影与文本溢出属性

7.2.1 文本阴影属性 text-shadow

在 CSS3 中，可以使用 text-shadow 属性给文本添加阴影效果，它可以设置水平阴影、垂直阴影、阴影的模糊距离，以及阴影的颜色。其语法格式如下：

```
text-shadow:h-shadow v-shadow blur color;
```

说明：

- h-shadow：定义水平阴影的偏移距离（必需的），允许负值。如果值为正，则阴影向右偏移；如果值为负，则阴影向左偏移。
- v-shadow：定义垂直阴影的偏移距离（必需的），允许负值。如果值为正，则阴影向下偏移；如果值为负，则阴影向上偏移。
- blur：阴影的模糊距离（可选），只能取正值。值越大，阴影越模糊；值越小，阴影越清晰。
- color：阴影的颜色（可选）。

注意 text-shadow 属性可以为文本添加一个或多个阴影。该属性是逗号分隔的阴影列表，每个阴影有两个或三个长度值和一个可选的颜色值进行规定。省略的长度是 0。

示例 6：下面为段落文本设置一个简单的阴影效果，浏览效果如图 7-10 所示。

```
< ! DOCTYPE html>
< html>
< head>
    < meta charset= "utf-8">
    < title> text-shadow 属性应用示例< /title>
    < style type= "text/css">
```

```
    p{
      font-size: 28px;
      font-weight: bold;
      text-shadow:5px 5px5px # 0f0;}
  < /style>
< /head>
< body>
  < p> 文本阴影效果< /p>
< /body>
< /html>
```

该文本阴影为水平向右 5px 的偏移、垂直向下 5px 的偏移，投影的模糊距离为 5px，投影颜色为＃0f0，最终样式效果如图 7-10 所示。

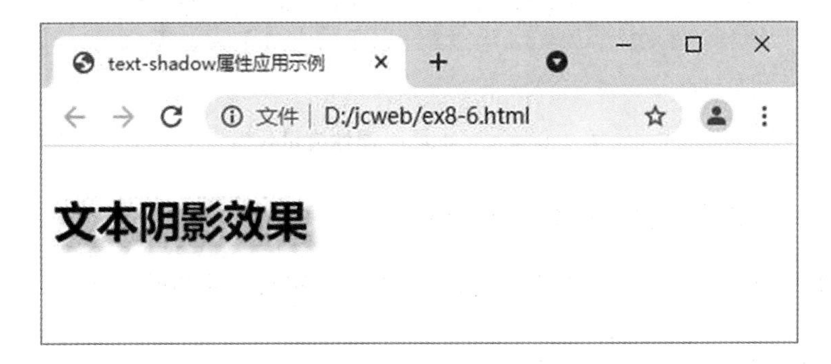

图 7-10　文本阴影效果

示例 7：使用 text-shadow 属性设计立体文本。

代码如下：

```
< ! DOCTYPE html>
< html>
< head>
    < meta charset= “utf-8”>
    < title> text-shadow 属性应用示例< /title>
    < style type= “text/css”>
    p{
        text-align: center;
        padding:24px;
        margin: 0;
        font-family:helvetica,arial,sans-serif;
        font-size: 80px;
        font-weight: bold;
        color: # d1d1d1;
        background-color: # ccc;
        text-shadow: -1px -1px # fff,1px 1px # 333;
    }
    < /style>
< /head>
```

```
< body>
    < p> HTML5+ CSS3< /p>
< /body>
< /html>
```

本例通过左上和右下各添加一个1像素错位的补色阴影，营造一种淡淡的立体效果。最终样式效果如图7-11所示。

图7-11　text-shadow属性应用效果

7.2.2　文本溢出属性 text-overflow

CSS3新增了text-overflow属性，该属性可以设置超长文本省略显示。语法格式如下：

```
text-overflow:clip|ellipsis|string;
```

各属性值说明如下：

- clip：表示不显示省略标记(…)，而是简单的裁切文本。
- ellipsis：表示当文本溢出时显示省略符号来代表被裁切的文本。
- string：表示当文本溢出时使用给定的字符串来代表被修剪的文本。

实际上，单独使用text-overflow属性是无法得到省略号效果的。要想实现文本溢出时就显示省略号效果，我们需要结合white-space和overflow这两个属性来实现。

示例8：text-overflow属性应用示例。

代码如下：

```
< ! DOCTYPE html>
< html>
< head>
< meta charset= “utf-8”>
< title> text-overflow属性应用示例< /title>
< style type= “text/css”>
.test{
    white-space:nowrap; /* 禁止换行* /
    width:12em;
    overflow:hidden; /* 超出隐藏* /
    border:1px solid # 000000;
}
< /style>
< /head>
```

```
< body>
< p> 这个 div 使用"text-overflow:ellipsis":< /p>
< div class= "test" style= "text-overflow:ellipsis;"> 当文本溢出时显示省略符号来代表被裁切的文本< /div>
< p> 这个 div 使用 "text-overflow:clip":< /p>
< div class= "test" style= "text-overflow:clip;"> 当文本溢出时简单地裁切文本< /div>
< /body>
< /html>
```

浏览效果如图 7-12 所示。

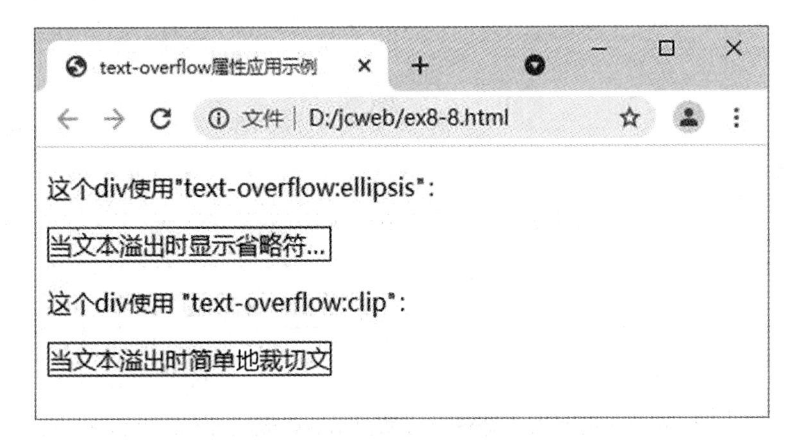

图 7-12　text-overflow 属性应用效果

7.3 CSS3 字体

7.3.1 @font-face 规则

CSS3 出现之前，在网页中使用特殊字体时，只能通过两种方式：一种是客户端安装这种字体；另一种是将其制作成图片再使用，使用图片的方式比较麻烦，不易修改，同时也降低了网页浏览速度。

现在，通过 CSS3 的@font-face 规则，只需将需要使用的特殊字体文件存放在服务器中，就可以让客户端浏览器显示客户端所没有安装的字体。使用@font-face 的语法格式如下：

```
@ font-face {
    font-family:fontName;
    src:url;
    [font-weight: < weight> ];
    [font-style: < style> ];
}
```

说明：

• fontName：自定义的字体名称，最好使用下载时的默认字体名，此字体名称将被引用到 HTML 元素的 font-family 中。

• src：自定义字体的存放路径，指的是服务器端中字体文件的路径。

• font-weight：定义字体的粗细，默认值是“normal”。

• font-style：定义字体样式，如斜体。

不同浏览器对字体格式的支持是不一样的，在使用@font-face规则时至少需要.woff和.eot两种格式字体，甚至还需要.svg等字体达到更多种浏览版本的支持。

示例9：@font-face规则应用，以在https://www.dafont.com中下载b_team字体为例。

实现步骤：

(1)下载字体。

在浏览器地址栏中输入网址：https://www.dafont.com，进入下载字体页面，如图7-13所示。

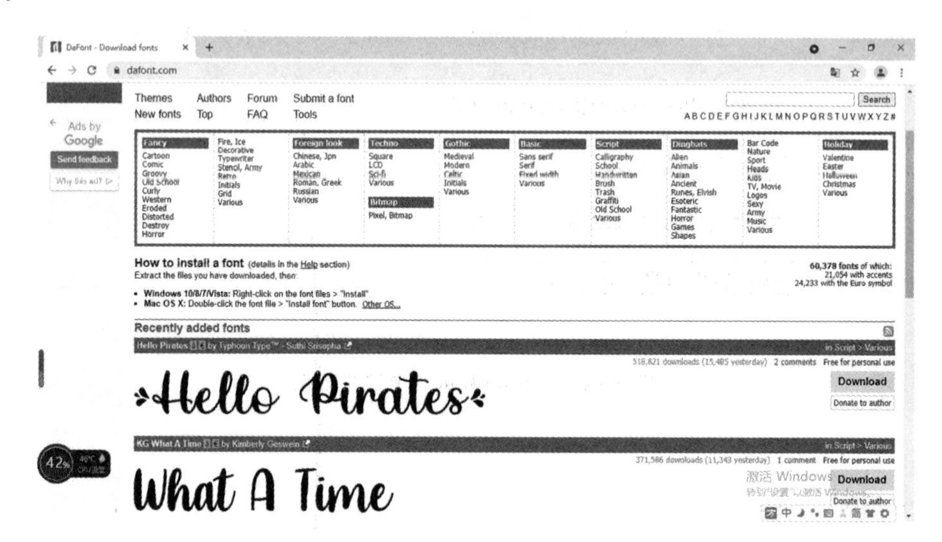

图7-13 下载字体页面(1)

在下载字体页面找到需要下载的字体，如b_team，单击“Download”按钮进行下载，如图7-14所示。

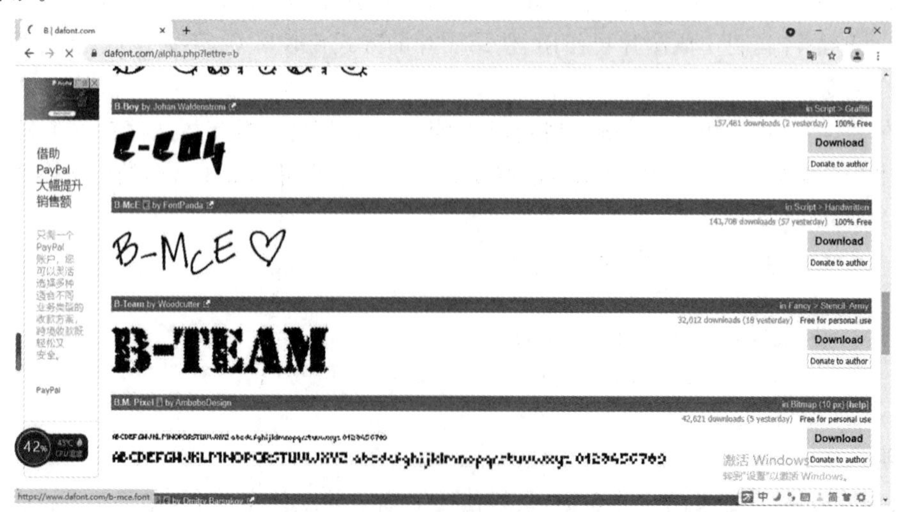

图7-14 下载字体页面(2)

(2)生成得到更多浏览器支持的字体。

下载的字体可能只有一种格式(如.otf 格式),现在需要得到@font-face 所需的.eot、.woff、.tff、.svg 字体格式。

可以采用 fontsquirrel 页面字体生成器生成这些格式的文件(https://www.fontsquirrel.com/tools/webfont-generator),如图 7-15 所示。

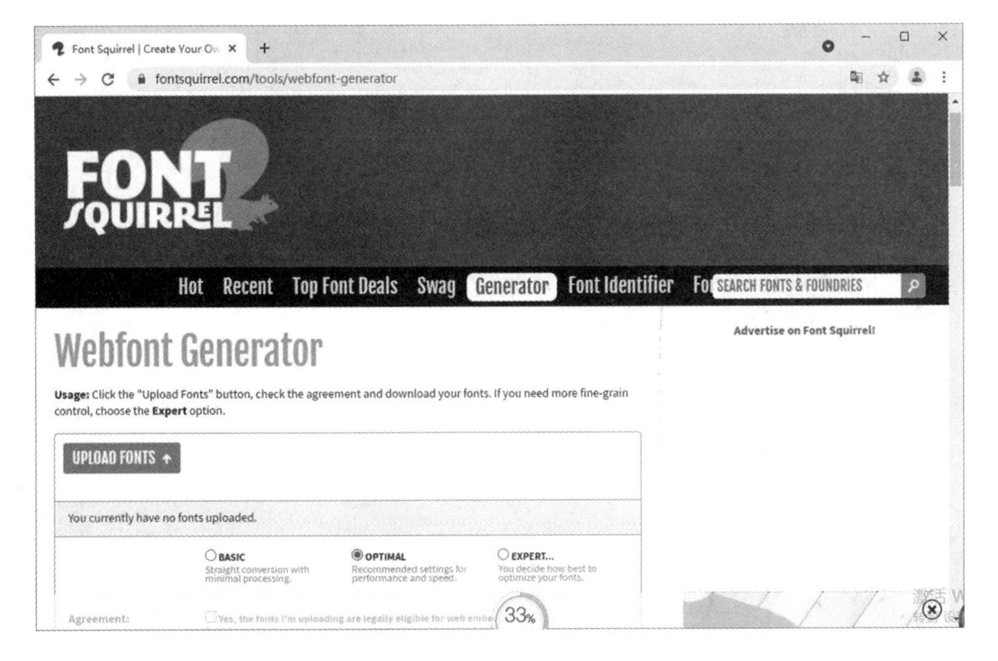

图 7-15 字体生成器页面(1)

单击"UPLOAD FONTS"按钮,将下载的 b_team.otf 字体上传到字体生成器,并勾选"EXPERT..."单选按钮,选中所需的字体格式,如图 7-16 所示,然后单击下方的"DOWNLOAD YOUR KIT"按钮,下载生成的多种字体格式文件。

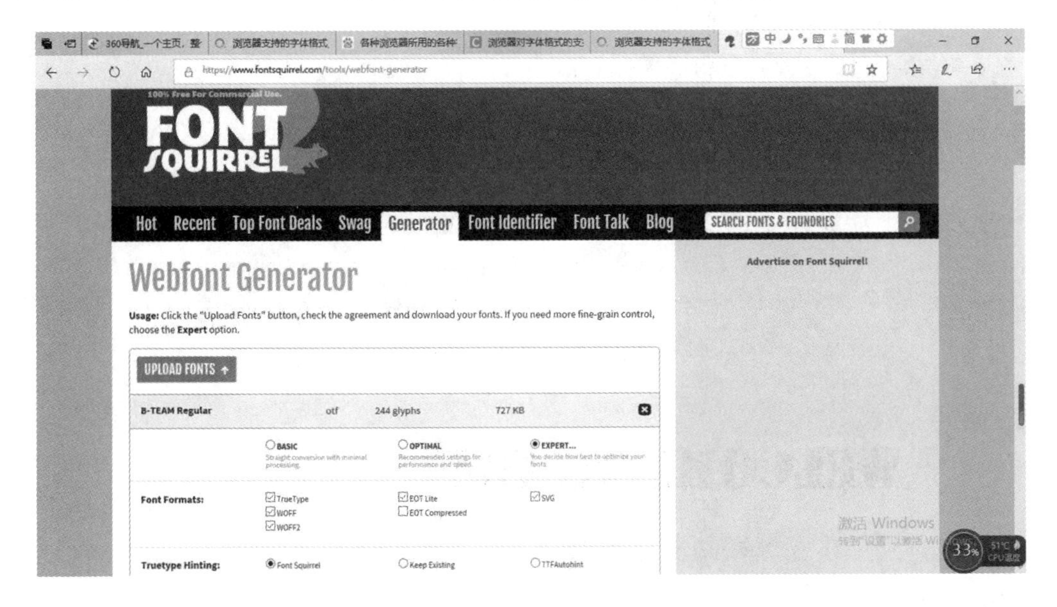

图 7-16 字体生成器页面(2)

(3)下载的字体加载到本地站点,创建字体样式。

在站点根目录下创建 fonts 文件夹,将下载的字体复制到此文件夹中,如图 7-17 所示。

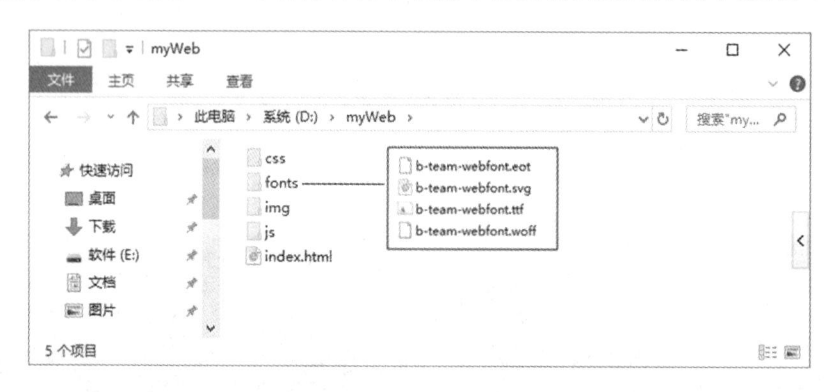

图 7-17　字体文件夹

在页面中设置字体样式,代码如下。

```
< style type= "text/css">
    @ font-face{
        font-family:bteamFont;
        src:url('fonts/b-team-webfont.ttf'),
        url('fonts/b-team-webfont.eot'),
        url('fonts/b-team-webfont.woff'),
        url('fonts/b-team-webfont.svg');
    }
    p{
        font-family:bteamFont;
        font-size: 36px;
    }
< /style>
```

(4)编写 HTML 代码,应用字体样式:

```
< body>
    < p> welcome to you! < /p>
< /body>
```

最终的样式效果如图 7-18 所示。

图 7-18　@font-face 应用效果

在这个例子中，我们使用@font-face 规则定义了一个名为“bteamFont”的字体，然后在<p>元素中使用 font-family 属性来引用 bteamFont 字体。通过这种方式，我们就可以使得所有用户的浏览器都能够显示相同的字体效果。

7.3.2 图标字体

以前在设计制作网页时比较纠结的一个问题就是图标图片不能很好地进行缩放，当图片放大时会失真（即变模糊），当图片缩小时又会浪费掉像素。而且加载每一张图片都需要一次 HTTP 请求，因此也拖延了整个页面的加载时间。现在，可以把网站中用到的各种图标使用图标字体（icon font）来实现。

图标字体是字体文件，用符号和字形的轮廓（像箭头、文件夹、放大镜等）代替标准的文字。目前有很多图标字体库，如 font Awesome、Foundation Icon Fonts、icomoon、阿里 Icon font 等，这里以 font Awesome 为例来讲解如何使用。

首先在浏览器地址栏中输入网址 https://www.bootcss.com/p/font-awesome/，下载 Font Awesome 3.0，图 7-19 所示为 Font Awesome 的下载页面。

图 7-19 Font Awesome 下载页面

下载解压缩后会看到 font 文件夹和 css 文件夹，font 文件夹里有我们需要的字体格式，css 文件夹里有图标字体样式。将 font 文件夹和 font-awesome.min.css 文件复制到站点中，在 HTML 文档的<head>中引入 font-awesome.min.css 文件，代码如下。

```
< link href= “css/font-awesome.min.css” rel= “stylesheet” type= “text/css”/>
```

在 HTML 文档的<body>中输入如下代码。

```
< i class= “icon-briefcase”> < /i> icon-briefcase
< i class= “icon-briefcase icon-large”> < /i> icon-briefcase
< i class= “icon-briefcase icon-2x”> < /i> icon-briefcase
< i class= “icon-briefcase icon-3x”> < /i> icon-briefcase
< i class= “icon-briefcase icon-4x”> < /i> icon-briefcase
< i class= “icon-briefcase icon-5x”> < /i> icon-briefcase
```

通过应用 icon-large（增大 33%）、icon-2x、icon-3x、icon-4x 或 icon-5x 样式让图标变得更大。最终效果如图 7-20 所示。

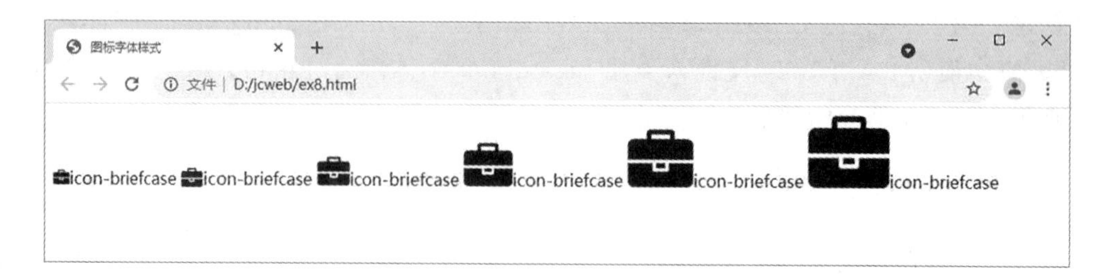

图 7-20 font-awesome 图标字体效果

示例 10：为搜索栏添加搜索图标。

实现步骤：

(1)添加搜索图标。

下面以创建圆角边框按钮为基础，在此按钮上添加搜索图标。这里采用 Font Awesome 图标字体库。将前面下载的 Font Awesome 字体文件夹和 font-awesome.min.css 文件复制到本项目中，并在文档的<head>内部链接此样式文件。

```
< link rel= "stylesheet" href= "css/font-awesome.min.css">
```

在<button>内部添加<i>标签，并且设置类名为 icon-search；搜索图标略小，可添加类 icon-large 来修改搜索图标的大小。

```
< button type= "submit" name= "search-btn" id= "search-btn">
< i class= "icon-search icon-large"> < /i>
< /button>
```

(2)修饰搜索图标。

CSS 代码如下：

```
# search-btn{
    background: # d5077f;
    width: 28px;
    height: 28px;
    border: solid 1px # bb0f73;
    border-top-right-radius: 4px;
    border-bottom-right-radius:4px;
    cursor: pointer;
    color:# fff;
    float: left;
}
```

最终样式效果如图 7-21 所示。

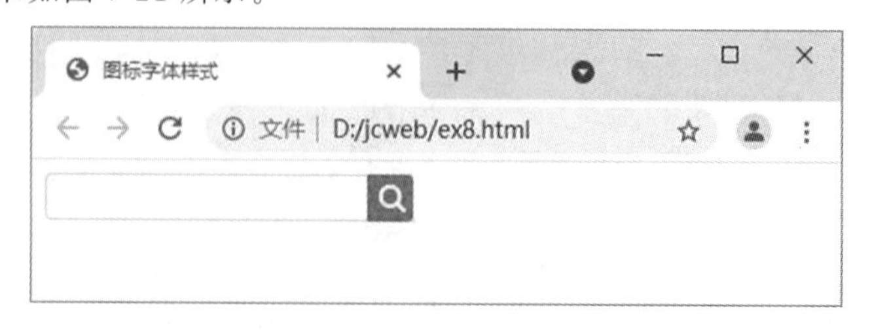

图 7-21 添加搜索图标字体后的效果

7.4 CSS3 的 2D 转换、过渡与动画

通过 CSS3，我们可以在不使用 Flash 动画或 JavaScript 脚本语言的情况下，当元素从一种样式变换为另一种样式时为元素添加效果，例如渐显、渐隐、速度的变化等。

7.4.1 CSS3 的 2D 转换

利用 CSS3 的 transform 属性可以实现文字或图像的旋转、缩放、倾斜和移动功能。其语法格式如下：

```
transform:transform-functions;
```

transform 属性常用方法如表 7-2 所示。

表 7-2 CSS 2D 转换方法

函数	描述
translate(x,y)	定义 2D 转换，沿着 X 和 Y 轴移动元素
translateX(n)	定义 2D 转换，沿着 X 轴移动元素
translateY(n)	定义 2D 转换，沿着 Y 轴移动元素
scale(x,y)	定义 2D 缩放转换，改变元素的宽度和高度
scaleX(n)	定义 2D 缩放转换，改变元素的宽度
scaleY(n)	定义 2D 缩放转换，改变元素的高度
rotate(angle)	定义 2D 旋转，在参数中规定角度
skew(x-angle,y-angle)	定义 2D 倾斜转换，沿着 X 和 Y 轴
skewX(angle)	定义 2D 倾斜转换，沿着 X 轴
skewY(angle)	定义 2D 倾斜转换，沿着 Y 轴

1. scale()方法

使用 CSS3 的 transform:scale(x,y)方法可以实现元素的缩放，其中：x 为水平方向缩放的倍数；y 为垂直方向缩放的倍数，若省略，同 x 取值；若 x 和 y 的取值是 0～1，则缩小元素；若 x 和 y 的取值>1，则放大元素。

示例 11：scale()方法应用示例。

```
< ! DOCTYPE html>
< html>
< head>
    < meta charset= "utf-8">
    < title> scale()方法应用示例< /title>
    < style type= "text/css">
        div{
            margin:100px;
            width:100px;
            height:75px;
```

```
            background-color:yellow;
            border:1px solid black;
        }
        /* 鼠标悬停在 div 元素上时,元素水平方向放大 2 倍、垂直方向放大 3 倍* /
        div:hover{transform: scale(2,3);}
    < /style>
< /head>
< body>
    < div> 你好! 这是一个 div 元素。< /div>
< /body>
< /html>
```

浏览效果如图 7-22 所示。

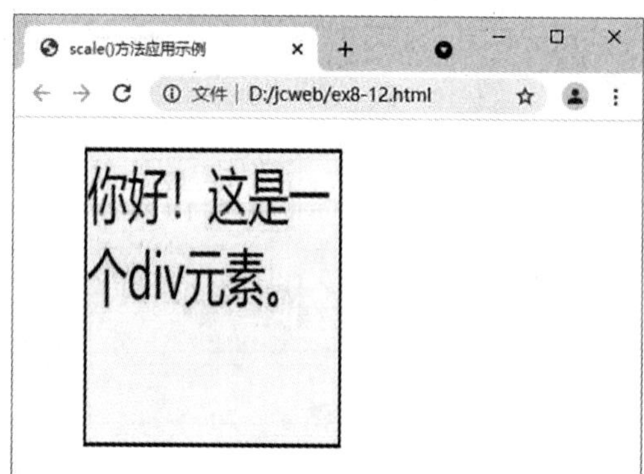

图 7-22　scale()方法应用效果

由图 7-22 可以看到,transform: scale(2,3);表示元素在 X 轴和 Y 轴两个方向上同时放大,X 轴方向放大为原来的 2 倍,Y 轴方向上放大为原来的 3 倍。

实际上 transform: scale(2,3);可以等价于以下代码:

```
transform:scaleX(2);
transform:scaleY(3);
```

2.rotate( )方法

使用 CSS3 的 transform:rotate(deg)方法可以将元素旋转指定的角度,deg 取值可以是正值,也可以是负值。如果是正值,则按顺时针旋转指定的角度;如果是负值,元素将逆时针旋转。

示例 12:rotate(deg)方法应用示例。

```
< ! DOCTYPE html>
< html>
< head>
    < meta charset= "utf-8">
    < title> rotate( )方法应用示例< /title>
    < style type= "text/css">
    div{
        width:100px;
        height: 75px;
```

```
            background-color: # ccc;
            border: 1px solid black; }
        # rotateDiv{
            transform:rotate(30deg);   /* div 元素顺时针方向旋转 30 度* /
        }
        < /style>
    < /head>
    < body>
        < div> Web 开发技术< /div>
        < div id= "rotateDiv"> Web 开发技术< /div>
    < /body>
    < /html>
```

浏览效果如图 7-23 所示。

图 7-23　rotate( )方法应用效果

7.4.2　CSS3 过渡

CSS3 过渡是指将元素的某个属性从"一个值"在指定的时间内过渡到"另一个值",使用 CSS3 的 transition 属性可以设置元素的过渡效果。transition 属性是一个简写属性,用于设置四个过渡属性:

- transition-property:规定应用过渡的 CSS 属性的名称。
- transition-duration:定义过渡效果花费的时间(以秒或毫秒计)。默认是 0,意味着没有效果。
- transition-timing-function:规定过渡效果的时间曲线。默认是"ease"。
- transition-delay:规定在过渡效果开始之前需要等待的时间(以秒或毫秒计)。默认值是 0。

使用 transition 属性设置过渡效果的语法格式如下:

```
transition:  transition-property  transition-duration  timing-function
transition-delay;
```

其中,transition-property 属性取值如下:

- none:没有属性会获得过渡效果。
- all:所有属性都将获得过渡效果。
- property:定义应用过渡效果的 CSS 属性名称,多个名称之间以逗号分隔。

transition-timing-function 属性取值如下:

- linear:指定以相同速度开始至结束的过渡效果(匀速)。
- ease:指定以慢速开始,然后变快,最后慢慢结束的过渡效果。
- ease-in:指定以慢速开始,然后逐渐加快的过渡效果。
- ease-out:指定以慢速结束的过渡效果。
- ease-in-out:指定以慢速开始和结束的过渡效果。

要将元素从一种样式逐渐改变为另一种的效果,必须规定两项内容:一是规定应用过渡的 CSS 属性的名称;二是规定效果的时长。

示例 13:transition 属性应用示例。

```
< ! DOCTYPE html>
< html>
< head>
< meta charset= "utf-8">
< title> transition 属性应用示例< /title>
< style type= "text/css">
div{
    height:30px;
    width: 120px;
    text-align: center;
    line-height: 30px;
    border-radius: 5px;
    color: # 000;
    background-color: silver;
    transition: all 1s linear; /* 所有属性都将获得过渡效果* /
}
/* 鼠标悬停在 div 元素上时,字体颜色及背景颜色发生变化* /
div:hover{
    color: # fff;
    background: # 45b823; }
< /style>
< /head>
< body>
< div> Web 开发技术< /div>
< /body>
< /html>
```

运行时,默认浏览效果如图 7-24(a)所示,当鼠标指针悬停到图 7-24(a)所示页面 div 区域时,背景色匀速地由灰色变为绿色,字体颜色匀速地由黑色变为白色,如图 7-24(b)所示。

(a)　　(b)

图 7-24　transition 属性应用效果

注意　凡是涉及 CSS3 过渡，我们都是结合“:hover”伪类选择器来实现过渡效果的，在这一章的学习中一定要记住这一点。

7.4.3　CSS3 动画

在 CSS3 中，转换与过渡只能将元素的某一个属性从一种状态变成另一种状态的变换过程，并不能对过程中的某一环节进行精确控制。通过 animation 属性，我们可以将元素的某一个属性从第 1 个属性值过渡到第 2 个属性值，然后还可以继续过渡到第 3 个属性值，等等。使用 animation 属性实现动画需要两步：①定义动画；②调用动画。

1. 定义动画

创建动画的原理是：在某个时间段将一组 CSS 样式逐渐变化为第二组样式，再逐渐变化为第三组、第四组样式等。

在 CSS3 中，使用@keyframes 规定某项 CSS 样式，就能创建由当前样式逐渐改为新样式的动画效果。使用@keyframes 规则的语法格式如下：

```
@ keyframes animationname{
    keyframes-selector{css_styles;}
}
```

说明：

• animationname：定义动画的名称。

• keyframes-selector：关键帧选择器，即指定当前关键帧要应用到整个动画过程中的位置，值可以是 0～100%、from 或者 to。其中：from 和 0%效果相同，表示动画的开始；to 和 100%效果相同，表示动画的结束。

• css_styles：定义执行到当前关键帧时对应的动画状态，由 CSS 样式属性进行定义，多个属性之间用分号隔开，不能为空。

例如，在一个动画中添加多个 keyframe 选择器，代码如下：

```
@ keyframes mymove
{
    0%    {top:0px; background-color:red; width:100px;}
    100% {top:200px; background-color:yellow; width:300px;}
}
```

等同于：

```
@ keyframes mymove
{
    from {top:0px; background-color:red; width:100px;}
```

```
        to{top:200px; background-color:yellow; width:300px;}
    }
```

再如，带有多个 CSS 样式的多个 keyframe 选择器，代码如下：

```
    @ keyframes mymove
    {
        0%   {top:0px; left:0px; background-color:red;}
        25%  {top:0px; left:100px; background-color:blue;}
        50%  {top:100px; left:100px; background-color:yellow;}
        75%  {top:100px; left:0px; background-color:green;}
        100% {top:0px; left:0px; background-color:red;}
    }
```

2. 调用动画

我们使用@keyframes 规则定义了动画以后，动画并不会自动执行。因此，我们还需要使用 animation 属性来调用动画，这样动画才会生效。animation 属性是一个简写属性，用于设置六个动画属性：

- animation-name：规定需要绑定到选择器的 keyframe 名称。
- animation-duration：规定完成动画所花费的时间，以秒或毫秒计。
- animation-timing-function：规定动画的速度曲线。默认是“ease”。
- animation-delay：定义动画开始前等待的时间（可选），以秒或毫秒计。默认值是 0。
- animation-iteration-count：规定动画被播放的次数。
- animation-direction：规定是否应该轮流反向播放动画。默认是“normal”。

使用 animation 属性调用动画的语法格式如下：

```
animation:name duration timing-function delay iteration-count direction;
```

其中，animation-iteration-count 属性取值如下：

- n：定义动画播放次数的数值，默认是 1。
- infinite：规定动画应该无限次播放。

animation-direction 属性取值如下：

- normal：默认值。动画应该正常播放。
- alternate：动画应该轮流反向播放。

如果 animation-direction 值是“alternate”，则动画会在奇数次数（1、3、5 等）正常播放，而在偶数次数（2、4、6 等）向后播放。值得注意的是，如果把动画设置为只播放一次，则该属性没有效果。

示例 14：创建动画应用示例。

```
    < ! DOCTYPE html>
    < html>
    < head>
        < meta charset= “utf-8”>
        < title> animation 属性应用示例< /title>
        < style type= “text/css”>
        div
        {
```

```
        width:100px;
        height:100px;
        background-color:red;
    }
    /* 定义动画* /
    @ keyframes mycolor
    {
        0%  {background:red;}
        30%  {background:yellow;}
        60%  {background:blue;}
        100%  {background:green;}
    }
    /* 调用动画* /
    div:hover{
        animation:mycolor 5s linear;
    }
< /style>
< /head>
< body>
    < div> < /div>
< /body>
< /html>
```

浏览效果如图 7-25 所示。

图 7-25　动画应用效果

本示例中当鼠标指针移到 div 元素上时，div 元素的背景颜色将发生从红到黄，从黄到蓝，从蓝到绿，最后再从绿回到红这样的一系列变化。

7.5 项目案例

7.5.1　设计制作 IT 人物涂鸦墙页面

设计制作效果如图 7-1 所示的 IT 人物涂鸦墙页面。

任务分析：在这个案例中将用到 CSS3 阴影、透明效果，以及 2D 旋转、缩放，让图片随意贴在墙上，当鼠标移动到图片上时，会自动放大并垂直摆放。

实现步骤：

(1)添加 IT 人物图片列表的内容。

我们用无序列表来制作人物图片列表，列表项中仅包含图片链接，代码如下：

```
< div class= "polaroids">
    < ul>
        < li> < a href= "# " title= "约翰·冯·诺依曼-计算机之父">
        < img alt= "John von Neumann" src= "img/itf.jpg" /> < /a>
        < /li>
        < li> < a href= "# " title= "史蒂夫·乔布斯-苹果创办人">
        < img alt= "SteveJobs" src= "img/itjobs.jpg" /> < /a>
        < /li>
        < li> < a href= "# " title= "阿兰·图灵-人工智能之父">
        < img alt= "Alan Mathison Turing" src= "img/ittl.jpg" /> < /a>
        < /li>
        < li> < a href= "# " title= "蒂姆·伯纳斯·李-万维网发明者">
        < img alt= "Tim Berners-Lee"  src= "img/itwww.jpg"  /> < /a>
        < /li>
        < li> < a href= "# " title= "李纳斯·托沃兹-Linux 之父">
        < img alt= "Linus Benedict Torvalds" src= "img/itlinux.jpg" /> < /a>
        < /li>
        < li> < a href= "# " title= "丹尼斯·里奇-C 语言之父">
        < img alt= "Dennis MacAlistair Ritchie" src= "img/itc.jpg" /> < /a>
        < /li>
        < li> < a href= "# " title= "詹姆士·戈士林-Java 技术之父">
        < img alt= "James Gosling" src= "img/itjava.jpg" /> < /a>
        < /li>
        < li> < a href= "# " title= "马克·安德森-浏览器之父">
        < img alt= "Marc Andreessen" src= "img/itbrowser.jpg" /> < /a>
        < /li>
    < /ul>
< /div>
```

(2)设置 CSS 样式。

设置整个人物图片列表的宽度为 1000px、自动居中。为了让每个列表项水平排列，将其转换为行内元素，代码如下。

```
.polaroids{
    width: 1000px;  /* 整个人物图片列表的宽度* /
    margin: 0 auto;
}
.polaroids ul li {
    display:inline;  /* 列表项显示方式为行内元素* /
}
```

修饰图片列表样式，每个图片的显示方式为块元素，图片宽度为 160px，为了使图片与超链接文本之间有一定的间隙，设置其下外边距为 12px：

```
ul img {display: block; margin-bottom: 12px; width: 160px;}
```

接下来设置链接样式，将链接标签<a>的“title”属性的内容加入链接图片的下面，并设置链接样式。

```
.polaroids ul a:after{
    content:attr(title); /* 链接标签< a> 的“title”属性的内容加入链接图片的下
面* /
}
.polaroids ul a {
    background-color: # fff;
    float:left;
    margin:0 0 30px30px;
    width: auto;
    padding: 10px10px 15px;
    text-align: center;
    font-family: “Marker Felt”, sans-serif; text-decoration: none;
    color: # 333;
    font-size: 14px;
    box-shadow: 0 3px 6pxrgba(0,0,0,.25); /* 为图片外框设置阴影效果* /
    transform:rotate(-2deg);   /* 图片逆时针旋转 2°* /
}
.polaroids ul li {
     padding-left: 0;
}
```

为偶列表设置不同的旋转角度，并设置当鼠标移动到图片上时，会自动放大并垂直摆放。

```
.polaroids ul li:nth-child(even) a {
    transform: rotate(2deg);   /* 图片顺时针旋转 2°* /
}
.polaroids ul li a:hover {
transform: scale(1.25);   /* 放大对象* /
box-shadow: 0 3px 6pxrgba(0,0,0,.5);
position: relative; z-index: 5; }
```

浏览效果如图 7-1 所示。

在默认状态下，图片被随意显示在墙面上，鼠标经过图片时，图片会竖直摆放，并被放大显示。

7.5.2 设计制作折叠面板页面

设计制作效果如图 7-2 所示的折叠面板页面。

任务分析：此案例是传统美食菜系列表，默认情况下每个列表项只显示列表标题，鼠标悬停到每个列表标题上时，显示相应的内容介绍。使用无序列表制作，每个列表项包含一个

<h3>标签和一个<div>标签，分别放置标题和内容，使用CSS的过渡属性实现显示隐藏效果。

实现步骤：

(1)添加折叠面板列表内容。

我们用无序列表创建菜系列表，列表项中包含标题和内容，代码如下：

```
< div class= "ver">
< ul>
    < li>                    < ! --第 1 个列表项-->
    < h3> 苏菜< /h3>         < ! --列表标题-->
    < div>                   < ! --列表内容-->
    < p> 江苏菜，中国传统八大菜系之一，简称苏菜。由于苏菜和浙菜相近，因此和浙菜统称江浙菜系。主要以金陵菜、淮扬菜、苏锡菜、徐海菜等地方菜组成。江苏菜起源于二千多年前，其中金陵菜起源于先秦时期，当时吴人善制炙鱼、蒸鱼和鱼片，一千多年前，鸭已为南京美食。南宋时，苏菜和浙菜同为“南食”的两大台柱。< /p>
    < p> 苏菜擅长炖、焖、蒸、炒，重视调汤，保持菜的原汁，风味清鲜，浓而不腻，淡而不薄，酥松脱骨而不失其形，滑嫩爽脆而不失其味。< /p>
    < /div>
    < /li>
    ……省略 2 个列表项
    < li>                    < ! --第 4 个列表项-->
    < h3> 川菜< /h3>         < ! --列表标题-->
    < div>                   < ! --列表内容-->
< p> 川菜是中国汉族传统的四大菜系之一、中国八大菜系之一、中华料理集大成者。< /p>
< p> 川菜三派的划分，是在已有定论的上河帮、小河帮、下河帮的基础上，规范化完整表述为：上河帮川菜即以川西成都、乐山为中心地区的蓉派川菜；小河帮川菜即以川南自贡为中心的盐帮菜，同时包括宜宾菜、泸州菜和内江菜；下河帮川菜即以达州菜、重庆菜、万州菜为代表的江湖菜。三者共同组成川菜三大主流地方风味流派分支菜系，代表川菜发展最高艺术水平。2017 年 9 月 28 日，中国烹饪协会授予四川眉山市“川厨之乡”的称号，眉山菜成为川菜的代表。< /p>
< /div>
< /li>
< /ul>
< /div>
```

(2)设置CSS样式。

设置每个列表项li的高度为40px，只显示列表标题，隐藏列表内容。当鼠标悬停在列表标题上时设置列表项li的高度为340px，通过过渡属性改变li高度来显示列表内容。CSS代码如下：

```
* {
    padding: 0;
    margin: 0;}
a{
    text-decoration: none;}
ul{
```

```
    list-style: none; }
.ver{
    width: 500px;   /* 设置折叠面板的宽度* /
    background-color:# ccc; }
ul li{
    height: 40px;
    overflow: hidden; }
h3{font-size:19px;
    border: 1px solid # dfdfdf;
    background-color:# 999;
    padding: 10px; }
.ver div{height: 320px;
    padding: 10px; }
ul li:first{
    height: 340px; }
ul li{
    transition: height 1s linear; }
ul li h3{transition: all 1s linear; }
li:hover {
    height: 340px;
}
h3:hover{color:# fff;
    background-color:# 000; }
```

浏览效果如图 7-2 所示。

项目总结

本项目主要学习了 CSS3 的圆角边框、阴影边框、图片边框、文本阴影及文本溢出属性的使用方法，学习了@font-face 规则及图标字体的使用方法及 CSS3 2D 转换、过渡与动画属性的使用方法。

通过本项目学习，应掌握这些属性的原理及使用技巧，实现页面文字、图片炫酷动态效果，从而达到美化页面的目的。

课后习题

一、填空题

1. 使用 CSS3 的________属性可以为元素设置圆角边框效果，使用________属性可以为矩形框添加阴影效果，使用________属性可以为文本添加阴影效果。

2. 使用 CSS3 的 transform 属性的________方法可以将元素旋转指定的角度。

3. 使用 CSS3 的________属性可以设置元素的过渡效果。

二、选择题

1. 使用下列 CSS3 的(　　)属性可以设置边框图像。

A. border:url(image. png);

B. border-variable:image url(image. png);

C. border-image:url(border. png) 30 30 round;

D. 都不是

2. 使用下列 CSS3 的(　　)属性可以为矩形框添加阴影。

A. box-shadow:10px 10px 5px grey;

B. shadow-right:10px shadow-bottom: 0px;

C. shadow-color:grey;

D. alpha-effect[shadow]:10px 10px 5px grey;

3. 按顺序排列,border-radius 的四个值是(　　)。

A. 上,下,左,右　　B. 上,下,前,后

C. 左上,右上,右下,左下　　D. 左下,右下,右上,左上

4. 使用下列 CSS3 的(　　)属性可以创建圆角边框。

A. border[round]: 30px;　　B. corner-effect: round;

C. border-radius: 30px;　　D. alpha-effect: round-corner;

5. 使用下列 CSS3 的(　　)属性可以给文本添加阴影。

A. font: shadowed 5px 5px 5px grey;　　B. font-shadow: 5px 5px 5px grey;

C. text-shadow: 5px 5px 5px grey;　　D. shadow: text 5px 5px 5px grey;

三、操作题

1. 仿照"垂直导航条"实现步骤,制作并美化垂直导航条,浏览效果如图 7-26 所示。

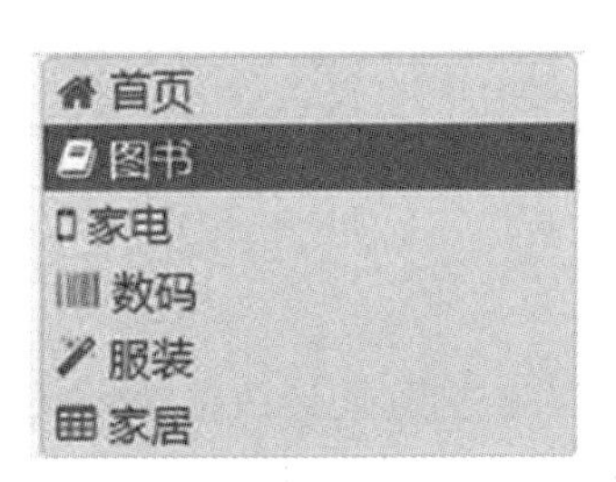

图 7-26　导航条效果

项目 7 实验　使用 CSS3 美化页面

一、实验目的

(1)掌握 CSS3 文本阴影的设置方法;

(2)掌握 CSS3 圆角边框的设置方法;

(3)能够利用图标字体美化页面;

(4)探索一种效果的多种实现方法。

二、实验内容及步骤

1. 在站点文件夹 MySite 中打开项目 6 实验制作的 index. html 文件,使用 CSS3 样式美化此页面。要求:

(1)将中华名山图片列表设置成类似纸质的卡片效果。

提示:在产品图片列表样式中添加如下样式:

```
articleul li{
    box-shadow: 0 4px 8px 0rgba(0, 0, 0, 0.2), 0 6px 20px 0 rgba(0, 0, 0, 0.19);
    border:1px solid # ccc;
    border-radius:8px;     /* 圆角半径为 8px* /
}
```

每个图片添加如下样式：

```
articleimg{
    border-top-right-radius: 8px;
    border-top-left-radius: 8px;}
```

(2)在百科专题下方的图片上添加文字，并且该文字有阴影效果。

提示：首先添加需要显示的文字。为了更好地控制文本信息，使用<span>标签完成。代码如下：

```
< div class= “aside-top”>
    < h3> 百科专题< /h3>
    < img src= “img/t1.jpg” alt= “”>
    < span class= “aside-top-title”> 立< br> 春< /span>
< /div>
```

为了让文本信息显示在图片上面，需要设置其位置为 position: absolute;再利用 left 和 top 属性控制其位置，利用 text-shadow 属性设置文本的阴影效果，CSS 代码如下。

```
.aside-top{
    position:relative;}
.aside-top-title{
    position: absolute;
    right:60px;
    top:60px;
    font-size: 36px;
    font-weight: bold;
    text-shadow: 1px 2px 3pxrgba(0,0,0,0.5);
    color:# fff;}
```

(3)将百科专题下方的图片设置成椭圆形。

提示：

```
.aside-topimg{
    border-radius:100px ;
    margin: 8px 0px;}
```

(4)每个新闻列表项目前面添加图标字体标签<i class=“icon-book”></i>。

(5)最终浏览效果如图 7-27 所示。

2. 利用 CSS3 的 transition 属性制作如图 7-28 和图 7-29 所示的鼠标移入图片文字层向上滑动、移出图片文字层向下滑动的页面效果。

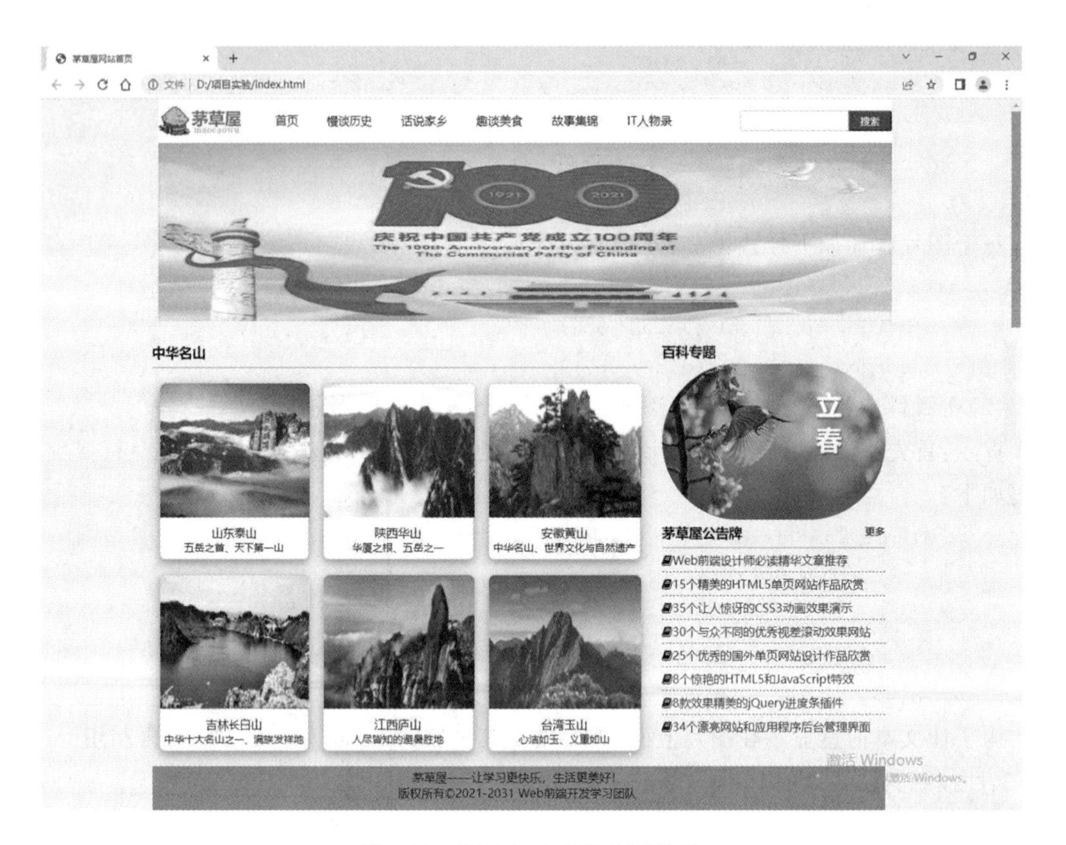

图 7-27　使用 CSS3 美化页面效果

图 7-28　正常浏览效果

图 7-29　鼠标移入图片上文字层向上滑动效果

参考代码如下：

```
< ! DOCTYPE html>
< html>
< head>
    < meta charset= "utf-8">
    < title> transition 属性效果 < /title>
    < style>
    # container{width: 900px;}
    .wrap{float: left;
    margin: 8px;
    width: 284px;height: 190px;
    position: relative;
    overflow: hidden;}
    .text{width:268px;height: 190px;
        position: absolute;
        top: 130px;
        padding: 8px;
        background-color:rgb(0,0,0,0.4);
        color:# fff;
        transition: all 1s linear;}
    .wrapimg{width: 100% ;
        height: 100% ;}
    .wrap:hover .text{top:0;}
    p{font-size: 14px;}
< /style>
< /head>
< body>
    < div id= "container">
    < div class= "wrap">
        < img src= "img/huangshan2.jpg">
        < div class= "text">
        < h4> 安徽黄山< /h4>
        < p> 黄山集名山之长:泰山之雄伟,华山之险峻,衡山之烟云,庐山之飞瀑,雁荡山之巧
石,峨眉山之清凉。< /p>
        < /div>
    < /div>
    < div class= "wrap">
    < img src= "img/lushan.jpg"_>
    < div class= "text">
    < h4> 江西庐山< /h4>
    < p> 山上云雾缭绕,到处是奇花异草和珍稀树木。名胜有五老峰、三叠泉、庐山植物园、仙
人洞、白鹿洞书院、庐山瀑布、观音桥、天下第一泉、抗战纪念馆等。有"匡庐奇秀甲天下"的古论,亦有
"中华文明发源地之一"的今论。< /p>
```

```
< /div>
< /div>
< div class= “wrap”>
< img src= “img/yandangshan.png”_>
< div class= “text”>
< h4> 浙江雁荡山< /h4>
< p> 以奇峰怪石、古洞石室、飞瀑流泉称胜。其中,灵峰、灵岩、大龙湫三个景区被称为“雁荡三绝”。特别是灵峰夜景,灵岩飞渡堪称中国一绝。因山顶有湖,芦苇茂密,结草为荡,南归秋雁多宿于此,故名雁荡。< /p>
< /div>
< /div>
< /div>
< /body>
< /html>
```

三、实验小结及思考

(由学生填写,重点写上机中遇到的问题。)

项目8

使用JavaScript和jQuery实现动态效果

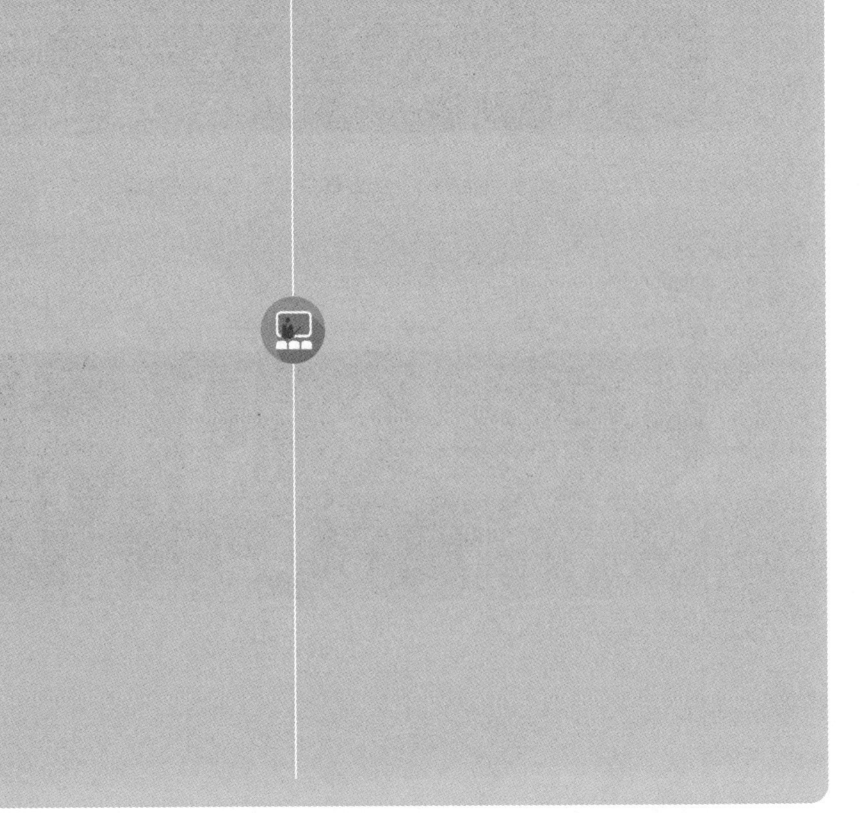

在 Web 前端开发中,HTML、CSS 和 JavaScript 是开发网页所必备的技术。在掌握了 HTML 和 CSS 技术之后,已经能够编写出各式各样的网页了,但若想让网页具有良好的交互性,JavaScript 是一个极佳的选择。

本项目学习 JavaScript 编程基础,jQuery 常用动态效果的制作方法。

学习目标

- 掌握 JavaScript 基本语法;
- 掌握流程控制语句、数组及函数的使用;
- 掌握文档节点的操作方法;
- 掌握 jQuery 的语法、jQuery 选择器;
- 掌握 jQuery 的常用事件和动画效果;
- 会使用 jQuery 编写常用动态效果。

项目案例

通过本项目学习,实现如图 8-1、图 8-2、图 8-3 所示的页面动态效果。

图 8-1　搜索框中显示/隐藏关键词

图 8-2　图片的轮播效果

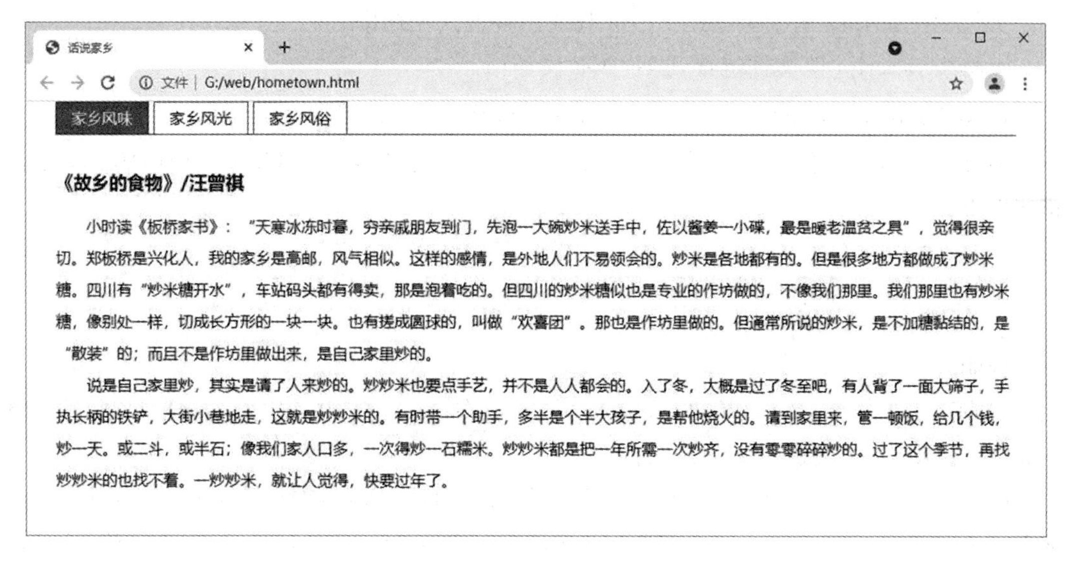

图 8-3　选项卡切换效果

8.1 初识 JavaScript

8.1.1　什么是 JavaScript

JavaScript 是 Web 页面中的一种脚本编程语言，也是一种通用的、跨平台的、基于对象和事件驱动并具有安全性的脚本语言。

JavaScript 的主要特点如下：

（1）JavaScript 是一种脚本语言。

JavaScript 的基本结构形式与 C、C++、VB、Delphi 十分相似。但它不像这些语言一样，需要先编译，它不需要进行编译，而是在程序运行过程中被逐行解释。它具有简单、易学、易用的特点，缺点是执行效率不如编译型的语言快。

（2）JavaScript 可以跨平台。

JavaScript 依赖于浏览器本身，与操作系统环境无关，只要操作系统能运行浏览器并且浏览器支持 JavaScript，就可以正确执行。

（3）JavaScript 支持面向对象。

JavaScript 是一种基于对象的语言，这意味着它能运用自己创建的对象。因此，许多功能可以来自脚本环境中对象的方法与脚本的相互作用。

面向对象是软件开发中的一种重要的编程思想，其优点非常多。例如，基于面向对象思想诞生了许多优秀的库和框架，可以使 JavaScript 开发变得快捷和高效，降低了开发成本。近几年，Web 前端开发技术日益受到重视，除了经典的 JavaScript 库 jQuery，又诞生了 Bootstrap、AngularJS、Vue.js、Backbone.js、React、webpack 等框架和工具。

8.1.2　JavaScript 引入方式

在 HTML 文档中引入 JavaScript 代码有两种方式。

• 使用<script>标签将 JavaScript 代码直接嵌入文档中。

• 将 JavaScript 源文件链接到 HTML 文档中。

1. 使用 JavaScript 的<script></script>标签

通常，JavaScript 代码是使用<script></script>标签嵌入 HTML 文档中的。其语法格式如下：

```
< script type= "text/javascript">
    //此处为 JavaScript 代码
< /script>
```

说明：

(1)通常，我们将<script></script>标签放在<head>和</head>之间，也可以将其放在<body>和</body>之间。

(2)一个文档中可以嵌入多个脚本，只要将每个脚本都封装在<script></script>标签中。浏览器在遇到<script>标签时，将逐行读取内容，直到</script>结束标记。然后，浏览器将检查 JavaScript 语句的语法。如有任何错误，就会在警告框中显示；如果没有错误，则浏览器将编译并执行语句。

示例 1：本示例演示如何在 HTML 文档中使用 JavaScript。

```
< ! DOCTYPE html>
< html>
< head>
    < meta charset= "utf-8">
    < title> 使用内嵌式引用 JavaScript< /title>
    < script type= "text/javascript">
        document.write("让我们一起开始学习 JavaScript 吧!");
    < /script>
< /head>
< body>
< /body>
< /html>
```

运行代码，结果如图 8-4 所示。

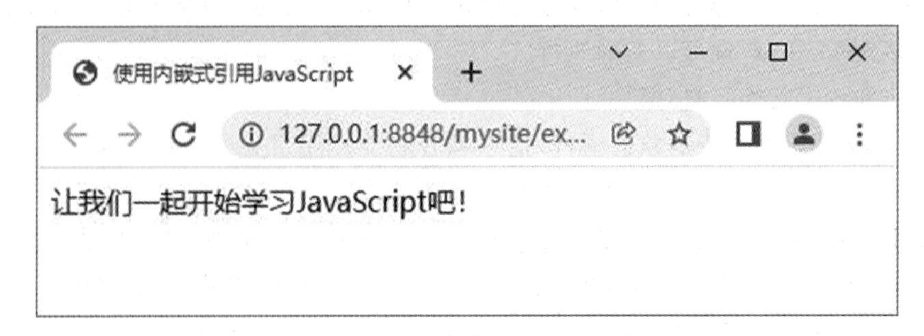

图 8-4 代码内嵌式运行效果

注意 document.write()方法用于在 HTML 文档页面中输出内容。

2. 使用外部 JavaScript 文件

当脚本代码比较复杂或者同一段代码需要被多个网页文档使用时，可以将这些脚本代码放置在一个扩展名为.js 的文件中，然后使用<script>标签的“src”属性引入该文件，其语法格式如下。

```
< script type= “text/javascript” src= “js 文件的路径”> < /script>
```

示例 2：本示例演示如何在 HTML 文档中使用外链式 JavaScript。

```
< ! DOCTYPE html>
< html>
    < head>
        < meta charset= “utf-8”>
        < title> 使用外链式引用 JavaScript< /title>
        < script type= “text/javascript” src= “js/hello.js” > < /script>
    < /head>
    < body>
        < p> 这里使用外链式引用 JavaScript< /p>
    < /body>
< /html>
```

其中，hello.js 文件的内部代码如下：

```
document.write(“让我们一起开始学习 JavaScript 吧!”);
```

运行浏览页面，效果如图 8-5 所示。

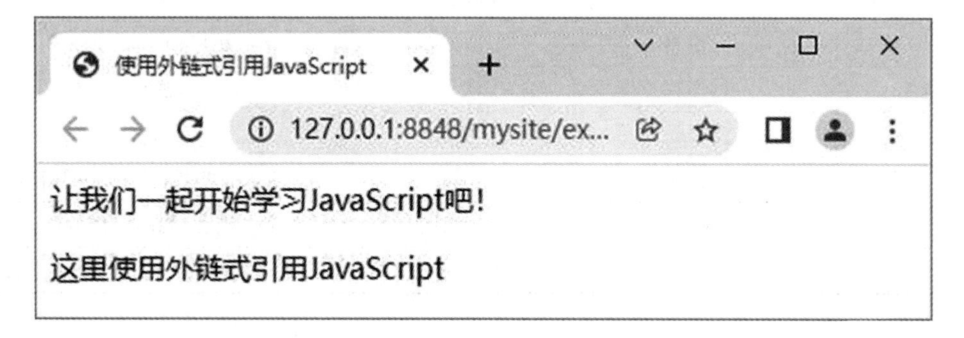

图 8-5 外链式运行效果

8.2 JavaScript 语言基础

JavaScript 是一种弱类型语言，也就是说，在声明变量时，不需要明确指定变量的类型，变量的类型由赋给变量的值决定。但是，JavaScript 也有自身的数据类型、表达式和运算符等。下面将对 JavaScript 的变量定义、数据类型、运算符等基本语法进行讲解。

8.2.1 数据类型与变量

JavaScript 支持的数据类型分为两大类：基本数据类型和复合数据类型。其中基本数据类型包括数值型(Number)、字符串类型(String)、布尔型(Boolean)、空型(Null)、未定义型(Undefined)，复合数据类型包括对象(Object)。

1. 基本数据类型

JavaScript 提供了如下常用的 5 种基本数据类型。

1)数值型

数值型(Number)是最基本的数据类型。与其他程序语言不同的是,JavaScript 中的数值型并不区分整数和浮点数,所有的数字都是数值型。在使用时还可以添加"-"符号表示负数,添加"+"符号表示正数(通常情况下省略"+"),或者设置 NaN 表示非数值。

2)字符串类型

字符串类型(String)是由 Unicode 字符、数字、标点符号等组成的序列,它是 JavaScript 用来表示文本的数据类型。程序中字符型数据包含在单引号('')或双引号("")中,例如:

```
var x1= 'Hello'; //单引号括起来的字符序列
var x2= "Hello"; //双引号括起来的字符序列
var color= '"# f00" is red'; //单引号定界的字符串中可以包含双引号
var food= "'pizza' be called Pie"; //双引号定界的字符串中可以包含单引号
```

由上可知,由单引号定界的字符串中可以包含双引号,由双引号定界的字符串中也可以包含单引号。但是如果要在单引号中使用单引号,或在双引号中使用双引号,则需要使用转义符"\"对其进行转义。除此之外,在字符串中使用换行、Tab 等特殊符号时,也需要利用转义符"\"转义。JavaScript 常用的转义字符如表 8-1 所示。

表 8-1　JavaScript 常用的转义字符

特殊字符	含义	特殊字符	含义
\b	退格	\v	跳格(Tab、垂直)
\n	回车换行	\r	换行
\t	跳格(Tab、水平)	\\	反斜杠
\f	换页	\ooo	八进制整数,范围 000～777
\'	单引号	\xHH	十六进制整数,范围 00～ff
\"	双引号	\uhhhh	十六进制编码的 Unicode 字符

3)布尔型

布尔型(Boolean)通常用于逻辑判断。它只有 true 和 false 两个值,表示事物的"真"和"假"。例如:

```
var flag1= true;  //为变量 flag1 赋一个布尔类型的值 true
var flag2= false; //为变量 flag2 赋一个布尔类型的值 false
```

需要注意的是,JavaScript 中严格区分大小写,因此 true 和 false 值只有全部为小写时才表示布尔型。

4)空值

空型(Null)只有一个特殊的值 null,用于表示一个不存在的或无效的对象或地址。由于 JavaScript 是严格区分大小写的,因此变量的值只有是小写的 null 时才表示空型(Null)。

5)未定义型

未定义型(Undefined)也只有一个特殊的值 undefined,用于表示声明的变量未赋值时,变量的默认值为 undefined。与 null 不同的是,undefined 表示没有为变量设置值,而 null 则表示变量(对象或地址)不存在或无效。需要注意的是,null 和 undefined 与空字符串('')和 0 都不相等。

2.变量

在程序运行期间,随时可能产生一些临时数据,应用程序会将这些数据保存在一些内存单元中。变量是指程序中一个已经命名的存储单元,它的作用就是为数据操作提供存放信息的容器。在 JavaScript 中,变量使用关键字 var 来声明,其语法格式如下:

```
var 变量名;
```

在声明变量的同时也可以为变量进行赋值,例如:

```
var userId;  //只声明变量并没有赋值
var username= '刘梅'; //声明了一个字符串类型的变量并赋值
var bookname= 'Java 程序设计',bookPrice= 25.5;
//同时声明多个变量,各变量之间用逗号隔开
```

如果只是声明了变量,并未对其赋值,则其默认值为 undefined。

8.2.2 运算符与表达式

1.运算符

运算符也称为操作符。JavaScript 常用的运算符有算术运算符、比较运算符、逻辑运算符、赋值运算符、字符串运算符和条件运算符。下面分别进行讲解。

1)算术运算符

算术运算符可以进行加、减、乘、除和其他数学运算,如表 8-2 所示。

表 8-2 常用的算术运算符

运算符	描述	运算符	描述
+	加法运算符	%	取模(余数)
-	减法运算符	++	自增运算符
*	乘法运算符	--	自减运算符
/	除法运算符		

说明:自增运算符"++"有两种不同取值顺序的运算,x++是先取值,后自增,++x 是先自增,后取值;自减运算符"--"与此相似。

示例 3:算术运算符应用示例。

```
< script type= "text/javascript">
    var x= 34,y= 25;
    document.write("x= ",x," y= ",y,"< br> ");
    document.write("x+ y= ",x+ y,"< br> ");
    document.write("x/y= ",x/y,"< br> ");
    document.write("x% y= ",x% y,"< br> ");
    document.write("x+ + = ",x+ + ,"< br> ");
    document.write("+ + x= ",+ + x,"< br> ");
    document.write("x--= ",x--,"< br> ");
    document.write("--x= ",--x);
< /script>
```

运行代码,浏览结果如图 8-6 所示。

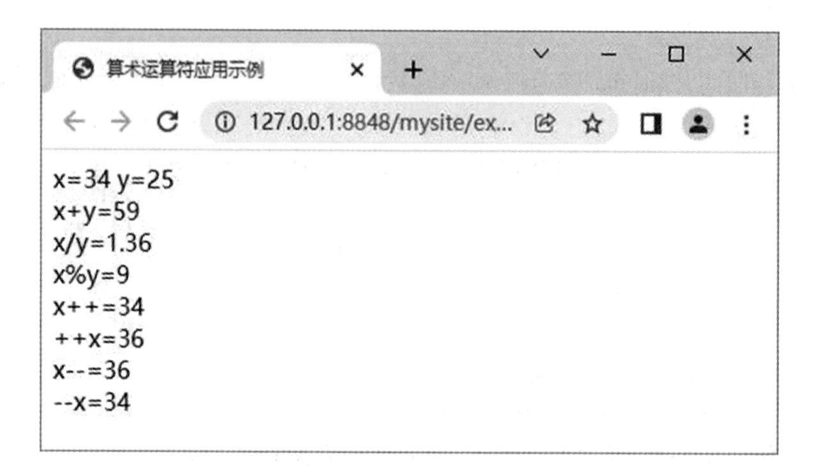

图 8-6　算术运算符应用示例

2)比较运算符

比较运算符用于对两个数值或变量进行比较，其结果是一个布尔值，即 true 或 false。常用的比较运算符如表 8-3 所示。

表 8-3　常用的比较运算符

运算符	描述	运算符	描述
==	等于	>	大于
===	绝对等于(值和类型均相等)	<	小于
!=	不等于	>=	大于等于
!==	不绝对等于(值和类型有一个不相等，或两个都不相等)	<=	小于等于

示例 4：比较运算符应用示例。

```
< script type= “text/javascript”>
    var x= 5;
    document.write(“x= = 8 ”,x= = 8,“< br> ”);
    document.write('x= = = “5” ',x= = = “5”,“< br> ”);
    document.write(“x! = 8 ”,x! = 8,“< br> ”);
    document.write('x! = = “5” ',x! = = “5”);
< /script>
```

运行代码，浏览结果如图 8-7 所示。

3)逻辑运算符

逻辑运算符用于测定变量或值之间的逻辑关系。常用的逻辑运算符如表 8-4 所示。

表 8-4　常用的逻辑运算符

运算符	描述
&&	逻辑与，只有当两个操作数 a、b 的值都为 true 时，a&&b 的值才为 true；否则为 false
||	逻辑或，只有当两个操作数 a、b 的值都为 false 时，a||b 的值才为 false；否则为 true
!	逻辑非，! true 的值为 false，而! false 的值为 true

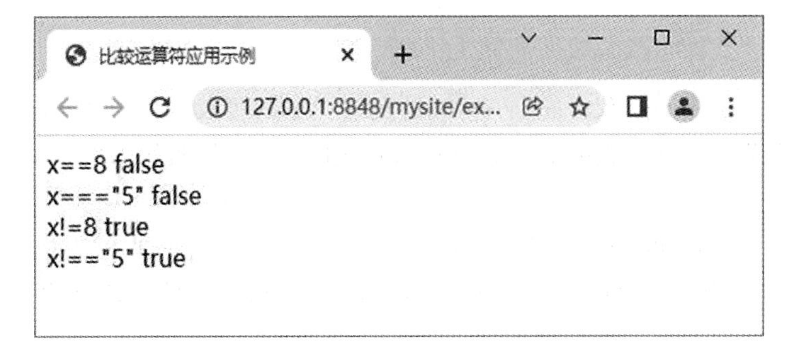

图 8-7 比较运算符应用示例

4)赋值运算符

赋值运算符用于为 JavaScript 变量赋值。常用的赋值运算符及示例如表 8-5 所示。

表 8-5 赋值运算符及示例

运算符	示例(x=10,y=5)	等同于	运算结果
=	x=y		x=5
+=	x+=y	x=x+y	x=15
-=	x-=y	x=x-y	x=5
*=	x*=y	x=x*y	x=50
/=	x/=y	x=x/y	x=2
%=	x%=y	x=x%y	x=0

5)字符串运算符

JavaScript 中,“+”操作的两个数据中只要有一个是字符型,则“+”就表示字符串运算符,用于返回两个数据拼接后的字符串。例如:

```
var color= 'blue';
var str= 'The sky is'+ color;
var tel= 110+ '120';
```

6)条件运算符

JavaScript 还包含了基于某些条件对变量进行赋值的条件运算符。其语法格式如下。

```
条件表达式? 表达式 1:表达式 2
```

说明:在上述语法格式中,先求条件表达式的值,如果为 true,则返回表达式 1 的执行结果;如果条件表达式的值为 false,则返回表达式 2 的执行结果。例如:

```
var age= prompt('请输入需要判断的年龄:');
var status= age> = 18? '已成年':'未成年';
document.write(status);
```

如果变量 age 中的值大于等于 18,则变量 status 值为“已成年”,否则赋值“未成年”。

2. 表达式

表达式是运算符和操作数的组合,表达式是以运算符为基础的,表达式可以分为算术表达式、字符串表达式、赋值表达式以及布尔表达式等。

8.2.3 注释

注释用于对 JavaScript 代码进行解释，以提高程序的可读性。调用 JavaScript 程序时，还可以使用注释阻止代码块的执行。JavaScript 中的注释分为两种：

1)单行注释

单行注释以//开始，以行末结束，例如：

```
alert("密码错误，请重新输入!");   //在页面上弹出提示密码错误的警示框
```

2)多行注释

多行注释以/*开始，以*/结束，例如：

```
/* 使用 while 循环和 document 对象的 write 方法
输出 10 以内的奇数* /
var flag= 1;
while(flag< = 10){
document.write(flag);
flag=  flag+ 2;}
```

8.3 JavaScript 流程控制语句

JavaScript 中有三大流程控制语句，分别为顺序结构、选择结构和循环结构。顺序结构比较简单，前面的示例都是顺序结构的程序。下面主要讲解选择结构和循环结构。

8.3.1 选择结构

选择结构语句需要根据给出的条件进行判断，来决定执行对应的代码。常用的选择结构语句有单分支 if、双分支(if...else)和多分支语句共 3 种。

1.单分支结构

if 语句是最基本、最常用的分支结构语句，if 语句的单分支结构语法格式如下：

```
if(条件表达式)
{
    代码段
}
```

说明：在上述语法中，条件表达式是一个布尔值，当该值为 true 时，执行“{}”中的代码段，否则不进行任何处理。其中，当代码段中只有一条语句时，“{}”可以省略。

2.双分支结构

使用 if...else 语句，其语法格式如下：

```
if(条件表达式)
{
    代码段 1
}else{
    代码段 2
}
```

说明：在上述语法中，当条件表达式的值为 true 时，执行代码段 1，当条件表达式的值为 false 时，执行代码段 2。

3. 多分支结构

可以使用 if...else if...else 语句实现，也可以使用 switch 语句。

1)if...else if...else 语句

使用 if...else if...else 语句来选择多个代码块之一来执行。语法格式如下：

```
if(条件表达式 1){
    代码段 1
}else if(条件表达式 2){
    代码段 2
}
...
else{
    代码段 n+ 1
}
```

说明：在上述语法中，当条件表达式 1 的值为 true 时，则执行代码段 1；否则继续判断条件表达式 2，若为 true 时，则执行代码段 2，依次类推；若所有条件表达式的值都为 false 时，则执行代码段 n+1。

需要注意的是，在使用 if...else if...else 语句时，else if 中间要有空格，否则程序会报语法错误。

示例 5：编写程序对学生的考试成绩进行等级划分，分数在 90～100 之间为优秀(90≤分数≤100)，在 80～90 之间为良好(80≤分数<90)，在 70～80 之间为中等(70≤分数<80)，在 60～70 之间为及格(60≤分数<70)，小于 60 分则为不及格。

```
< script type= “text/javascript”>
    var score= prompt();
    if(score> = 90&&score< = 100)
    alert(“优秀”);
    else if(score> = 80&&score< 90)
        alert(“良好”);
    else if(score> = 70&&score< 80)
        alert(“中等”);
    else if(score> = 60&&score< 70)
        alert(“及格”);
    else
        alert(“不及格”);
    < /script>
```

2)switch 语句

使用 switch 语句的语法格式如下：

```
switch(表达式){
    case 值 1:代码块 1 break;
    case 值 2:代码块 2 break;
```

```
    ...
    default:代码块 n
}
```

说明:在上述语法中,首先计算表达式的值;然后将获得的值与 case 中的值依次比较,若相等,则执行 case 后的对应代码段;最后,当遇到 break 语句时,跳出 switch 语句。其中,若没有匹配的值,则执行 default 中的代码段,它是可选值,开发中应根据实际情况选择是否设置 default。

示例 6:使用 switch 语句完成示例 5。

```
< script type= "text/javascript">
    var score= prompt();
    switch(parseInt(score/10)){
      case 10:alert("优秀");break;
      case 9:alert("优秀");break;
      case 8:alert("良好");break;
      case 7:alert("中等");break;
      case 6:alert("及格");break;
      default:alert("不及格");break;
    }
< /script>
```

8.3.2 循环结构

所谓循环语句就是实现一段代码的重复执行,JavaScript 提供的循环语句有 for、while 和 do…while 等多种格式。

1. while 循环

while 循环是最基本的循环语句,其语法格式如下:

```
while(循环条件){
    循环体语句
}
```

说明:在上述语法中,"{}"中的语句称为循环体,当循环条件为 true 时,则执行循环体,直到循环条件为 false 时,整个循环过程才会结束。

示例 7:使用 while 循环计算 1~100 之间的奇数之和。

```
< script type= "text/javascript">
    var i= 1,sum= 0;
    while(i< = 100){
        sum= sum+ i;
        i= i+ 2;
    }
    document.write("1+ 3+ 5+ 7+ ...= "+ sum);
< /script>
```

运行代码,浏览结果如图 8-8 所示。

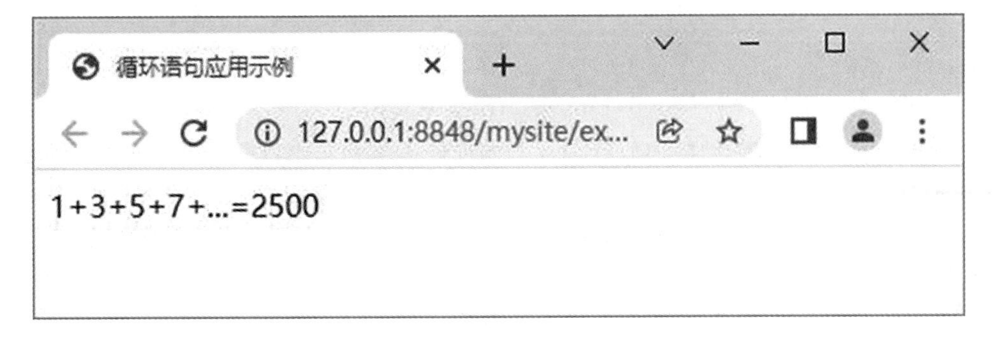

图 8-8 循环语句应用示例

2.do…while 循环

do…while 循环是 while 循环的变体。该循环会在检查循环条件是否为真之前执行一次循环体语句，然后如果循环条件为 true 时，就重复这个循环，直到循环条件为 false 时退出循环体。其语法格式如下：

```
do{
  循环体语句
}while(循环条件);
```

示例 8：使用 do…while 循环计算 1～100 之间的奇数之和。

```
< script type= "text/javascript">
    var i= 1,sum= 0;
    do{
        sum= sum+ i;
        i= i+ 2;
    }while(i< = 100);
    document.write("1+ 3+ 5+ 7+ ...= "+ sum);
< /script>
```

3.for 循环

for 循环是最常用的循环语句，它适合循环次数已知的情况。for 循环的语法格式如下：

```
for(表达式 1;表达式 2;表达式 3){
  循环体语句
}
```

说明：在上述语法中，先执行“表达式 1”，完成初始化；然后判断“表达式 2”的值是否为 true，如果为 true，则执行“循环体语句”，否则退出循环；执行“循环体语句”之后，执行“表达式 3”；然后判断“表达式 2”的值，若其值为 true，再次重复执行“循环体语句”，如此循环执行。

示例 9：使用 for 循环计算 1～100 之间的奇数之和。

```
< script type= "text/javascript">
    var sum= 0;
    for(var i= 1;i< = 100;i= i+ 2){
        sum= sum+ i;
    }
```

```
    document.write("1+ 3+ 5+ 7+ ...= "+ sum);
</script>
```

4. break 和 continue 语句

continue 语句只能用在循环语句中，控制循环体满足一定条件时提前退出本次循环，继续下次循环。

break 语句可用于跳出循环。break 语句跳出循环后，会继续执行该循环之后的代码（如果有的话）。

示例 10：输出 1～100 以内能被 7 整除的整数。

```
<script type="text/javascript">
    for(var i= 1;i< = 100;i+ + ){
        if(i% 7! = 0)
          continue;
        else
          document.write(i+ " ");
}
</script>
```

运行代码，浏览结果如图 8-9 所示。

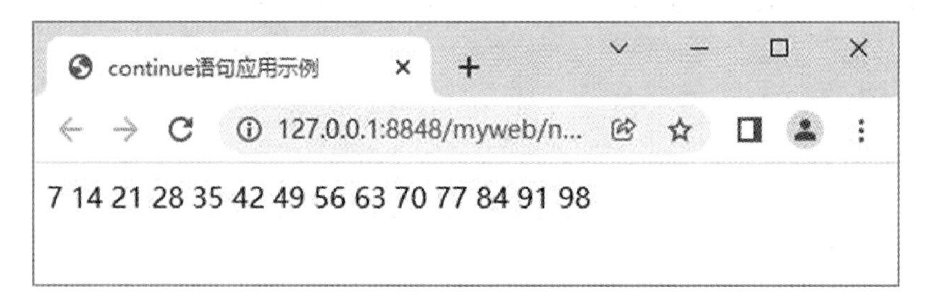

图 8-9 continue 语句应用示例

8.4 函数的定义及使用

8.4.1 函数的定义

在 JavaScript 程序设计中，为了使代码更为简洁并可以重复使用，通常会将某段实现特定功能的代码定义成一个函数。在 JavaScript 中，函数使用关键字 function 来定义，其语法格式如下：

```
function functionName([参数 1,参数 2,…]){
  执行的代码
}
```

说明：function 是定义函数的关键字，functionName 是为函数取的名字，参数列表是可选的，当有多个参数时，参数之间用逗号分隔开。

例如，编写一个实现两数相加的简单函数，函数的名字为 add2。代码如下：

```
<script type="text/javascript">
```

```
    function add2(x,y){
        var sum= x+ y;
        document.write(sum);
}
```

8.4.2 函数的调用

函数定义好后并不会自动执行，要执行一个函数需要在特定的位置调用该函数。调用函数方法如下：

1)函数的简单调用

语法格式：

```
函数名称([参数 1,参数 2,…]);
```

例如，调用函数“add2()”，代码如下：

```
add2(3,5);
```

调用函数时用实参代替形参，在定义函数时使用了多少了形参，在调用函数时也必须给出多少个实参，而且参数之间也需要使用逗号“,”分隔。

2)在事件响应中调用函数

语法格式：

```
事件名= 函数名称([参数 1,参数 2,…]);
```

例如，在页面中单击“求和”按钮调用函数，代码如下：

```
< button onclick= “add2(3,5)”> 求和< /button>
```

3)通过超链接调用函数

函数除了可以在响应事件中调用外，还可以在超链接中调用，在<a>标签的 href 属性中使用 JavaScript 关键字调用函数，当用户单击超链接时，相关函数将被执行。

例如，在页面中单击“求和”超链接时调用函数，代码如下：

```
< a href= “javascript:add2(2,3)”> 求和< /a>
```

8.5 数组的定义及使用

数组(Array)是用来存储和操作一批具有相同类型数据的对象类型，有多种预定义的方法以方便程序员使用。

8.5.1 创建数组

数组在 JavaScript 中有两种创建方式，一种是实例化 Array 对象的方式，另一种是直接使用“[]”的方式创建数组。

1. 使用 Array 对象创建数组

实例化 Array 对象的方式创建数组是通过 new 关键字实现的，其语法格式如下：

```
var 数组名称= new Array(size);
```

说明：new 是用来创建数组的关键字，Array 是表示数组的关键字，而 size 是表示数组中存放的元素总数，因此 size 用整数来表示。例如：

```
var provinceArr= new Array(5);//创建有 5 个元素的数组
var cityArr= new Array('Beijing','Shanghai','Shenzhen');
//创建一个指定长度的数组,元素值类型为字符型
var scoreArr= new Array(56,68,98,44);
//创建一个指定长度的数组,元素值类型为数值型
```

2.使用“[]”创建数组

使用“[]”创建数组的方式与 Array()对象的使用方式类似,只需要将 new Array()替换为[]即可。例如:

```
var weather= ['wind','fine'];//相当于:new Array('wind','fine')
var empty= [];//相当于:new Array()
```

8.5.2 引用数组元素

JavaScript 中数组元素序列是通过下标来识别的,这个下标序列从 0 开始计算。例如长度为 6 的数组,其元素序列为 0~5。

通过数组的下标可以引用数组元素,为数组元素赋值,其语法格式如下:

```
数组变量名[i]= 值;
```

取值的语法格式是:

```
变量名= 数组变量名[i];
```

例如:

```
var myArray= new Array(3);
myArray[0]= "郑州";
myArray[1]= "开封";
myArray[2]= "商丘";
```

示例 11:制作省份城市的三级联动菜单效果。

实现步骤:

(1)添加省份、城市和区域下拉框。具体代码如下:

```
< form action= "" method= "">
    所在省份< select  id= "province">
        < option value= "-1"> 请选择< /option>
    < /select>
    所在城市< select  id= "city"> < /select>
    所在地址(区)< select id= "country"> < /select>
    < /form>
    < script type= "text/javascript">
        //此处用于编写 JavaScript 代码
    < /script>
```

(2)利用数组保存地区数据。

编写 JavaScript 代码,利用 3 个数组分别保存省份、城市和区域信息。具体代码如下:

```
//省份数组
var provinceArr= ['上海','江苏','河北'];
//城市数组
```

```
var cityArr= [['上海市'],['南京市','苏州市','无锡市'],['石家庄','秦皇岛','张家口']];
//区域数组
var countryArr= [[['黄浦区','徐汇区','长宁区','静安区']],[['玄武区','秦淮区','建邺区','江宁区'],['虎丘区','吴中区','相城区','姑苏区','吴江区'],['锡山区','惠山区','滨湖区','梁溪区','新吴区']],[['长安区','桥西区','新华区','井陉矿区'],['海港区','山海关区','北戴河区','抚宁区'],['桥东区','桥西区','宣化区','下花园区']]];
```

上述代码利用一维数组 provinceArr 保存省、自治区和直辖市，利用二维数组 cityArr 保存对应省下的所有城市，利用三维数组 countryArr 保存每个城市下的区域。

(3)创建函数实现自动创建省份下拉菜单：

```
//创建函数实现添加指定下拉菜单的选项
function createOption(obj,data){
    for (var i in data){
        var op= new Option(data[i],i);//创建下拉菜单中的 option
        obj.options.add(op);   //将选项添加到下拉菜单中
    }
}
var province= document.getElementById('province'); //获取省份元素对象
createOption(province,provinceArr); //添加省份下拉菜单
```

(4)选择省份后，自动生成对应的城市下拉菜单：

```
var city= document.getElementById('city'); //获取城市元素对象
province.onchange= function(){         //为省份下拉列表添加事件
    city.options.length= 0; //清空 city 下的所有原有 option
    createOption(city,cityArr[province.value]);
    }
```

上述第二行代码用于为省份下拉菜单设置 onchange 事件，该事件将在下拉菜单的选中项发生改变时触发。当用户选择完成省份后，自动生成对应的城市下拉菜单。

(5)选择城市后，自动生成对应的区域下拉菜单：

```
var country= document.getElementById('country'); //获取区域元素对象
city.onchange= function(){  //为城市下拉列表添加事件
    country.options.length= 0; //清空 country 下的所有原有 option
    createOption(country,countryArr[province.value][city.value]);
    }
```

上述第二行代码用于为城市下拉菜单设置 onchange 事件，该事件将在下拉菜单的选中项发生改变时触发。当用户选择完成城市后，自动生成对应的区域下拉菜单。

运行代码，如果在“省份”下拉列表中选择“江苏省”，在“城市”下拉列表中选择南京市，页面浏览结果如图 8-10 所示。

(6)修改省份时，更新区域下拉菜单。

虽然通过以上步骤已经实现了省份城市的三级联动，但是还存在一些问题，即再次修改省份时，区域的下拉菜单仍然是前一个省份城市的。

接下来，编写代码修改省份 province 的 onchange 事件，具体代码如下。

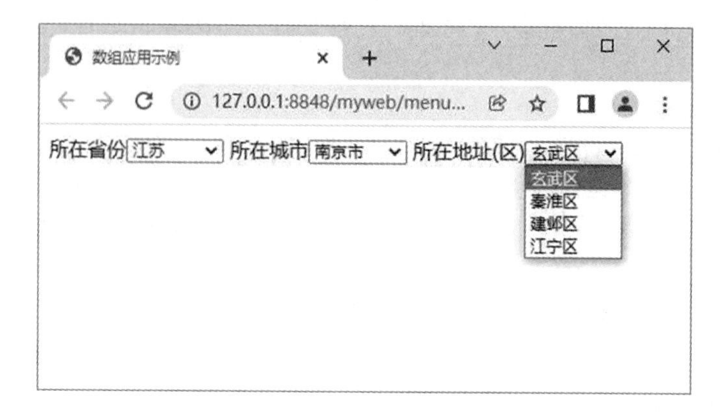

图 8-10　获取区域下拉列表

```
province.onchange= function(){
    city.options.length= 0;
    createOption(city,cityArr[province.value]);
    //以下是新增代码
    if(province.value> = 0){
        city.onchange();//自动添加城市对应区域下拉菜单
    }else{
        country.options.length= 0;//清空 country 下的所有原有 option
    }
}
```

8.6 HTML DOM(文档对象模型)

文档对象模型(document object model,DOM)是用以访问 HTML 元素的正式 W3C 标准,HTML DOM 定义了访问和操作 HTML 文档的标准方法,通过 HTML DOM,可以访问 HTML 文档的所有元素。

8.6.1 HTML 元素操作

HTML DOM 提供了 document 对象,使用 document 对象我们可以访问和操作 HTML 页面中的任何元素。

1. 获取操作的元素

document 对象提供了一些用于查找元素的方法,利用这些方法可以根据元素的 id、class 属性以及标签名称的方式获取操作的元素。具体如表 8-6 所示。

表 8-6　document 对象的方法

方法	说明
document. getElementById(id)	通过元素 id 来查找元素
document. getElementsByTagName(name)	通过标签名来查找元素
document. getElementsByClassName(name)	通过类名来查找元素

在表 8-6 中，除了 document.getElementById()方法返回的是拥有指定 id 的元素外，其他方法返回的都是符合要求的一个集合。

示例 12：获取元素方法应用示例。

```
< ! DOCTYPE html>
< html>
< head>
    < meta charset= “utf-8” />
    < title> 获取元素方法应用示例< /title>
< /head>
< body>
    < h1> 通过标签名查找 HTML 元素< /h1>
    < p> Hello World! < /p>
    < p> 本例演示 < b> getElementsByTagName< /b> 方法。< /p>
    < p id= “demo”> < /p>
    < script>
        var x = document.getElementsByTagName(“p”);
        document.getElementById(“demo”).innerHTML =
        '第一段中的文本 (index 0) 是：' + x[0].innerHTML;
    < /script>
< /body>
< /html>
```

浏览网页，效果如图 8-11 所示。

图 8-11　获取元素方法应用效果

2. 改变 HTML 元素属性

在 JavaScript 中，若要对获取的元素内容进行操作，则可以利用 DOM 提供的属性和方法。利用这些属性和方法可以改变元素的内容、元素的属性值及样式，具体如表 8-7 所示。

表 8-7　DOM 提供的属性和方法

属性或方法	描述
element.innerHTML =new html content	改变元素的 inner HTML
element.attribute =new value	改变 HTML 元素的属性值

续表

属性或方法	描述
element. setAttribute(attribute,value)	设置或改变 HTML 元素的属性值
element. getAttribute(attribute)	返回指定元素的属性值
element. style. property =new style	改变 HTML 元素的样式
element. removeAttribute(attribute)	从元素中删除指定的属性

示例 13:改变 HTML 元素属性应用示例。

(1)编写 HTML 页面与 CSS 样式:

```
< ! DOCTYPE html>
< html>
    < head>
        < meta charset= "utf-8">
        < title> 改变 HTML 元素属性< /title>
        < style type= "text/css">
            .gray{background-color: # CCC; }
            # thick{font-weight: bolder; }
        < /style>
    < /head>
< body>
    < div id= "box"> test word.< /div>
< /body>
< /html>
```

上述代码设置了一个含有文本的<div>元素。

(2)操作元素属性。

利用 DOM 操作<div>元素,完成属性的添加、获取与删除操作。具体代码如下。

```
< script type= "text/javascript">
var ele= document.getElementById('box'); //获取 div 元素
ele.setAttribute('align','center');    //为 ele 元素添加属性
ele.setAttribute('class','gray');
ele.setAttribute('id','thick');
ele.setAttribute('style','font-size: 12px;border: 1px solid green;');
document.write(ele.getAttribute('style')); //获取 ele 元素的 style 属性值
ele.removeAttribute('style'); //删除 ele 元素的 style 属性
//改变元素样式
ele.style.width= '400px';
ele.style.border= '1px solid green';
< /script>
```

浏览页面,效果如图 8-12 所示。

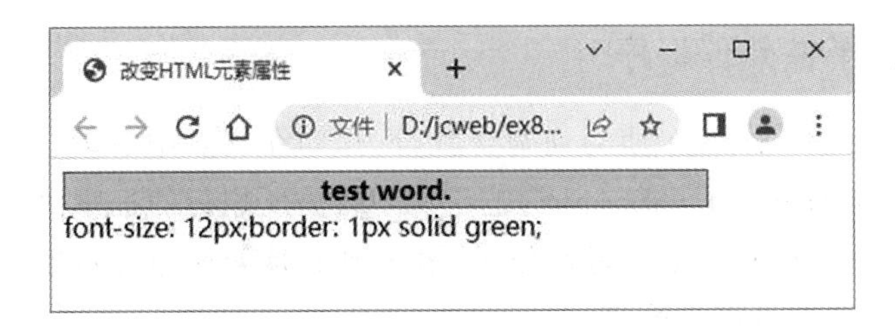

图 8-12 改变 HTML 元素属性应用效果

3. 添加和删除元素

document 对象提供了一些用于添加和删除元素的方法，利用这些方法可以实现元素的添加、删除操作。具体如表 8-8 所示。

表 8-8 添加和删除元素方法

方法	描述
document. createElement(element)	创建 HTML 元素
document. removeChild(element)	删除 HTML 元素
document. appendChild(element)	在指定元素的子节点列表的末尾添加一个 HTML 元素
document. replaceChild(element)	替换 HTML 元素
document. write(text)	写入 HTML 输出流

示例 14：添加、删除元素方法应用示例。

(1)编写 HTML 页面：

```
< ul>
  < li> PHP< /li> < li> JavaScript< /li> < li class= “strong”> UI< /li>
< /ul>
```

(2)删除第 3 个 li 元素、添加 h2 元素：

```
< script type= “text/javascript”>
  var child= document.getElementsByTagName('li')[2];//获取第三个 li 元素
  child.parentNode.removeChild(child); //删除元素
  var h2= document.createElement('h2'); //创建元素
  h2.innerHTML= 'hello word';
  h2.setAttribute('align','center');
  document.body.appendChild(h2); //将创建的元素节点添加到指定的元素节点中
< /script>
```

浏览页面，效果如图 8-13 所示。

图 8-13 添加、删除元素方法应用效果

8.6.2 添加事件处理程序

事件是指可以被 JavaScript 侦测到的交互行为，如在网页中滑动、单击鼠标，敲击键盘等。事件处理程序指的就是 JavaScript 为响应用户行为所执行的程序代码。

在使用事件处理程序对页面进行操作时，最主要的是如何通过对象的事件来绑定事件处理程序，其绑定方式主要有 2 种。

1.行内绑定方式

该方式是通过 HTML 标签的事件属性设置实现的，其语法格式如下：

```
<标签名 事件属性="事件的处理程序">
```

说明：在上述语法中，标签名可以是任意的 HTML 标签，如<div>标签、<button>标签等；事件属性是由 on 和事件名称组成的一个 HTML 属性，如单击事件对应的属性名为 onclick；事件的处理程序指的是 JavaScript 代码，如自定函数等。例如：

```
<button onclick="getElementById('demo').innerHTML=Date()">现在的时间是?
</button>
```

需要注意的是，由于开发中提倡 JavaScript 代码与 HTML 代码相分离，因此不建议使用行内绑定方式绑定事件。

2.动态绑定方式

动态绑定方式很好地解决了 JavaScript 代码与 HTML 代码混合编写的问题。在 JavaScript 代码中，为需要事件处理的 DOM 元素对象添加事件与事件处理程序，其语法格式如下：

```
DOM元素对象.事件=事件的处理程序;
```

在上述语法中，事件的处理程序一般都是函数名。在实际开发中，一般使用动态绑定方式。例如：

```
document.getElementById(id).onclick=function(){code}
//向 onclick 事件添加事件处理程序
```

示例 15：改变盒子大小，具体实现步骤如下。

(1)编写 HTML 页面：

```
<style type="text/css">
    .box{width:50px;height:50px;background:#eee;margin:0 auto;}
</style>
<body>
    <div id="box" class="box"></div>
</body>
```

上述代码定义了一个 class 为 box 的<div>元素，并利用 CSS 将其设置成一个宽、高为 50px 的盒子。

(2)实现盒子大小的改变：

当用户第 1 次单击盒子时，盒子变大；第 2 次单击盒子时，盒子变小，依次类推。

```
<script type="text/javascript">
        var box1=document.getElementById("box");
        var i=0;  //保存用户单击盒子的次数
```

```
        box1.onclick= function(){  //处理盒子的单击事件
            + + i;
            if(i% 2){   //单击次数为奇数,变大
            this.style.width= '200px';
            this.style.height= '200px';
            this.innerHTML= '大';
            } else{  //单击次数为偶数,变小
            this.style.width= '50px';
            this.style.height= '50px';
            this.innerHTML= '小';}
        }
    < /script>
```

浏览页面,根据用户的单击次数控制盒子大小的改变,效果如图 8-14 所示。

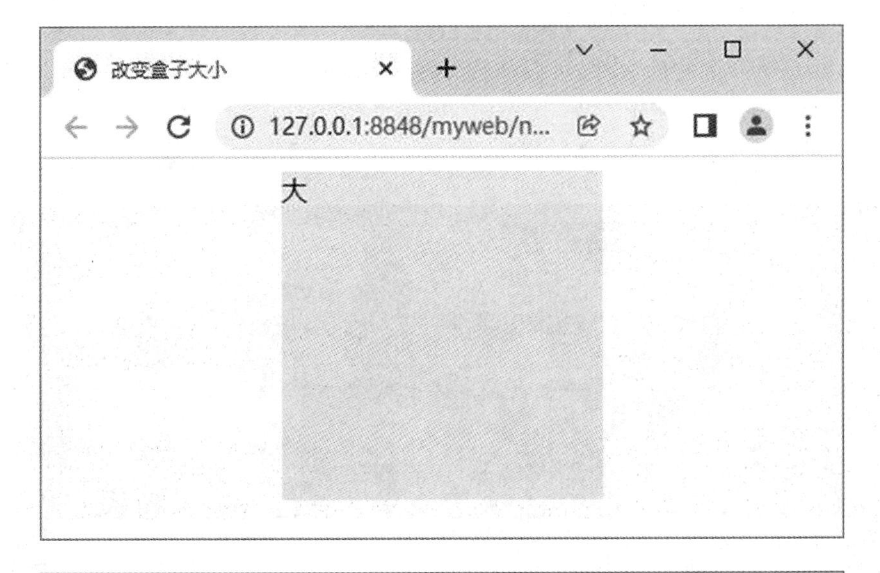

图 8-14　改变盒子大小

8.7 认识 jQuery

8.7.1 什么是 jQuery

使用 JavaScript 编写程序有时过于烦琐，而且实现一些复杂效果时程序代码量较大。为了简化 JavaScript 的开发，许多 JavaScript 库就应运而生，如 jQuery、Prototype、Dojo、MooTools 等。

jQuery 是一个 JavaScript 函数库，是一个轻量级的“写的少，做的多”的 JavaScript 库。jQuery 极大地简化了 JavaScript 编程。

jQuery 库包含的功能主要有：HTML 元素选取、HTML 元素操作、CSS 操作、HTML 事件函数、JavaScript 特效和动画、HTML DOM 遍历和修改、完善的 Ajax、丰富的插件支持等。

8.7.2 获取和使用 jQuery

jQuery 是一个开源的库文件，可以从官方网站 https://jquery.com/中下载最新版本的 jQuery 库文件，如图 8-15 所示。

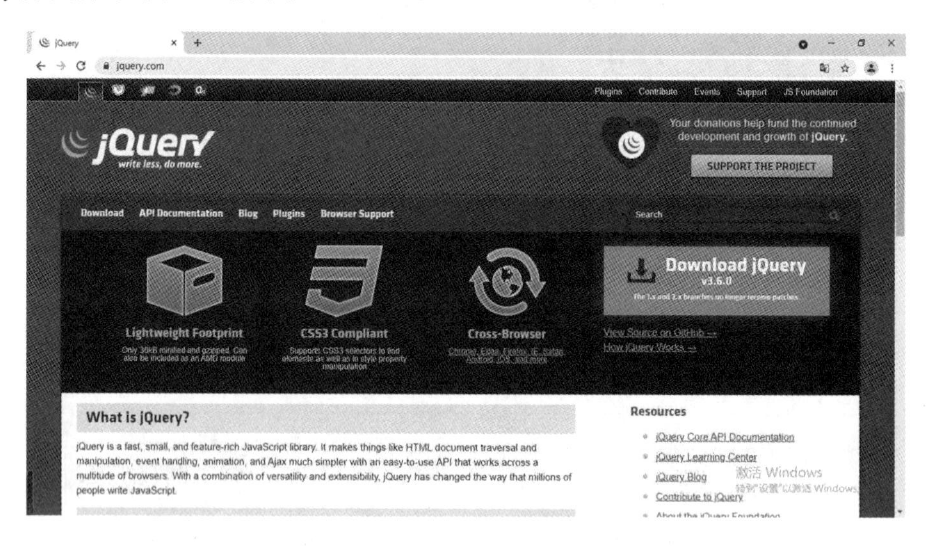

图 8-15　jQuery 库下载页面

有两个版本的 jQuery 可供下载：

• production version——用于实际的网站中，已被精简和压缩，名称一般为 jQuery.min.js。

• development version——用于测试和开发（未压缩，是可读的代码），名称一般为 jQuery.js。

这两个版本的区别在于：精简版将代码的换行、缩进和注释都取消，文件的体积比未压缩版要小。因此，在实际的产品和项目中使用精简版，测试、学习和开发使用未压缩版。

将 jQuery 库下载到本地计算机后，还需要在站点中配置 jQuery 库，即将下载的 jQuery 库文件放置到站点指定的文件夹中，通常放在 js 文件夹中，然后在需要应用 jQuery 的 HTML 文档中使用下面的语句将其引用到文档中。

```
< script type= “text/javascript” src= “js/jquery-3.6.0. min .js”> < /script>
```

注意 引用jQuery的<script>标签,必须放在所有自定义脚本文件的<script>之前,否则在自定义的脚本代码中会找不到jQuery库。

如果我们不希望下载并存放jQuery,那么也可以通过CDN(内容分布网络)引用它。通过CDN引入jQuery的代码如下。

```
< script src= “https://code.jquery.com/jquery-3.6.0.min.js”> < /script>
```

下面,我们通过一个示例来了解jQuery的使用。

示例16:编写一个简单的jQuery代码。

```
< ! DOCTYPE html>
< html >
< head>
< meta charset= “utf-8”>
< title> 一个简单的 jQuery 代码< /title>
< script src= “js/jquery-3.6.0.js” type= “text/javascript”> < /script>
< script type= “text/javascript”>
    $ (document).ready(function(){
        $ (“p”).click(function(){
        $ (this).hide();     /* 单击段落,该段落内容将隐藏* /
        });
    });
< /script>
< /head>
< body>
    < p> 如果点击我,我将消失。< /p>
< /body>
< /html>
```

浏览效果如图8-16所示。

图8-16 jQuery实例

我们注意到,在示例16中所有的jQuery代码都位于一个document ready函数中:

```
$ (document).ready(function(){
  //开始写 jQuery 代码
});
```

文档就绪函数(初始化函数),当网页中的DOM元素全部加载完毕后,立刻执行。简化写法:

```
$ (function(){
   //开始写 jQuery 代码
});
```

8.7.3 jQuery 语法

通过 jQuery,我们可以选取 HTML 元素,并对选取的元素执行某些操作。其基本语法格式如下:

```
$ (selector).action()
```

说明:美元符号($)定义 jQuery,选择符(selector)用来"查找"HTML 元素,action()执行对元素的操作。例如:

$(this).hide()——隐藏当前的 HTML 元素;

$("p").hide()——隐藏所有<p>元素;

$("p.test").hide()——隐藏所有 class="test"的<p>元素;

$("#test").hide()——隐藏所有 id="test"的元素。

注意 在 jQuery 中,无论使用哪种类型的选择符,都要从一个美元符号 $ 和一对圆括号开始,即 $()。

8.8 jQuery 选择器

jQuery 选择器是用来选取希望应用效果的 HTML 元素,允许通过标签名、属性名或内容对 HTML 元素进行选择。jQuery 选择器主要包括基本选择器、层次选择器、过滤选择器和表单选择器。

8.8.1 基本选择器

基本选择器是 jQuery 所有选择器的基础,也是最简单的选择器,它通过元素 id、class 和标签名等来查找 DOM 元素。

1. 标签选择器

标签选择器是根据标签名称查找元素的,通过标签选择器可以对 HTML 元素组或单个元素进行操作。

例如:$("p")——选取所有的<p>元素。

2. id 选择器

id 选择器是根据 HTML 元素的 id 属性选取指定的元素。通过 id 属性选取元素的语法格式:

```
$ ("# id属性值")
```

例如:$("#mydiv")——选取 id 为 mydiv 的元素。

3. class 选择器

class 选择器是根据 HTML 元素的 class 属性匹配元素。通过 class 属性选取元素的语法格式:

```
$ (".class 类名")
```

例如：$(". myClass")——选取所有 class 为 myClass 的元素。

注意 一个元素可以有多个类，只要有一个符合就能被匹配到。

4. 选择器组

选择器组是将多个选择器(可以是 id 选择器、标签选择器或者是 class 选择器等)组合在一起，多个选择器之间用","分隔。

例如：$(". myClass, div, p")——选取所用 div 元素、p 元素以及 class 为 myClass 的元素。

8.8.2 层次选择器

层次选择器是根据 DOM 元素的层级关系，对后代元素、子元素、兄弟元素进行选择。

1. 后代元素选择器(ancestor descendant)

语法格式：

```
$ ("ancestor descendant")
```

说明：ancestor 代表祖先，descendant 代表子孙，用于选取祖先元素下的所有后代元素。

例如：$("form input")——选取表单中所有的 input 元素。

2. 子元素选择器(parent>child)

语法格式：

```
$ ("parent> child")
```

说明：parent 代表父元素，child 代表子元素，用于选取父元素下的所有子元素，使用该选择器只能选择父元素的直接子元素。

例如：$("form>input")——选取表单中所有的子级 input 元素。

3. 相邻兄弟选择器(prev+next)

语法格式：

```
$ ("prev+ next")
```

说明：prev 和 next 是两个相同级别的元素。相邻兄弟选择器用于选取所有紧接在 prev 元素后的 next 元素，只取后面的一个元素。

例如：$("label+input")——选取紧跟在 label 后面的 input 元素。

4. 同辈选择器(prev～siblings)

语法格式：

```
$ ("prev～siblings")
```

说明：prev 和 siblings 是两个同辈元素。同辈选择器用于选取 prev 元素之后的所有 siblings 元素，选取 prev 元素后面的所有同辈元素。

例如：$("p～div")——选取<p>元素后面的所有与<p>元素同辈的<div>元素。

8.8.3 过滤选择器

过滤选择器主要是通过特定的过滤规则来筛选出所需的 DOM 元素，过滤规则与 CSS 中的伪元素选择器语法相同，即选择器都以一个冒号(:)开头。jQuery 中有多种过滤选择器。这里仅介绍基本过滤选择器，其他过滤选择器可通过 W3School 在线教程自学掌握。

jQuery 提供的基本过滤选择器如表 8-9 所示。

表 8-9　基本过滤选择器

选择器	说明	示例
:first	选取第一个元素	$("li:first")//选取列表中第一个<li>元素
:last	选取最后一个元素	$("li:last")//选取列表中最后一个<li>元素
:even	选取索引值为偶数的所有元素,从 0 开始计数	$("tr:even")//选取表格的 1、3、5...行(即索引值是 0、2、4...)
:odd	选取索引值为奇数的所有元素,从 0 开始计数	$("tr:odd")//选取表格的 2、4、6...行(即索引值是 1、3、5...)
:eq(index)	选取索引值等于 index 的元素,从 0 开始计数	$("li:eq(2)")//选取列表中的第 3 个<li>元素
:gt(index)	选取索引值大于 index 的元素,从 0 开始计数	$("li:gt(2)")//选取列表中的第 4、5、6...列表项,即索引值是 3、4、5...,也就是比 2 大
:lt(index)	选取索引值小于 index 的元素,从 0 开始计数	$("li:lt(2)")//选取列表中的第 1、第 2 个<li>元素,即索引值是 0、1,也就是比 2 小
:not(selector)	去除所有与给定选择器匹配的元素	$("input:not(:checked)") //选取所有未选中的 input 元素
:header	选取页面如 h1,h2,h3 之类的标题元素	$(":header")//选取页面所有标题元素
:animated	选取当前正在执行动画的所有元素	$("div:animated")//选取所有正在执行动画的 div 元素

示例 17:新闻列表的奇偶列表项显示不同颜色,效果如图 8-17 所示。

```
< ! DOCTYPE html>
< html>
< head>
    < meta charset= "utf-8">
    < title> 过滤选择器应用示例< /title>
    < style type= "text/css">
    ul{
        list-style-type:none;   /* 去掉列表项目符号* /
        padding: 0px;      /* 去掉项目列表内填充* /
        margin: 0px;      /* 去掉项目列表外边距* /}
    a{
        text-decoration: none;
        color: # 36332e;}
    ul li{
        height: 28px;
        line-height: 28px;}
    .even{
        background: # f4f4f4;   /* 设置列表的第 1、3、5…行的背景颜色* /}
    .hover{
```

```
        background: # ff0;}
    < /style>
    < script type= "text/javascript" src= "js/jquery-3.6.0.js"> < /script>
    < script type= "text/javascript">
    $ (document).ready(function(){
    $ ("li:first").css("background-color","# c4c4c4");
//设置列表第 1 行的背景颜色
    $ ("li:even").addClass("even");    //为列表的偶数行添加类名"even"
    $ ("li").hover(function(){
//鼠标悬停在列表项上时添加类名"hover",否则移除类名"hover"
    $ (this).addClass("hover");
    },function(){
    $ (this).removeClass("hover");
    })
    })< /script>
    < /head>
< body>
< h3> 茅草屋公告牌< /h3>
< ul>
    < li> < a href= "# "> Web 前端设计师必读精华文章推荐< /a> < /li>
    < li> < a href= "# "> 15 个精美的 HTML5 单页网站作品欣赏< /a> < /li>
    < li> < a href= "# "> 35 个让人惊讶的 CSS3 动画效果演示< /a> < /li>
    < li> < a href= "# "> 30 个与众不同的优秀视差滚动效果网站< /a> < /li>
    < li> < a href= "# "> 25 个优秀的国外单页网站设计作品欣赏< /a> < /li>
    < li> < a href= "# "> 8 个惊艳的 HTML5 和 JavaScript 特效< /a> < /li>
    < li> < a href= "# "> 8 款效果精美的 jQuery 进度条插件< /a> < /li>
    < li> < a href= "# "> 34 个漂亮网站和应用程序后台管理界面< /a> < /li>
< /ul>
< /body>
< /html>
```

浏览效果如图 8-17 所示。

图 8-17　过滤选择器应用效果

由图8-17看出，为列表的第1行设置了一种背景色，列表的第3、5、7行设置了另一种背景色，鼠标悬停在某一列表行时背景颜色为黄色。

8.9 jQuery 事件操作

JavaScript 和 HTML 之间的交互是通过用户操作页面时引发的事件来处理的。例如当用户单击某个按钮时会触发按钮单击事件，或者当浏览器加载完文档后也会触发文档就绪事件。事件方法(事件函数)是指对一个事件的处理程序，jQuery 中事件写在 ready()内：

```
$ (document).ready(function(){
      //事件
});
```

处理事件的语法格式如下：

```
$ (selector).event(function(){
//响应事件代码
})
```

jQuery 中的事件方法很多，表8-10列出几个常用的 jQuery 事件方法。

表8-10 常用的 jQuery 事件方法

事件	事件方法	描述
Windows 事件	ready()	文档就绪事件(当 HTML 文档就绪时可用)
鼠标事件	click()	触发或将函数绑定到指定元素的 click 事件
	mouseout()	触发或将函数绑定到被选元素的鼠标滑出事件
	mouseover()	触发或将函数绑定到被选元素的鼠标滑入事件
表单事件	focus()	触发或将函数绑定到被选元素的获得焦点事件
	blur()	触发或将函数绑定到被选元素的失去焦点事件

多学一招：事件链式写法

jQuery 有一种名为链接(chaining)的技术，允许用户在相同的元素上运行多条 jQuery 命令，允许将所有操作事件连接在一起，以链条的形式写出来。

例如：

```
$ ("p").mouseover(function(){
        $ (this).css("background","red");
        }).mouseout(function(){
$ (this).css("background","blue");})
```

8.10 jQuery 文档操作

jQuery 提供一系列与文档对象模型相关的方法，这使访问、操作元素和属性变得容易。

8.10.1 获取或设置元素的属性值

jQuery 的 attr()方法可以获取元素的属性值，也可以设置或改变元素的属性值。

1.获取元素的属性值

语法格式：

```
$ (selector).attr("属性名")
```

例如：$("img").attr("src")；//获取页面中所有图片的 src 属性值。

2.设置元素的属性值

语法格式：

```
$ (selector).attr("属性名","值")
```

例如：$("img").attr("src","test.jpg")；//为页面中的所有图片设置 src 属性值。

8.10.2 获取或设置 HTML、文本和值

jQuery 拥有以下获取或设置文本内容和值的方法：

• text()——设置或返回所选元素的文本内容；

• html()——设置或返回所选元素的内容(包括 HTML 标记)；

• val()——设置或返回表单字段的值。

1.获取或设置某个元素的 HTML 内容

语法格式：$(selector).html() 获取所选元素的 HTML 内容；

$(selector).html(val) 设置所选元素的 HTML 内容。

例如：

```
$ ("p").html()    //获取< p> 元素的内容
$ ("p").html("< strong> 你最喜欢的水果是? < /strong> ");    //设置< p> 元素的内容
```

想一想：在一个 HTML 文档中，我们可以使用 html()方法来获取任意一个元素的内容。如果选择器匹配多于一个的元素，那么哪个元素的 HTML 内容会被获取？

只有第一个匹配元素的 HTML 内容会被获取。

2.获取或设置某个元素的文本内容

语法格式：$(selector).text() 获取所选元素的文本内容；

$(selector).text(val) 设置所选元素的文本内容。

例如：

```
$ ("p").text()    //获取< p> 元素的文本内容
$ ("p").text("你最喜欢的水果是?");   //设置< p> 元素的文本内容
```

3.值操作

语法格式：$(selector).val() 获取表单元素的 value 属性值；

$(selector).val(val) 设置表单元素的 value 属性值。

例如：

```
$ ("input:eq(2)").val(); //获取表单中第 3 个 input 元素的 value 值
$ ("input:eq(2)").val("我被点击了?"); //设置表单中第 3 个 input 元素的 value 值
```

示例 18：下面的例子演示如何通过 text()、html()以及 val()方法来设置内容。

```
< ! DOCTYPE html>
< html>
< head>
    < meta charset= "utf-8">
```

```
    < script type= “text/javascript” src= “js/jquery-3.6.0.js”> < /script>
    < script>
    $ (document).ready(function(){
        $ (“# btn1”).click(function(){
        $ (“# test1”).text(“大声说出你的爱!”);
      });
    $ (“# btn2”).click(function(){
        $ (“# test2”).html(“< b> 大声说出你的爱! < /b> ”);
      });
    $ (“# btn3”).click(function(){
        $ (“# test3”).val(“大声说出你的爱!”);
      });
     });
    < /script>
< /head>
< body>
    < p id= “test1”> 这是一个段落。< /p>
    < p id= “test2”> 这是另外一个段落。< /p>
    < p> 输入框: < input type= “text” id= “test3” value= “”> < /p>
    < button id= “btn1”> 设置文本< /button>
    < button id= “btn2”> 设置 HTML< /button>
    < button id= “btn3”> 设置值< /button>
< /body>
< /html>
```

浏览效果如图 8-18 所示。

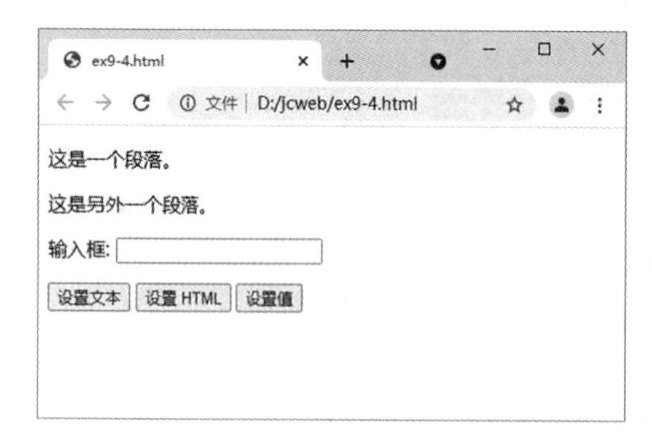

(a)设置前的页面

(b)设置后的页面

图 8-18 设置效果

8.10.3 jQuery 样式操作

1. 获取或设置 CSS 属性

jQuery 的 css()方法可以用来设置或获取被选元素的一个或多个样式属性。

(1)获取 CSS 样式的语法格式:

```
$ (selector).css(“CSS 属性名”);
```

例如：$("p").css("color");　//获取<p>标签的color样式属性的值。

(2)设置CSS样式。

设置一个样式：

```
$(selector).css("CSS属性名",值);
```

例如：$("p").css("color","yellow");　//将所有段落字体颜色设为黄色。

设置多个样式：

```
$(selector).css({"CSS属性名":"属性值","CSS属性名":"属性值",…})
```

例如：$("p").css({"color":"red","font-size":"18px"}); //将所有段落字体颜色设为红色、字体大小为18像素。

2.获取或设置CSS类

jQuery拥有若干进行CSS类名操作的方法。

- addClass()——向被选取的元素添加一个或多个类名。
- removeClass()——从被选取的元素中删除全部或者指定的类名。
- toggleClass()——对被选取的元素进行添加/删除类名的切换操作。
- hasClass()——判断被选取的元素是否含有某个类名。

1)添加class

使用addClass()方法可以为每个匹配的元素添加指定的类名，其语法格式如下：

```
$(selector).addClass("类名")
```

说明：类名可以是一个或多个，如果要添加多个类名，则类名之间用空格分开。

例如：$("p").addClass("selected");　//为p元素添加一个名为selected的类。

再如：$("h1,h2,p").addClass("selected1,selected2"); //为h1、h2、p元素添加两个类，类名分别为selected1和selected2。

2)删除class

使用removeClass()方法可以从所有匹配的元素中删除全部或者指定的类，其语法格式如下：

```
$(selector).removeClass("类名")
```

说明：类名可以是一个或多个，如果要删除多个类名，则类名之间用空格分开；如果没有类名，则删除匹配元素的所有类。例如：

```
$("p").removeClass("selected");　// 删除p元素中名为selected的类
$("h1,h2,p").removeClass();　/删除h1、h2、p元素中的所有类名
```

3)添加/删除class切换

使用toggleClass()方法可以为每个匹配的元素进行添加/删除类的切换操作，如果类名存在则删除它，如果类名不存在则添加它。

4)判断是否含有某个class

使用hasClass()方法可以用来判断元素中是否含有某个class，如果有，则返回true，否则返回false。例如：

```
$("p").hasClass("selected");　//判断p元素中是否含有名为selected的类
```

示例19：jQuery样式操作应用示例。

```
<!DOCTYPE html>
<html>
```

```
< head>
< meta charset= "utf-8">
< script type= "text/javascript" src= "js/jquery-3.6.0.js"> < /script>
< script>
    $ (document).ready(function(){
        $ ("button").click(function(){
        $ ("h2,p").addClass("blue");   //为 h2、p 元素添加类名为"blue"的类
        $ ("span").addClass("important");   //为 span 元素添加类名为"important"的类
    });
    });
< /script>
< style type= "text/css">
.important{
    font-size:14px;}
.blue{
    color:blue;}
< /style>
< /head>
< body>
< h2> 习近平新时代青年思想< /h2>
< span> 来源:前线网--《前线》杂志< /span>
< p> 青年是国家的未来、民族的希望,党和国家历来高度重视青年、关怀青年、信任青年,始终坚持把青年作为党和国家事业发展的生力军。< /p>
< button> 为元素添加 class< /button>
< /body>
< /html>
```

浏览效果如图 8-19 所示。

(a)添加类前效果

(b)添加类后效果(字体颜色变化)

图 8-19　添加类应用效果

8.11 jQuery 动画特效

jQuery 提供了两种添加动画效果的方法,一种是使用内置的动画方法,另一种就是通过

animate()方法进行自定义动画效果。

8.11.1 常用动画方法

jQuery 提供了隐藏显示方法、淡入淡出方法、滑动方法,这些方法如表 8-11 所示。

表 8-11 常用动画方法

分类	方法	说明
显示隐藏	show([speed] ,[easing],[fn])	显示隐藏的 HTML 元素
	hide([speed],[easing],[fn])	隐藏显示的 HTML 元素
	toggle([speed] ,[easing],[fn])	元素显示与隐藏切换
滑动特效	slideDown([speed] ,[easing],[fn])	垂直滑动显示匹配元素(向下增大)
	slideUp([speed],[easing],[fn])	垂直滑动显示匹配元素(向上减小)
	slideToggle([speed] ,[easing],[fn])	在 slideDown()和 slideUp()两种效果间的切换
淡入淡出	fadeIn([speed],[easing],[fn])	淡入显示匹配元素
	fadeOut([speed] ,[easing],[fn])	淡出隐藏匹配元素
	fadeToggle([speed] ,[easing],[fn])	在 fadeIn()和 fadeOut()两种效果间的切换
	fadeTo([speed],opacity, [easing],[fn])	以淡入淡出方式将匹配元素调整到指定的透明度

在表 8-11 中,参数 speed 规定动画的速度,可选,取值:“slow”、“normal”、“fast”或毫秒。参数 easing 规定切换效果,默认效果为 swing,还可以使用 linear 效果。参数 fn 是动画完成后所执行的函数名称,可选。参数 opacity 表示透明度数值(范围在 0~1 之间,0 表示完全透明,1 代表完全不透明)。

下面通过示例演示这三种动画方法的使用。

1. 显示隐藏

示例 20:下面的代码实现文本显示与隐藏及显示隐藏切换效果。

```
< ! DOCTYPE html>
< html>
< head>
< script src= “js/jquery-3.6.0.js”> < /script>
< script type= “text/javascript”>
$ (document).ready(function(){
    $ (“# hide”).click(function(){
        $ (“P”).hide();      //隐藏段落文本
    });
    $ (“# show”).click(function(){
        $ (“P”).show();      //显示段落文本
    });
    $ (“# change”).click(function(){
        $ (“P”).toggle();    //显示隐藏段落文本切换
    });
})
< /script>
```

```
< /head>
< body>
    < button id= “hide” type= “button”> 隐藏< /button>
    < button id= “show” type= “button”> 显示< /button>
    < button id= “change” type= “button”> 显示隐藏切换< /button>
    < p> 劝君莫惜金缕衣,劝君惜取少年时。< /p>
    < p> 花开堪折直须折,莫待无花空折枝。< /p>
< /body>
< /html>
```

浏览效果如图 8-20 所示。

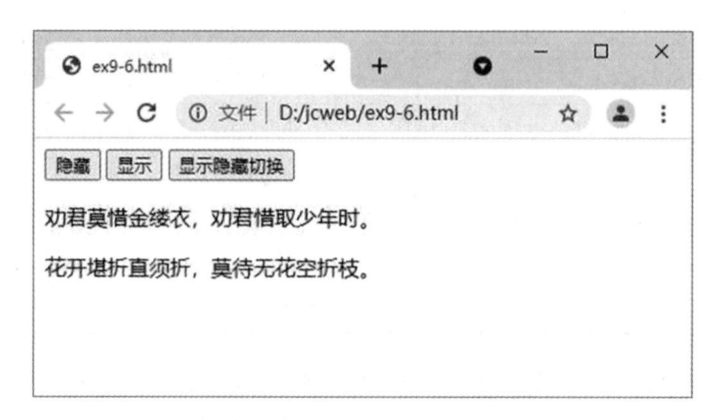

图 8-20　文本显示与隐藏及显示隐藏切换效果

在图 8-20 中,单击“隐藏”按钮将隐藏显示的文本,单击“显示”按钮将显示隐藏的文本,单击“显示隐藏切换”按钮将实现文本的显示与隐藏切换。

注意　使用 show()方法时,如果选择的元素是可见的,这个方法将不会改变任何东西。如果选择的元素无论是通过 hide()方法隐藏还是在 CSS 里设置了 display:none;,这个方法都将有效。

2. 滑动特效

在 jQuery 中,通过元素高度变化(向下高度增大、向上高度减小)来实现所有匹配的元素的“滑动”的效果。

示例 21:下面的例子演示了 jQuery 滑动方法。

```
< ! DOCTYPE html>
< html>
< head>
< meta charset= “utf-8”>
< script src= “js/jquery-3.6.0.js”> < /script>
< script>
$ (document).ready(function(){
  $ (“# flip1”).click(function(){
    $ (“# panel”).slideDown(“slow”);  //面板向下滑出
  });
  $ (“# flip2”).click(function(){
    $ (“# panel”).slideUp(“slow”);  //面板向上滑入
```

```
  });
  $ ("# flip3").click(function(){
    $ ("# panel").slideToggle("slow");  //面板向下滑出与向上滑入切换
  });
  });
< /script>
< style type= "text/css">
# panel,# panel-title
{
    padding:5px;
    text-align:center;
    background-color:# e5eecc;
    border:solid 1px # c3c3c3;}
# panel
{
    padding:50px;}
span{
    border: 1px solid # ccc;
    border-radius: 4px;
    margin: 4px;
    padding: 4px;}
< /style>
< /head>
< body>
< div id= "panel-title"> < span id= "flip2"> 点我,隐藏面板< /span> < span id=
"flip1"> 点我,显示面板< /span> < span id= "flip3"> 点我,显示或隐藏面板< /span>
< /div>
< div id= "panel"> 志小则易足,易足则无由进。< /div>
< /body>
< /html>
```

浏览效果如图8-21所示。

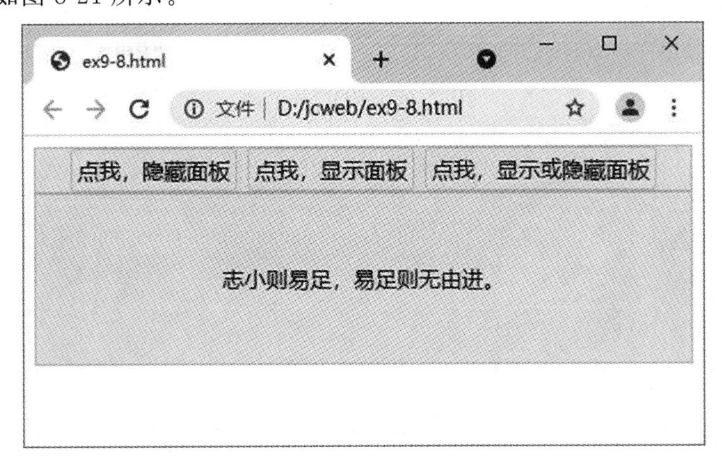

图 8-21 jQuery 滑动方法效果

在图 8-21 中，单击“点我，隐藏面板”按钮将隐藏面板，单击“点我，显示面板”按钮将显示滑出的面板，单击“点我，显示或隐藏面板”按钮将实现面板的滑入与滑出切换。

3. 淡入淡出

在 jQuery 中，通过元素不透明度的变化来实现所有匹配元素的淡入淡出效果。

示例 22：演示带有不同参数的 fadeIn()方法、fadeOut()方法及 fadeToggle()方法。

```
< ! DOCTYPE html>
< html>
< head>
< script src= “js/jquery-3.6.0.js”> < /script>
< script>
$ (document).ready(function(){
  $ (“# fadeIn”).click(function(){
    $ (“# img1”).fadeIn();
    $ (“# img2”).fadeIn(“slow”);
    $ (“# img3”).fadeIn(3000);
  });
  $ (“# fadeOut”).click(function(){
    $ (“# img1”).fadeOut();
    $ (“# img2”).fadeOut(“slow”);
    $ (“# img3”).fadeOut(3000);
  });
  $ (“# change”).click(function(){
    $ (“# img1”).fadeToggle();
    $ (“# img2”).fadeToggle(“slow”);
    $ (“# img3”).fadeToggle(3000);
  });
});
< /script>
< style type= “text/css”>
* {
    padding: 0px;
    margin: 10px;}
figure{
    background: # eee;
    text-align: center;
    float: left;}
figure img{
    width: 200px;
    height: 200px;}
< /style>
< /head>
< body>
< p> 演示带有不同参数的 fadeIn()方法、fadeOut()方法及 fadeToggle()方法。< /p>
```

```
< button id= "fadeOut"> 点击这里,三个图片淡出< /button>
< button id= "fadeIn"> 点击这里,三个图片淡入< /button>
< button id= "change"> 点击这里,淡入淡出切换< /button>
< br> < br>
< figure id= "img1">
< img src = "img/huangshan. jpg" alt = "安 徽 黄 山" > < figcaption > 安 徽 黄
山< /figcaption>
< /figure>
< figure id= "img2"> < img src= "img/lushan.jpg" alt= "江西庐山"> < figcaption> 江
西庐山< /figcaption>
< /figure>
< figure id= "img3"> < img src= "img/yandangshan.png" alt= "浙江雁荡山">
< figcaption> 浙江雁荡山< /figcaption>
< /figure>
< /body>
< /html>
```

浏览效果如图 8-22 所示。

图 8-22　淡入淡出应用效果

在图 8-22 中,单击"点击这里,三个图片淡出"按钮将隐藏淡入的图片,单击"点击这里,三个图片淡入"按钮将显示淡出的图片,单击"点击这里,淡入淡出切换"按钮将实现图片的淡入与淡出切换。

8.11.2　jQuery 的 animate()方法

前面我们学习了三种类型的动态效果,其中:show()方法和 hide()方法能同时修改元素的多个样式属性,即高度、宽度和不透明度;fadeIn()方法和 fadeOut()方法只能修改元素的不透明度;slideDown()和 slideUp()方法只能改变元素的高度。

很多情况下,这些方法无法满足用户的特殊需求。在 jQuery 中可以使用 animate()方法来自定义动画,其语法格式如下:

```
$ (selector).animate({params},speed,callback);
```

说明:params:一组包含作为动画属性和终值的样式属性及其值的集合,必需的。

speed:规定效果的时长,取值“slow”、“normal”、“fast”或毫秒,可选的。

callback:动画完成后所执行的函数名称,可选的。

示例 23:animate()方法应用示例。

```
< ! DOCTYPE html>
< html>
< head>
< style type= “text/css”>
div{
    background:# 98bf21;
    height:100px;
    width:100px;
    position:absolute;}
< /style>
< script src= “js/jquery-3.6.0.js”> < /script>
< script>
    $ (document).ready(function(){
    $ (“button”).click(function(){
    var div= $ (“div”);
    div.animate({height:'300px',opacity:'0.4'},“slow”);
    div.animate({width:'300px',opacity:'0.8'},“slow”);
    div.animate({height:'100px',opacity:'0.4'},“slow”);
    div.animate({width:'100px',opacity:'0.8'},“slow”);
  });
});
< /script>
< /head>
< body>
< button> 开始动画< /button> < br>
< div> < /div>
< /body>
< /html>
```

浏览效果如图 8-23 所示。

注意 默认情况下,所有 HTML 元素的位置都是静态的,并且无法移动。如需对位置进行操作,记得首先把元素的 CSS position 属性设置为 relative、fixed 或 absolute。

在动画的执行过程中,我们还可以使用如下的方法对动画进行控制。

1. 停止动画

很多时候需要停止匹配元素正在进行的动画,例如上例的动画,如果需要在某处停止动画,需要使用 stop()方法。其语法格式如下:

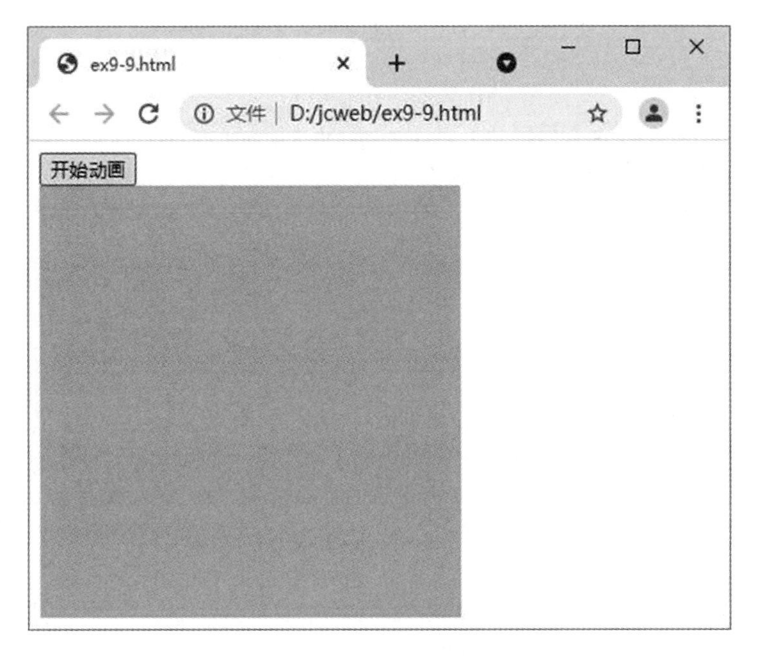

图 8-23 animate()方法应用效果

```
stop(clearQueue,gotoEnd);
```

说明：参数 clearQueue 和 gotoEnd 都是可选的参数，值为 true 或 false。clearQueue 表示是否要清空未执行完的动画队列，gotoEnd 表示是否直接将正在执行的动画跳转到末状态。如果不带参数，则会立即停止当前正在进行的动画。

2. 延迟动画

在动画执行的过程中，如果想对动画进行延迟操作，可以使用 delay()方法。

示例 24：利用 animate()方法实现图片轮播效果。

示例分析：本示例通过相对定位将图片定位在页面的某个位置，通过 animate()方法在不同的时间点改变图片的位置，在某一时间点只能看到一张图片，从而实现 5 个图片的轮播效果。

实现步骤：

(1)添加 HTML 代码：

```
< ! DOCTYPE html>
< html>
< head>
< meta charset= "utf-8">
< title> 图片轮播效果< /title>
< /head>
< body>
    < div class= "ad" >
    < ul class= "slider" >      < ! --轮播图片列表-->
        < li> < img src= "img/taishan.png"/> < /li>
        < li> < img src= "img/huashan.jpg"/> < /li>
        < li> < img src= "img/nhengshan.png"/> < /li>
```

```
        < li> < img src= "img/bhengshan.jpg"/> < /li>
        < li> < img src= "img/songshan.jpg"/> < /li>
    < /ul>
    < ul class= "num" >      < ! --轮播切换数字列表-->
        < li> 1< /li>
        < li> 2< /li>
        < li> 3< /li>
        < li> 4< /li>
        < li> 5< /li>
    < /ul>
    < /div>
< /body>
< /html>
```

(2)设置 CSS 样式,代码如下:

```
< style>
    * {margin:0px;padding:0px;}
    ul,li{ list-style:none; padding:0px;}
    img{border:none;}
    .num li{
        float:left;width:20px;height:20px;
        border:1px solid # eeeeee;
        border-radius: 10px;
        margin-right:10px;
        color:black;
        text-align: center;
    }
    .ad{height:212px;overflow:hidden;
        position: relative;}
    .slider{position:relative;}
    .num{
        position: absolute;
        bottom: 10px;
        left:300px;}
    .num li{background-color:# FFF;}
    .num li.on{cursor: pointer;
        background-color:# FF6500;
        color:yellow;
        border-bottom-color: yellow; }
< /style>
```

(3)编写 jQuery 代码:

```
< script src= "js/jquery-3.6.0.js"> < /script>
< script type= "text/javascript">
    $ (function(){
      var height =  $ (".ad").height();
```

```
        $ (".num li").mouseover(function() {
        var index =  $ (this).index();
        $ (".slider").stop().animate({top: -height*  index}, 10);
        $ (this).addClass("on").siblings().removeClass("on");
        });
    })
    < /script>
```

浏览效果如图 8-24 所示。

图 8-24　图片轮播效果

8.12　项目案例

8.12.1　显示与取消搜索框默认关键词

在“茅草屋”网站首页头部有一个搜索框，该搜索框需要显示“请输入关键词”的默认关键词，如图 8-25(a)所示。当搜索框获得焦点后，如单击搜索框时，则默认关键词消失，如图 8-25(b)所示。

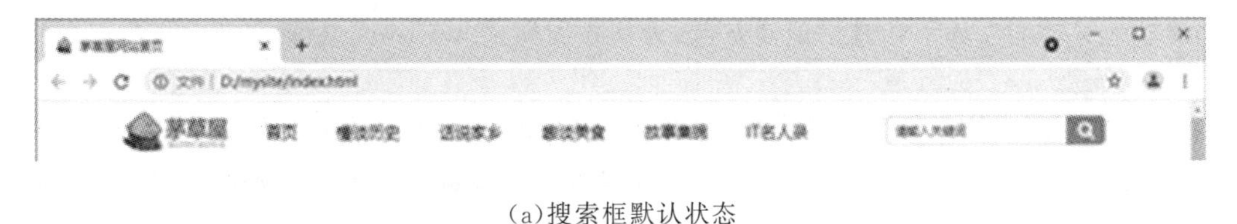

(a)搜索框默认状态

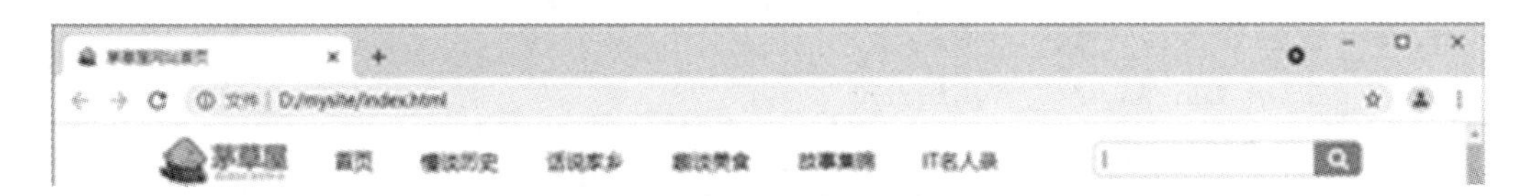

(b)搜索框获得焦点状态

图 8-25　搜索框效果

实现步骤：

(1)添加搜索框并设置样式。

首先添加搜索框，代码如下：

```
< div class= " header-input">
    < form action= "" method= "get">
        < input type= "text"  name= "search" id= "search" />
        < button type= "submit" name= "search-btn" id= "search-btn">
        < i class= "icon-search icon-large"> < /i> < /button>
    < /form>
< /div>
```

接下来设置其样式，代码如下：

```
# search{
    padding:6px 8px;
    width:184px;
    font-size:12px;
    color:# 36332e;
    border:solid 1px # ccc;
    border-right: none;
    border-radius:6px 0px 0px 6px;
    outline: none;
    float: left;}
# search-btn{
    background: # f7644a;
    border:none;
    border-radius: 0px 6px 6px 0px;
    width:40px;
    height:28px;
    color:# fff;
    cursor:pointer;
    float: left;}
```

(2)设置搜索框关键词效果。

jQuery 的 val()方法可以用来设置或获取表单字段的值。在本例中先设置搜索框的值为“请输入关键词”，为了让其出现浅灰色，为其添加样式. waiting。代码如下：

```
.waiting{color:# ccc;}
```

接下来判断当该元素失去焦点时，如果值为空，就显示关键词为“请输入关键词”，并为其设置样式. waiting；当该元素获得焦点时，如果值为“请输入关键词”，则清空值，并移除样式. waiting。

jQuery 代码如下：

```
< script language= "javascript">
$ (function(){
    $ ("# search").val("请输入关键词").addClass("waiting").blur(function(){
        if($ (this).val() = = ""){
            $ ("# search").val("请输入关键词").addClass("waiting");}
```

```
        })
        .focus(function(){
        if($ ("# search").val()= = "请输入关键词"){
            $ ("# search").val("").removeClass("waiting");}
        })
        })
</script>
```

至此,搜索框默认关键词的显示与取消效果就实现了。

8.12.2 设置图片轮播

茅草屋网站首页头部下方区域有一个大图轮播效果,在大图下端中间有相应的选择按钮,如图 8-2 所示,当其获得焦点时,轮播区域显示相关图片。

实现步骤:

(1)添加 HTML 内容。这里有四张轮播图片,在大图下端中间有相应的选择按钮,HTML 代码如下:

```
< div id= "banner">
    < div class= "banner">
        < ul>      < ! --轮播图片列表-->
            < li> < img src= "img/lunbo1.jpg"> < /li>
            < li> < img src= "img/lunbo2.jpg"> < /li>
            < li> < img src= "img/lunbo3.jpg"> < /li>
            < li> < img src= "img/lunbo1.jpg"> < /li>
        < /ul>
    < /div>
    < div class= "jumpBtn">
        < ul>      < ! --选择按钮列表-->
            < li jumpImg= "0"> < /li>
            < li jumpImg= "1"> < /li>
            < li jumpImg= "2"> < /li>
            < li jumpImg= "3"> < /li>
        < /ul>
    < /div>
< /div>
```

(2)设置 CSS 样式,代码如下:

```
# banner{
    width: 1020px;
    position: relative;
    height: 300px;
    margin:0px auto;
    overflow: hidden;
    margin-top:60px;}
# banner img{
    width: 100% ;}
```

```
# banner .banner ul{
    list-style:none;
    padding-left: 0px;
    margin-bottom: 0px;}
# banner .banner ul li{
    position: absolute;
    display: none;
    opacity: 0;}
# banner .banner ul li:nth-child(1){
    opacity: 1;
    display: block;}
# banner .banner ul li img{
    width: 100% ;
    position: absolute;
    top: 0px;}
# banner .banner ul li:first-child img{
    position: relative;}
# banner .jumpBtn{
    width: 1020px;
    position:absolute;
    bottom:20px;
    text-align: center;}
# banner .jumpBtn ul{
    margin-bottom: 0px;
    padding: 0px;}
# banner .jumpBtn ul li{
    width: 30px;
    height: 30px;
    border-radius: 50% ;
    display: inline-block;
    background-color: white;
    opacity: 0.9;
    margin-left: 10px;}
```

(3)设置图片轮播效果。编写如下 jQuery 代码：

```
< script type= "text/javascript">
var time= null; //定时器返回值
var nexImg =  0; //记录当前位子
var imgLength =  $ (".banner ul li").length;//用于获取轮播图图片个数
$ (". jumpBtn  ul  li [jumpImg = " +  nexImg +  " ]"). css ("background-color",
"black");//设置底部第一个按钮样式
//页面加载
$ (document).ready(function(){
    time = setInterval(intervalImg,3000);//启动定时器,设置时间为 3 秒一次
});
```

```
//轮播图
function intervalImg(){
    if(nexImg< imgLength-1){
        nexImg+ + ;
    }else{
        nexImg= 0;
    }
    //将当前图片使用绝对定位,下一张图片使用相对定位
    $ (".banner ul img").eq(nexImg-1).css("position","absolute");
    $ (".banner ul img").eq(nexImg).css("position","relative");
    $ (".banner ul li").eq(nexImg).css("display","block");
    $ (".banner ul li").eq(nexImg).stop().animate({"opacity":1},1000);
    $ (" .banner ul li").eq(nexImg-1).stop().animate({"opacity":0},1000,
function(){
        $ (".banner ul li").eq(nexImg-1).css("display","none");
    });
    $ (".jumpBtn ul li").css("background-color","white");
    $ (".jumpBtn ul li[jumpImg= "+ nexImg+ " ]").css("background-color",
"black");
}
//轮播图底下按钮
$ (".jumpBtn ul li").each(function(){
    //为每个按钮定义单击事件
    $ (this).click(function(){
        clearInterval(time);
        $ (".jumpBtn ul li").css("background-color","white");
        jumpImg =  $ (this).attr("jumpImg");
        if(jumpImg! = nexImg){
            var after = $ (".banner ul li").eq(jumpImg);
            var befor = $ (".banner ul li").eq(nexImg);
            //将当前图片使用绝对定位,下一张图片使用相对定位
            $ (" .banner ul img").eq(nexImg).css("position","absolute");
            $ (" .banner ul img").eq(jumpImg).css("position","relative");
            after.css("display","block");
            after.stop().animate({"opacity":1},1000);
            befor.stop().animate({"opacity":0},1000,function(){
                befor.css("display","none");
            });
            nexImg= jumpImg;
        }
        $ (this).css("background-color","black");
        time = setInterval(intervalImg,3000);
    });
});
```

```
< /script>
```

至此,图片轮播效果就实现了。

8.12.3 选项卡切换

制作选项卡切换页面,当用户单击某选项卡标签时,内容介绍区域出现相应内容,如图8-3所示。制作选项卡的原理比较简单,通过显示与隐藏来切换不同的内容。

实现步骤:

(1)添加HTML元素。

本案例中有“家乡风味”、“家乡风光”和“家乡风俗”三个选项卡,默认情况下第一个选项卡处于选中状态,设置其类为selected。三个选项卡的相关内容放在三个div容器中,父元素类名为tab-box的div标签,代码如下:

```
< div id= "tab">
< div class= "tab-menu">
< ul>      < ! --选项标题列表-->
    < li class= "selected"> 家乡风味< /li>
    < li> 家乡风光< /li>
    < li> 家乡风俗< /li>
< /ul>
< /div>
< div class= "tab-box">      < ! --选项内容列表-->
    < div> < ! --这里是第 1 个选项卡的相关内容--> < /div>
    < div class= "box-content"> < ! --这里是第 2 个选项卡的相关内容--> < /div>
    < div class= "box-content"> < ! --这里是第 3 个选项卡的相关内容--> < /div>
< /div>
< /div>
```

(2)设置CSS样式。

整个选项卡宽度为1000px。选项卡水平排列,每个选项卡的上、下、左、右边框都为1px的实线,颜色为#414141。选中的selected样式为红色背景,白色文字效果,其CSS代码如下:

```
* {
    margin: 0px;
    padding: 0px; }
# tab{
    width:1000px;
    margin: 0 auto; }
.tab-menu ul{
    list-style:none;
    }
.tab-menu ul li{
    float:left;
    border-top:solid 1px # 414141;
    border-left:solid 1px # 414141;
```

```
        border-right:solid 1px # 414141;
        width:6em;
        height:2em;
        line-height:2em;
        text-align:center;
        margin-right:5px;}
    .tab-box{
        clear:left;
        width:1000px;
        padding-top:20px;
        border-top:solid 1px # 414141; }
    .selected{
        background:# bb0f73;
        color:# fff;}
    .hover{
        background:# e0e0e0;}
    .box-content{
        display:none;}
```

(3)设置选项卡切换效果。

```
< script  type= "text/javascript" src= "js/jquery-3.6.0.js"> < /script>
< script>
$ (function(){
    var $ div_li= $ ("div.tab-menu ul li");
    //为< li> 元素绑定单击事件
    $ div_li.click(function(){
        $ (this).addClass("selected").siblings().removeClass("selected");
//将当前单击的< li> 元素高亮,然后去掉其他同辈< li> 元素的高亮
        var index= $ div_li.index(this);
        $ ("div.tab-box> div").eq(index).show().siblings().hide();
}).hover(function(){
    $ (this).addClass("hover");
    },function(){
        $ (this).removeClass("hover");
        })
    })
< /script>
```

这样,图 8-3 所示的选项卡切换效果就实现了。

◆ 项目总结

本项目主要学习了 JavaScript 基本语法、流程控制语句、数组及函数的使用,学习了 jQuery 选择器、jQuery 文档操作及 jQuery 动态效果制作方法。

jQuery 对 JavaScript 进行了封装,使用的时候可以直接调用,符合站在巨人肩膀的理念。当然,要想更好地掌握 jQuery,就需要对 JavaScript 有更深入的理解。

课后习题

一、填空题

1. JavaScript 单行注释以________开始。

2. JavaScript 由________、________、________三部分组成。

3. 在 HTML 页面上编写 JavaScript 代码时，应写在________和________标签中间。

4. 在 JavaScript 中，如果需要声明一个整数类型的变量 num，语法格式是________。

5. JavaScript 中，如果已知 HTML 页面中的某标签对象的 id＝“username”，用________方法获得该标签对象。

6. jQuery 通过对________的封装，简化了 HTML 与 JavaScript 之间的操作。

7. HTML 页面中利用________标签可引入 jQuery 库。

二、选择题

1. 下列说法正确的是(　　)。

A. if 语句块的{}可以省略　　B. if 语句块的条件表达式可以是任意类型

C. if 语句块的()可以省略　　D. if 语句块的{}不可以省略

2. 已知 var h1＝ document.getElementById(“a1”)，下列修改属性值正确的是(　　)。

A. h1.hasAttribute(“name” , “zhangsan”)

B. h1.getAttribute(“name”)

C. h1.setAttribute(“name” , “zhangsan”)

D. h1.setAttribute(“name”)

3. 能够返回父节点的方法是(　　)。

A. nodeType　　B. nodeName　　C. nodeValue　　D. parentNode

4. 创建元素的方法是(　　)。

A. createElement()　B. appendChild()　C. createAttribute()　D. createTextNode()

5. 能够返回节点文本值的方法是(　　)。

A. attributes　　B. parentNode　　C. childNodes　　D. innerHTML

6. 下面关于变量的说法，错误的是(　　)。

A. var carname＝“Volvo”；var carname；顺序执行后，carname 的值依然为 Volvo

B. 由于 JavaScript 的动态特性，不需要定义变量，直接采取 key＝ val 的形式赋值

C. 若声明而未对变量赋值，该变量的值为 undefined

D. 可以使用 var key＝val 的形式赋值

7. 当鼠标指针进入 HTML 元素时执行的函数为(　　)。

A. mouseleave()　　B. mouseup()　　C. mouseenter()　　D. mousedown()

8. 下面(　　)种 jQuery 方法用于设置被选元素的一个或多个样式属性。

A. style()　　B. html()　　C. css()　　D. val()

9. 下面(　　)种 jQuery 方法用于隐藏被选元素。

A. hidden()　　B. hide()　　C. display(none)　　D. visible(false)

10. 下列(　　)语法选择当前 HTML 元素。

A. $(“*”)　　B. $(“[href]”)　　C. $(this)　　D. $(“p.intro”)

11. 通过 jQuery，$(“div. intro”)能够选取的元素是(　　)。

A. class=“intro”的首个 div 元素　　B. id=“intro”的首个 div 元素

C. class=“intro”的所有 div 元素　　D. id=“intro”的所有 div 元素

12. 把所有 p 元素的背景色设置为红色的正确 jQuery 代码是(　　)。

A. $(“p”). manipulate(“background-color”,“red”);

B. $(“p”). layout(“background-color”,“red”);

C. $(“p”). style(“background-color”,“red”);

D. $(“p”). css(“background-color”,“red”);

13. 下面(　　)个 jQuery 选择器选择具有给定元素 id 为 some-id 的元素。

A. $('some-id')　　B. $('#some-id')　　C. $('. some-id')　　D. 以上都不是

14. jQuery 是通过(　　)脚本语言编写的。

A. C#　　B. JavaScript　　C. C++　　D. VBScript

项目 8 实验

一、实验目的

(1)掌握 jQuery 的语法、jQuery 选择器;

(2)掌握 jQuery 的常用事件和动画效果;

(3)会使用 jQuery 编写常用动态效果。

二、实验内容与步骤

1. 在站点文件夹 MySite 中打开 index. html 文件，将页面 banner 部分设置成 4 张图片轮播效果。

2. 制作一个显示与隐藏中国历史朝代列表的效果。当用户进入界面时，历史朝代列表是精简模式，按钮文字为“显示全部朝代”，如图 8-26 所示。当用户单击“显示全部朝代”按钮后，历史朝代全部显示，同时按钮文字变成“精简显示朝代”，如图 8-27 所示。

实现思路分析：

首先需要隐藏第七条后面的历史朝代，最后一条“中华人民共和国”除外，当触发按钮的 click 事件时需要判断：如果历史朝代全部显示，则隐藏多余的朝代，并且设置按钮文字为“显示全部朝代”；否则显示相应朝代，并且设置按钮文字为“精简显示朝代”。

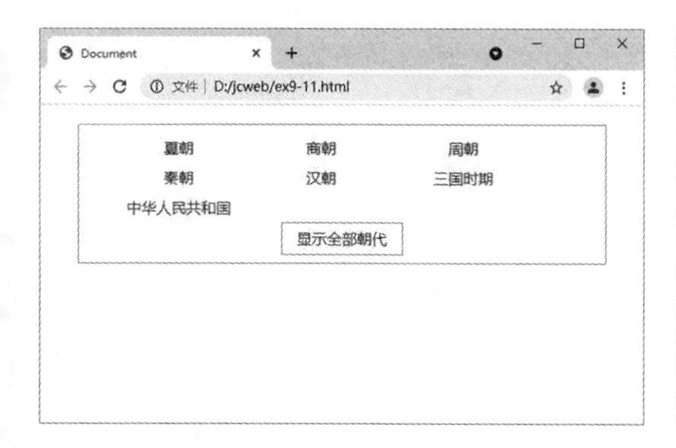

图 8-26　正常页面效果

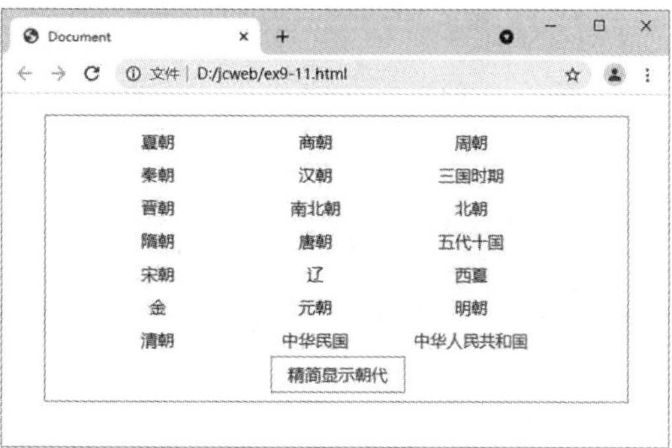

图 8-27　单击按钮后的效果

参考步骤：

(1)编写 HTML 代码。

HTML 代码如下：

```
< div class= "listBox">
< ul>
    < li> < a href= "# "> 夏朝< /a> < /li>
    < li> < a href= "# "> 商朝< /a> < /li>
    < ! --省略 14 个朝代-->
    < li> < a href= "# "> 元朝< /a> < /li>
    < li> < a href= "# "> 明朝< /a> < /li>
    < li> < a href= "# "> 清朝< /a> < /li>
    < li> < a href= "# "> 中华民国< /a> < /li>
    < li> < a href= "# "> 中华人民共和国< /a> < /li>
< /ul>
< div class= "showmore"> < a href= ""> < span> 显示全部朝代< /span> < /a>
< /div> < /div>
```

(2)设置 CSS 样式。

CSS 代码如下：

```
* {padding: 0px;
    margin: 0px; }
.listBox{
    margin-top: 20px;
    margin-left:auto;
    margin-right:auto;
    border: solid 1px # 909090;
    padding: 0.5em 2em;
    width: 500px;
    text-align: center;
    overflow:hidden; }
.listBox ul{
    list-style:none;
}
.listBox ul li{
    float: left;
    width: 7em;
    margin: 5px 20px; }
a, a:visited{
    color:# 404040;
    text-decoration: none;
    display: block; }
.showmore{
    width: 8em;
    line-height: 2em;
```

```
        text-align: center;
        margin-top: 3em;
        border: solid 1px # 909090;
        clear: both;
        margin-left: auto;
        margin-right: auto; }
    .showmore a:hover{
        background: # 232323;
        color:# fff;}
```

(3)设置显示与隐藏菜单的代码:

```
$ (function(){
var $ category= $ ("ul li:gt(5):not(:last)");
$ category.hide();
var $ toggleBtn= $ ("div.showmore> a");
$ toggleBtn.click(function(){
    if($ category.is(":visible")){
        $ category.hide();
        $ (this).find("span").text("显示全部朝代");
    }else{
        $ category.show();
        $ (this).find("span").text("精简显示朝代");
    }
    return false;
});
});
```

三、实验小结及思考

(由学生填写,重点写上机中遇到的问题。)

项目9

使用Bootstrap构建响应式网页

在 Web 前端开发中，使用 HTML、CSS 及 JavaScript 技术可以编写出各式各样的并具有良好交互性的网页，但是这些网页在智能手机、平板电脑等小屏幕设备上显示效果就不那么美观，会让用户产生很糟糕的体验。响应式布局使得页面能够自适应屏幕的大小，采取不同的显示方式。利用 Bootstrap 前端框架技术可以设计出自适应屏幕大小的响应式页面。

本项目学习响应式布局的实现方式及 Web 前端开发框架 Bootstrap 的使用。

学习目标

- 理解响应式布局的概念；
- 理解媒体查询的含义；
- 掌握 Bootstrap 网格系统；
- 掌握 Bootstrap 常用样式的使用方法；
- 掌握 Bootstrap 常用组件的使用方法；
- 会使用 Bootstrap 设计制作响应式页面。

项目案例

通过本项目的学习，实现如图 9-1 所示的响应式页面效果。

页面内容在不同分辨率显示器上显示不同的效果。在浏览器的可视区域宽度大于 768px 时，效果如图 9-1(a)所示，在手机或小屏幕设备上显示效果如图 9-1(b)所示。

(a)桌面浏览器页面效果

图 9-1 响应式页面效果

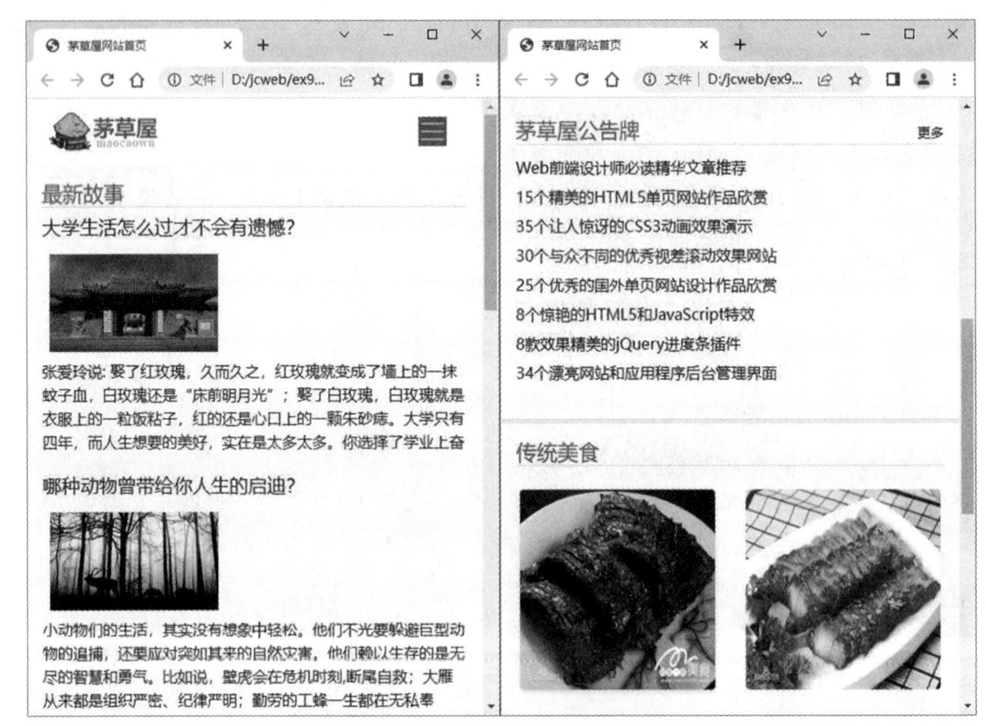

(b)小屏幕浏览器页面效果

续图 9-1

9.1 响应式布局与媒体查询

9.1.1 响应式布局

近年来，随着移动设备的兴起、普及，越来越多的人使用智能手机、平板电脑等小屏幕设备上网。针对不同屏幕的设置开发不同的网页成本非常大，为解决移动设备的浏览问题，网页设计师提出了响应式 Web 设计方案。

响应式布局是由 Ethan Marcotte 在 2010 年 5 月份提出的。他将媒体查询、网格布局和弹性图片合并称为响应式 Web 设计。使用响应式布局后，一个网站能够兼容多种终端，不再为每个终端做一个特定的版本。响应式 Web 设计的出现，使网页自动适应具有不同分辨率的屏幕，为移动设备提供了更好的用户体验。

产生响应式布局是因为设备显示器大小不同，最终原因还是分辨率不同。所以，在做开发时，要先了解开发对象的屏幕尺寸信息。实现响应式布局有很多种方法，媒体查询功能就是其中之一。

注意：

(1)响应式 Web 设计并不是将整个网页缩放给用户。

(2)响应式布局之前的网页设计，总是使用台式电脑显示器分辨率 1024×768px。

9.1.2 关于视口 viewport

视口 viewport 在响应式 Web 设计中是一个非常重要的概念。在移动端浏览器中存在两种视口：一种是可见视口，即设备大小；另一种是视窗视口，即网页宽度。

为了让移动设备的视口大小适应设备宽度，通常需要在网页的头部加入如下标签：

```
< meta name = "viewport" content = "width = device-width, initial-scale = 1,
minimum-scale= 1,maximum-scale= 1,user-scalable= no" />
```

其中，width 属性控制设备的宽度。假设用户的网站将被带有不同屏幕分辨率的设备浏览，那么将它设置为 device-width 可以确保它能正确呈现在不同设备上。

initial-scale=1.0 确保网页加载时，以 1∶1 的比例呈现，不会有任何的缩放。

在移动设备浏览器上，为 viewport meta 标签添加 user-scalable=no 可以禁用其缩放(zooming)功能。

通常情况下，maximum-scale=1.0 与 user-scalable=no 一起使用，这样禁用缩放功能后，用户只能滚动屏幕，就能让你的网站看上去更像原生应用的感觉。

注意：

(1)视口是针对移动端的概念，PC 端不存在视口的概念。

(2)设置视口是实现响应式设计的前提。未使用响应式设计时，手机浏览器将页面缩小来显示所有内容或者需要手势滑动来显示其他内容，这将影响用户体验效果。

9.1.3 媒体查询

CSS3 引入了媒体查询(media queries)，媒体查询可以通过一些条件查询语句来确定目标样式，从而控制同一页面在不同尺寸的设备浏览器中呈现出与之相适配的样式，使得浏览者在不同设备上都能得到最佳的体验。

媒体查询由媒体类型和条件表达式组成，其语法格式如下：

```
@ media mediatype and|not|only(media feature){
    CSS-Code;
}
```

CSS3 提供了多种 mediatype(媒体类型)，以下是常用的媒体类型：

- all：用于所有设备(默认值)。
- print：用于打印或打印预览。
- screen：用于电脑屏幕、平板电脑、智能手机等。
- speech：用于屏幕阅读器等发声设备。

media feature(媒体特性)是根据设备的某些特殊性质去选择样式的，如设备的宽高、方向和设备的分辨率等。以下是常用的媒体特性：

- max-width：定义输出设备中的页面最大可见区域宽度。
- min-width：定义输出设备中的页面最小可见区域宽度。
- orientation：定义设备的方向，portrait 和 landscape 分别表示竖直和水平。
- resolution：定义设备的分辨率，以 dpi 或者 dpcm 表示。

示例 1：使用媒体查询的简单示例。

源代码如下：

```
< ! DOCTYPE html>
< html>
< head>
```

```
        < meta charset= "utf-8">
        < title> 媒体查询< /title>
        < meta name= "viewport" content= "width= device-width, initial-scale= 1,
minimum-scale= 1,maximum-scale= 1,user-scalable= no" />
        < style type= "text/css">
        .example{
            padding:20px;
            color:white;
        }
        /* extra small device(phones,599px and down) * /
        @ media screen and (max-width:599px){
                .example{background-color:# FF0000;}
        }
        /* small device(portrait tablets and large phones,600px and up) * /
        @ media screen and (min-width:600px){
                .example{background-color:green;}
        }
        /* medium device(landscape tablets and large phones,768px and up) * /
        @ media screen and (min-width:768px){
                .example{background:blue;}
        }
        /* medium device(landscape/desktops,992px and up) * /
        @ media screen and (min-width:992px){
                .example{background-color:orange;}
        }
        /* extra large device(large landscape and desktops,1200px and up) * /
        @ media screen and (min-width:1200px){
                .example{background:pink;}
        }
        < /style>
    < /head>
    < body>
        < h5> 使用媒体查询示例< /h5>
        < p class= "example"> 调浏览器窗口宽度,查看段落背景的变化(共有五种)< /p>
    < /body>
    < /html>
```

浏览页面并改变页面宽度,会看到页面背景色在 5 种颜色之间变换。效果如图 9-2 所示。

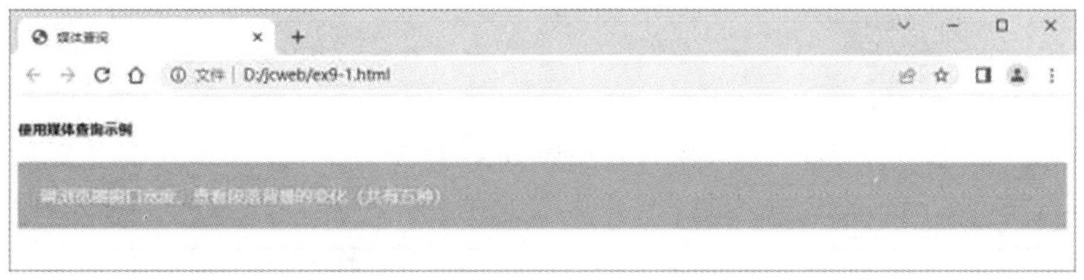

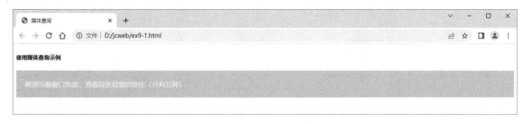

图 9-2　媒体查询的浏览效果

注意　在实际开发中，通常会将媒体查询类型省略。

9.2　Web 前端框架 Bootstrap 的使用

随着 Web 技术的不断发展，前端开发框架层出不穷，目前比较流行的 Web 前端框架有 Bootstrap、Vue.js、Layui、Angular、React 等。

9.2.1　Bootstrap 下载和使用

Bootstrap 是 Twitter 推出的一套用于 HTML、CSS 和 JavaScript 开发的开源工具集，

用于开发响应式布局、移动设备优先的 Web 项目，是目前最受欢迎的 Web 前端框架之一。

Bootstrap 包含了丰富的 Web 组件，使用这些组件可以快速地搭建一个漂亮、功能完备的网站。Bootstrap 是基于 HTML5 和 CSS3 开发的，它在 jQuery 的基础上进行了更为个性化和人性化的完善，形成了一套自己独有的网站风格，并兼容大部分 jQuery 插件。

1. 下载 Bootstrap

我们可以通过官方网址 https://getbootstrap.com/下载 Bootstrap 的最新版本，图 9-3 是 Bootstrap 官网首页。

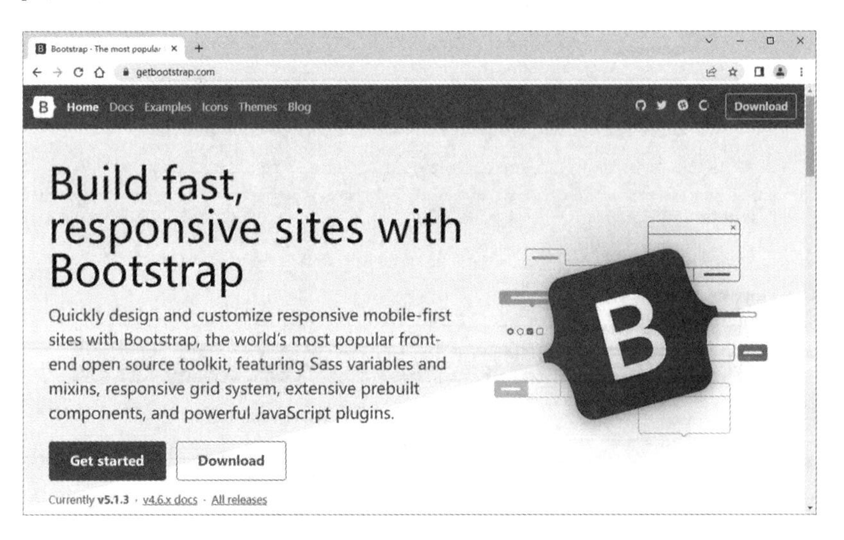

图 9-3　Bootstrap 官网首页

单击“Download”按钮，跳转至下载页面，将页面下拉会看到 3 个按钮，如图 9-4 所示。

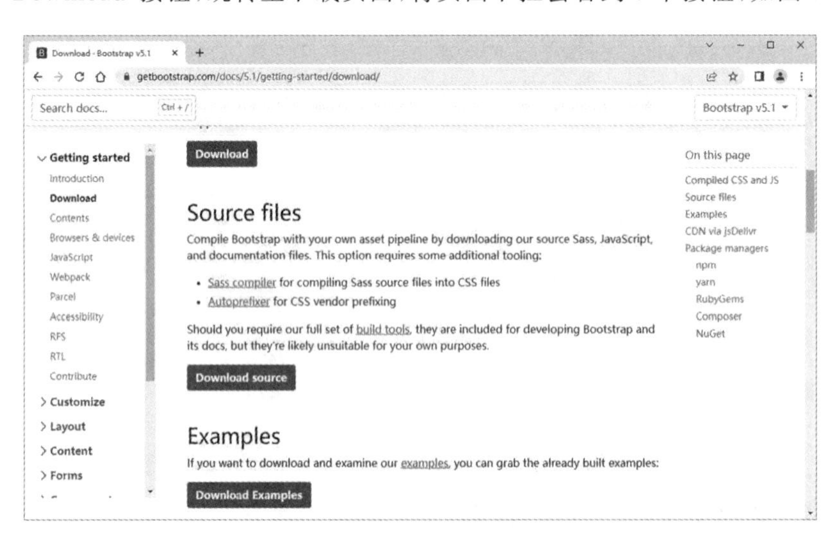

图 9-4　Bootstrap 下载页面

其中，“Download”按钮用于下载 Bootstrap。单击该按钮，可以下载 Bootstrap CSS、JavaScript 的预编译的压缩版本。不包含文档和最初的源代码文件。

本书以 Bootstrap 5.1.3 版本为例。下载成功后，解压缩 ZIP 文件，将会看到下面的文件和目录结构，如图 9-5 所示。

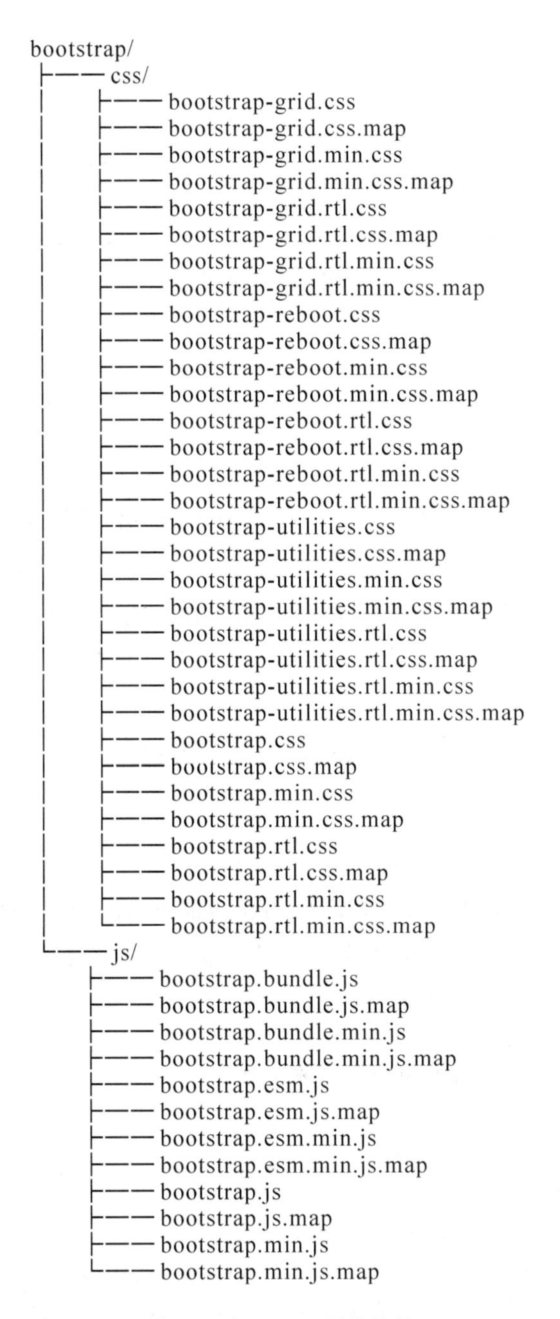

```
bootstrap/
├─── css/
│    ├─── bootstrap-grid.css
│    ├─── bootstrap-grid.css.map
│    ├─── bootstrap-grid.min.css
│    ├─── bootstrap-grid.min.css.map
│    ├─── bootstrap-grid.rtl.css
│    ├─── bootstrap-grid.rtl.css.map
│    ├─── bootstrap-grid.rtl.min.css
│    ├─── bootstrap-grid.rtl.min.css.map
│    ├─── bootstrap-reboot.css
│    ├─── bootstrap-reboot.css.map
│    ├─── bootstrap-reboot.min.css
│    ├─── bootstrap-reboot.min.css.map
│    ├─── bootstrap-reboot.rtl.css
│    ├─── bootstrap-reboot.rtl.css.map
│    ├─── bootstrap-reboot.rtl.min.css
│    ├─── bootstrap-reboot.rtl.min.css.map
│    ├─── bootstrap-utilities.css
│    ├─── bootstrap-utilities.css.map
│    ├─── bootstrap-utilities.min.css
│    ├─── bootstrap-utilities.min.css.map
│    ├─── bootstrap-utilities.rtl.css
│    ├─── bootstrap-utilities.rtl.css.map
│    ├─── bootstrap-utilities.rtl.min.css
│    ├─── bootstrap-utilities.rtl.min.css.map
│    ├─── bootstrap.css
│    ├─── bootstrap.css.map
│    ├─── bootstrap.min.css
│    ├─── bootstrap.min.css.map
│    ├─── bootstrap.rtl.css
│    ├─── bootstrap.rtl.css.map
│    ├─── bootstrap.rtl.min.css
│    └─── bootstrap.rtl.min.css.map
└─── js/
     ├─── bootstrap.bundle.js
     ├─── bootstrap.bundle.js.map
     ├─── bootstrap.bundle.min.js
     ├─── bootstrap.bundle.min.js.map
     ├─── bootstrap.esm.js
     ├─── bootstrap.esm.js.map
     ├─── bootstrap.esm.min.js
     ├─── bootstrap.esm.min.js.map
     ├─── bootstrap.js
     ├─── bootstrap.js.map
     ├─── bootstrap.min.js
     └─── bootstrap.min.js.map
```

图 9-5 Bootstrap 目录结构

在图 9-5 中可以看到 Bootstrap 的基本结构，预编译的 CSS、JavaScript，以及预编译的压缩版 CSS、JavaScript，其中还提供了 CSS 源码映射表（BootStrap. *. map），这些预编译文件可以直接应用到 Web 项目中，其中. map 文件只有在自定义高级开发时会应用到。

2. 在网站中使用 Bootstrap 框架

在网站中使用 Bootstrap 的方法是：将 Bootstrap 的两个文件（一个是样式文件，另一个是 JS 文件）复制到站点相应的文件夹中，然后在页面头部引入它们。

一个使用了 Bootstrap 的基本的 HTML 文档如下所示。

```
<! DOCTYPE html>
```

```
< html>
< head>
< title> 使用 Bootstrap< /title>
< meta name= "viewport" content= "width= device-width, initial-scale= 1.0">
< ! --Bootstrap5 核心 CSS 文件 -->
< link rel= "stylesheet" href= "css/bootstrap.min.css">
< ! -- Bootstrap5 核心 JavaScript 文件 -->
< script src= "js/bootstrap.bundle.min.js"> < /script>
< /head>
< body>
< /body>
< /html>
```

加入了这两个文件，我们就可以开始用 Bootstrap 开发任何网站和应用程序了。

3. 布局容器

使用 Bootstrap 时需要一个容器元素来包裹网站的内容。Bootstrap 包中为我们提供了. container 类和. container-fluid 类两个容器类。需要注意的是，由于 padding 等属性的原因，这两种容器类不能互相嵌套。

. container 类用于固定宽度并支持响应式布局的容器，代码如下：

```
< div  class= "container">
...
< /div>
```

. container-fluid 类用于设置 100%宽度，占据全部视口(viewport)的容器。代码如下：

```
< div class= "container-fluid">
...
< /div>
```

示例 2：两种容器类在页面中的使用效果对比。

```
< ! DOCTYPE html>
< html>
< head>
< title> 我的第一个 Bootstrap 页面< /title>
< meta name= "viewport" content= "width= device-width, initial-scale= 1.0">
< link rel= "stylesheet" href= "css/bootstrap.min.css">
< script src= "js/bootstrap.bundle.min.js"> < /script>
< style type= "text/css">
    div{
        border: 1px solid # 000000;
        height: 100px;
    }
< /style>
< /head>
< body>
    < div class= "container">
```

```
        < /div>
        < div class= "container-fluid">
        < /div>
    < /body>
    < /html>
```

浏览页面，效果如图 9-6 所示。

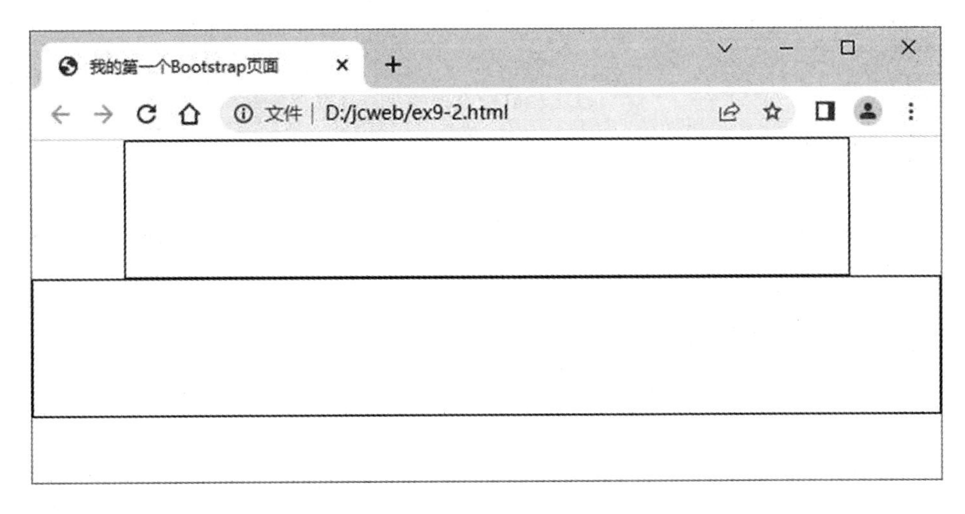

图 9-6　两种容器类的应用效果对比

由图 9-6 看到，使用. container 容器布局时页面两边有留白，而使用. container-fluid 容器布局时页面的整个宽度会被占用。

9.2.2　Bootstrap 网格系统

在网页设计中，网格系统是一种用于快速创建页面布局和有效使用 HTML 和 CSS 的方法。Bootstrap 提供了一套响应式、移动设备优先的流式网格系统，随着屏幕或视口尺寸的增加，系统会自动分为最多 12 列。我们也可以根据自己的需要，自定义列数。Bootstrap5 的网格系统是响应式的，列会根据屏幕大小自动重新排列。

Bootstrap5 网格系统使用规则如下：

(1)"行"必须包含在. container 或. container-fluid 类的容器中，以便为其赋予合适的排列和内外边距。

(2)通过行(row)来创建水平的列组，内容需要放置在列中，并且只有列可以作为行的直接子元素。

(3)预定义的类如. row 和. col-*-*，可用于快速制作网格布局；其中. col-*-* 中第一个星号(*)表示响应的设备(sm，md，lg 或 xl)，第二个星号(*)表示一个数字，同一行的数字相加为 12。

(4)网格列是通过跨越指定的 12 个列来创建的。例如，设置三个相等的列，需要使用三个. col-sm-4 来设置。

(5)网格类根据断点大小应用到相应的宽度的屏幕上。当定义了. col-md-*，但是没有定义. col-lg-* 时，大屏幕和特大屏幕显示器都会按照. col-md-* 定义的来显示。

通过表 9-1 可以详细查看 Bootstrap 网格系统是如何在不同设备上工作的。

表 9-1 Bootstrap 网格参数

	超小设备 <576px	平板 ≥576px	桌面显示器 ≥768px	大桌面显示器 ≥992px	特大桌面显示器 ≥1200px	超大桌面显示器 ≥1400px
容器最大宽度	None (auto)	540px	720px	960px	1140px	1320px
类前缀	. col-	. col-sm-	. col-md-	. col-lg-	. col-xl-	. col-xxl-
列数量和	12					
间隙宽度	1. 5rem(一个列的每边分别. 75rem)					
可嵌套	是					
列排序	是					

我们将上述的类组合使用,可以创建等宽的响应式列、不等宽的响应式列、嵌套列等。

示例 3:创建相等宽度的列,Bootstrap 自动布局。

源代码如下:

```
< ! DOCTYPE html>
< html>
< head>
< title> Bootstrap 网格系统应用示例< /title>
< meta name= "viewport" content= "width= device-width, initial-scale= 1.0">
< link rel= "stylesheet" href= "css/bootstrap.min.css">
< script src= "js/bootstrap.bundle.min.js"> < /script>
< /head>
< body>
< div class= "container-fluid mt-3">
    < h1> 创建相等宽度的列< /h1>
    < div class= "row">
        < div class= "col p-3 bg-primary text-white"> 1< /div>
        < div class= "col p-3 bg-dark text-white"> 2< /div>
        < div class= "col p-3 bg-primary text-white"> 3< /div>
    < /div>
< /div>
< /body>
< /html>
```

浏览网页,页面效果如图 9-7 所示。

我们看到,本示例没有在每个 col 上添加数字,让 Bootstrap 自动处理布局,同一行的每个列宽度相等:两个"col",每个就为 50%的宽度;三个"col",每个就为 33. 33%的宽度;四个"col",每个就为 25% 的宽度,以此类推。同样,我们可以使用. col-sm|md|lg|xl 来设置列的响应规则。

示例 4:创建等宽的响应式列。

本示例演示了如何在平板及更大屏幕上创建等宽度的响应式列。在移动设备上,即屏

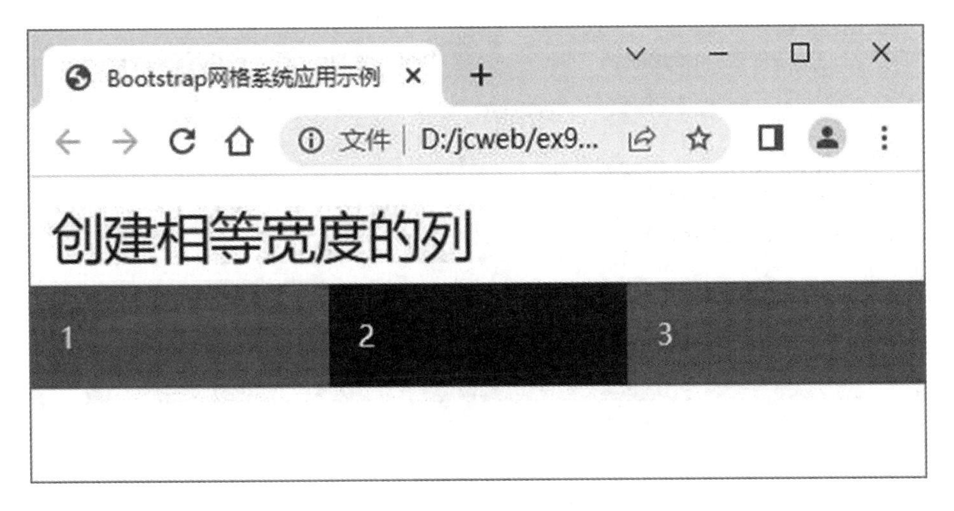

图 9-7 相等宽度的列示例效果

幕宽度小于 576px 时，四个列将会上下堆叠排版。

源代码如下：

```
< ! DOCTYPE html>
< html>
< head>
< title> Bootstrap 网格系统应用示例< /title>
< meta name= “viewport” content= “width= device-width, initial-scale= 1.0”>
< link rel= “stylesheet” href= “css/bootstrap.min.css”>
< script src= “js/bootstrap.bundle.min.js”> < /script>
< /head>
< body>
< div class= “container-fluid mt-3”>
    < h1> 等宽响应式列< /h1>
    < p> 重置浏览器大小查效果。< /p>
    < p>  在移动设备上，即屏幕宽度小于 576px 时，四个列将会上下堆叠排版。< /p>
    < div class= “row”>
        < div class= “col-sm-3 p-3 bg-primary text-white”> 第一列< /div>
        < div class= “col-sm-3 p-3 bg-dark text-white”> 第二列< /div>
        < div class= “col-sm-3 p-3 bg-primary text-white”> 第三列< /div>
        < div class= “col-sm-3 p-3 bg-dark text-white”> 第四列< /div>
    < /div>
< /div>
< /body>
< /html>
```

浏览网页，页面效果如图 9-8(a)所示。将浏览器窗口缩小到小于 576px 时，页面效果如图 9-8(b)所示。

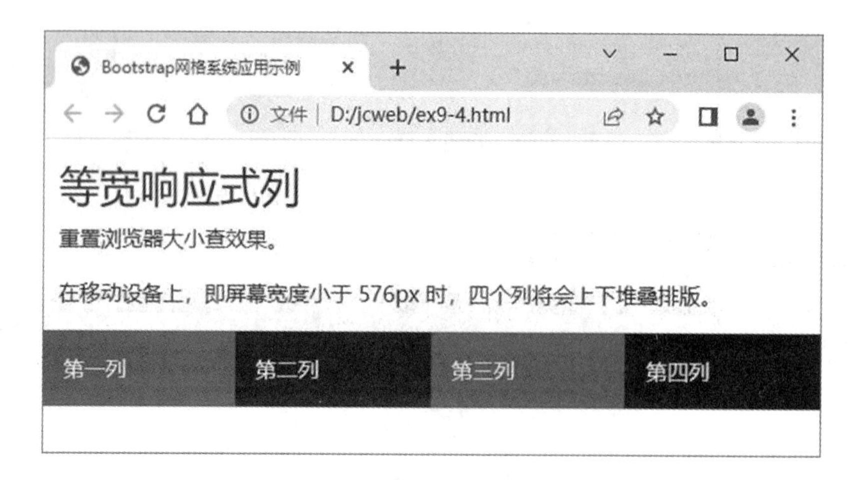

(a)浏览器窗口大于 576px 时页面效果

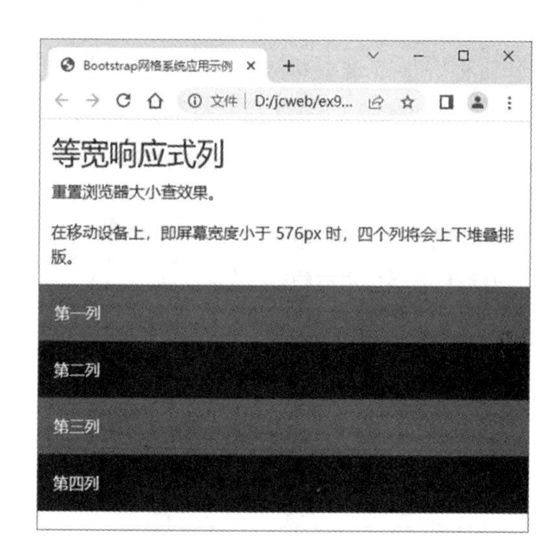

(b)浏览器窗口小于 576px 时页面效果

图 9-8 等宽响应式列示例效果

示例 5:创建不等宽响应式列。

本示例演示了在桌面设备的显示器上两个列的宽度各占 50%，如果在平板端则左边的宽度为 25%，右边的宽度为 75%，在移动手机等小型设备上会堆叠显示。

源代码如下：

```
<! DOCTYPE html>
<html>
<head>
<title> Bootstrap 网格系统应用示例</title>
<meta name= "viewport" content= "width= device-width, initial-scale= 1.0">
<link rel= "stylesheet" href= "css/bootstrap.min.css">
<script src= "js/bootstrap.bundle.min.js"> </script>
</head>
<body>
  <h1> 平板与桌面的网格布局</h1>
```

```
    < div class= “container-fluid”>
    < div class= “row”>
    < div class= “col-sm-3 col-md-6 p-3 bg-success”> 左侧的列< /div>
    < div class= “col-sm-9 col-md-6p-3 bg-warning”> 右侧的列< /div>
    < /div>
    < /div>
< /body>
< /html>
```

浏览网页,页面效果如图 9-9(a)所示。将浏览器窗口缩小到大于等于 576px 时,页面效果如图 9-9(b)所示。将浏览器窗口缩小到小于 576px 时,页面效果如图 9-9(c)所示。

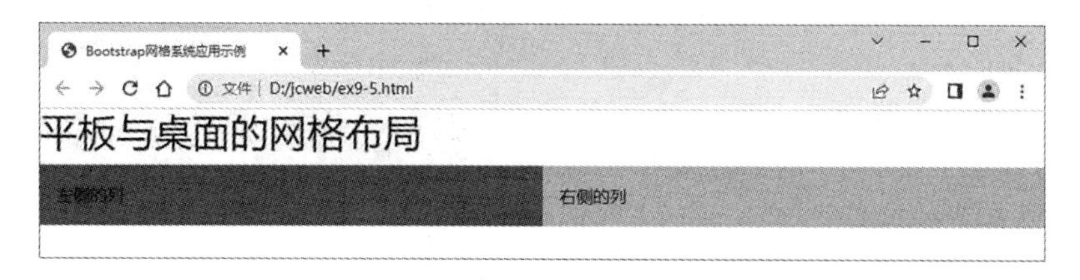

(a)在桌面设备的显示器上效果

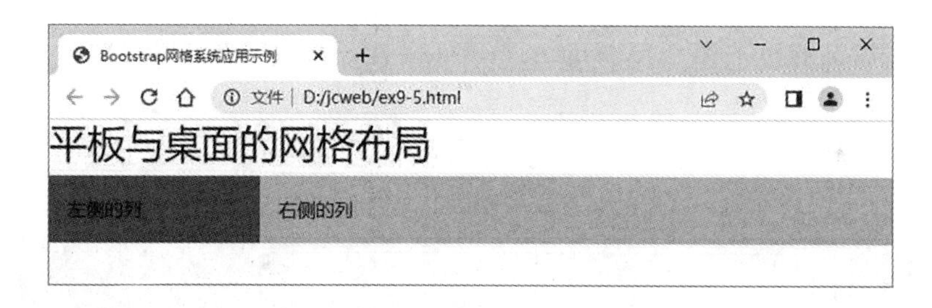

(b)在平板设备的显示器上效果

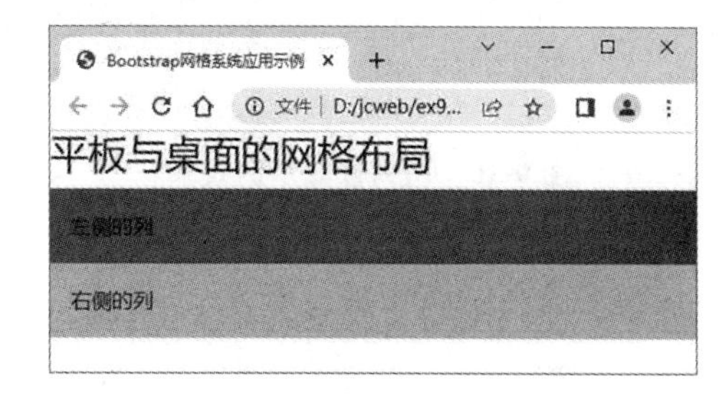

(c)在移动手机等小型设备上效果

图 9-9　不等宽响应式列示例效果

示例 6:创建嵌套列。

本示例创建两列布局,其中一列内嵌套着另外两列。

源代码如下:

```
< ! DOCTYPE html>
< html>
< head>
< title> Bootstrap 网格系统应用示例< /title>
< meta name= “viewport” content= “width= device-width, initial-scale= 1.0”>
```

```
< link rel= “stylesheet” href= “css/bootstrap.min.css”>
< script src= “js/bootstrap.bundle.min.js”> < /script>
< /head>
< body>
< div class= “container-fluid”>
    < div class= “row”>
        < div class= “col-8 bg-warning p-4”>
            第 1 行 1 列
            < div class= “row”>
                < div class= “col-6 bg-light p-2”> 第 1 列 1 行< /div>
                < div class= “col-6 bg-secondary p-2”> 第 1 列 2 行< /div>
            < /div>
        < /div>
        < div class= “col-4 bg-success p-4”> 第 1 行 2 列< /div>
    < /div>
< /div>
< /body>
< /html>
```

浏览网页，页面效果如图 9-10 所示。

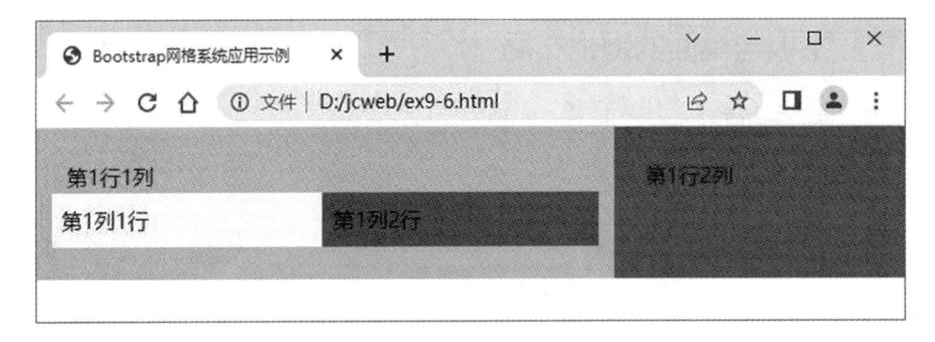

图 9-10　两列嵌套示例效果

知识补充：

Bootstrap 提供了广泛的快速响应边距和填充类，用于修改元素的内边距和外边距。类的命名使用格式如下：

```
{property}{sides}-{size}for xs
{property}{sides}-{breakpoint}-{size}for sm,md,lg 和 xl。
```

(1)property(属性)的取值：

m——用于设置 margin 的类；

p——用于设置 padding 的类。

(2)sides(边)的取值：

t——用于设置 margin-top 或 padding-top 的类；

b——用于设置 margin-bottom 或 padding-bottom 的类；

l——用于设置 margin-left 或 padding-left 的类；

r——用于设置 margin-right 或 padding-right 的类；

x——设置 padding-left 和 padding-right 或 margin-left 和 margin-right；

y——设置 padding-top 和 padding-bottom 或 margin-top 和 margin-bottom；

blank——用于在元素的所有 4 个边上设置边距或填充的类。

(3)size(大小)的取值：

0——将边距或填充设置为 0；

1——将边距或填充设置为.25rem(如果 font-size 为 16px,则为 4px)；

2——将边距或填充设置为.5rem(如果字体大小为 16px,则为 8px)；

3——将边距或填充设置为 1rem(如果字体大小为 16px,则为 16px)；

4——将边距或填充设置为 1.5rem(如果字体大小为 16px,则为 24px)；

5——将边距或填充设置为 3rem(如果 font-size 为 16px,则为 48px)；

auto——用于设置 margin 为 auto 的类。

例如：

```
.mt-0{
    margin-top: 0;
}
.ml-1{
    margin-left: ($ spacer* .25);/* $ spacer 是一个 SASS 变量。默认情况下,它的值
是 1rem * /
}
.px-2{
    padding-left:($ spacer* .5);
    padding-right:($ spacer* .5);
}
.p-3{
    padding:$ spacer;
}
```

9.2.3 使用 Bootstrap 样式

Bootstrap 预定义了一套 CSS 类样式,用于创建出不同样式的文字排版、文本颜色、表格、表单、按钮、图片等。

1. 文字排版

Bootstrap 为文字排版设置了一系列 class 样式来改变页面显示效果,表 9-2 列出了常用的文字排版样式。

表 9-2 常用的文字排版样式

类名	描述
. text-start	设置文本左对齐
. text-center	设置文本居中对齐
. text-end	设置文本居右对齐

续表

类名	描述
. text-justify	设置文本对齐,段落中超出屏幕部分文字自动换行
. text-nowrap	段落中超出屏幕部分不换行
. list-unstyled	移除默认的列表样式,列表项左对齐(<ul>和<ol>中)。 这个类仅适用于直接子列表项(如果需要移除嵌套的列表项,需要在嵌套的列表中使用该样式)
. list-inline	将所有列表项放置同一行

2. Bootstrap 颜色

Bootstrap 提供了两种颜色:一种是文本颜色,一种是背景颜色。

文本颜色类:如. text-muted,. text-primary,. text-success,. text-info,. text-warning,. text-danger,. text-secondary,. text-white,. text-dark 等代表文本的颜色,通常用 text 开头来命名。

背景颜色类:如. bg-primary,. bg-success,. bg-info,. bg-warning,. bg-danger,. bg-secondary,. bg-dark 和. bg-light 等代表背景的颜色,通常用 bg 开头来命名。

示例 7:文本颜色应用示例。

```
< ! DOCTYPE html>
< html>
< head>
< title> Bootstrap 颜色应用示例< /title>
< meta name= “viewport” content= “width= device-width, initial-scale= 1.0”>
< link rel= “stylesheet” href= “css/bootstrap.min.css”>
< script src= “js/bootstrap.bundle.min.js”> < /script>
< /head>
< body>
< div class= “container mt-3”>
    < h2> 代表指定意义的文本颜色< /h2>
    < p class= “text-muted”> 柔和的文本。< /p>
    < p class= “text-primary”> 重要的文本。< /p>
    < p class= “text-success”> 执行成功的文本。< /p>
    < p class= “text-info”> 代表一些提示信息的文本。< /p>
    < p class= “text-warning”> 警告文本。< /p>
    < p class= “text-danger”> 危险操作文本。< /p>
    < p class= “text-secondary”> 副标题。< /p>
    < p class= “text-dark”> 深灰色文字。< /p>
    < p class= “text-body”> 默认颜色,为黑色。< /p>
    < p class= “text-light”> 浅灰色文本(白色背景上看不清楚)。< /p>
    < p class= “text-white”> 白色文本(白色背景上看不清楚)。< /p>
< /div>
```

```
< /body>
< /html>
```

浏览网页,页面效果如图 9-11 所示。

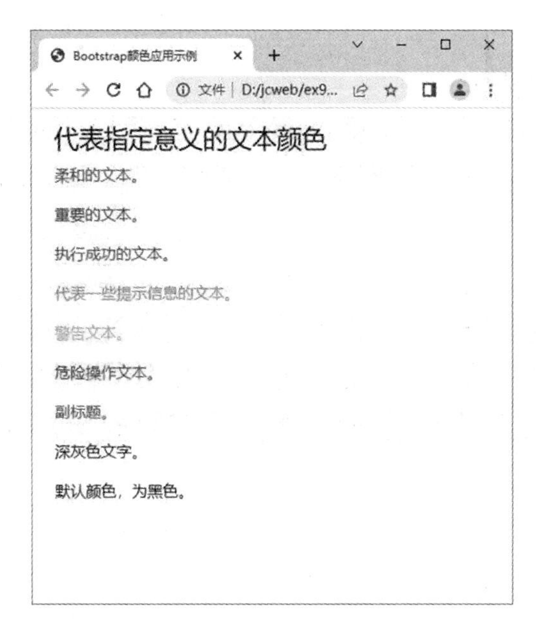

图 9-11　文本颜色应用示例

示例 8:背景颜色应用示例。

```
< ! DOCTYPE html>
< html>
< head>
< title> Bootstrap 颜色应用示例< /title>
< meta name= “viewport” content= “width= device-width, initial-scale= 1.0”>
< link rel= “stylesheet” href= “css/bootstrap.min.css”>
< script src= “js/bootstrap.bundle.min.js”> < /script>
< /head>
< body>
< div class= “container mt-3”>
    < h2> 背景颜色< /h2>
    < p class= “bg-primary text-white”> 重要的背景颜色。< /p>
    < p class= “bg-success text-white”> 执行成功背景颜色。< /p>
    < p class= “bg-info text-white”> 信息提示背景颜色。< /p>
    < p class= “bg-warning text-white”> 警告背景颜色< /p>
    < p class= “bg-danger text-white”> 危险背景颜色。< /p>
    < p class= “bg-secondary text-white”> 副标题背景颜色。< /p>
    < p class= “bg-dark text-white”> 深灰背景颜色。< /p>
    < p class= “bg-light text-dark”> 浅灰背景颜色。< /p>
< /div>
< /body>
< /html>
```

浏览网页，页面效果如图 9-12 所示。

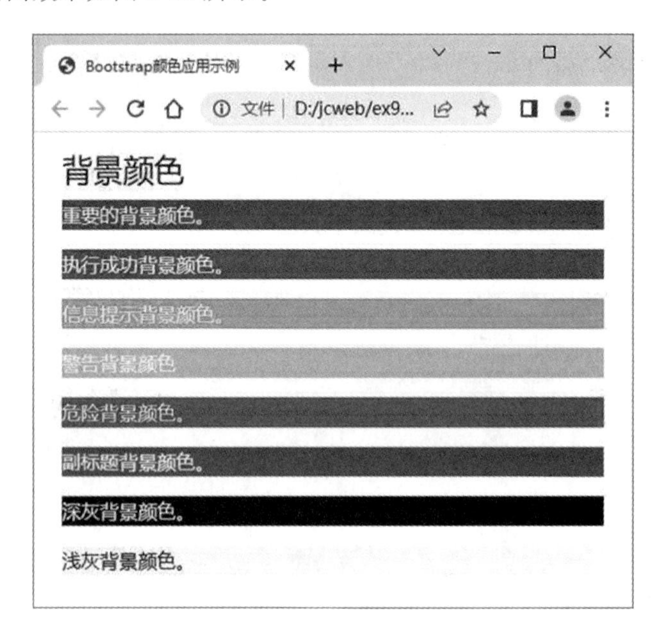

图 9-12　背景颜色应用示例

3. 表格样式

Bootstrap 为<table>标签设置了一系列 class 样式来美化表格。表 9-3 列出了常用的表格美化及特效样式。

表 9-3　常用表格美化及特效样式

类	描述
. table	为<table>元素添加基本样式(只有横向分隔线)
. table-striped	为表格内每一行添加斑马线形式的条纹(IE8 不支持)
. table-bordered	为表格和其中的每个单元格添加边框
. table-hover	为表格的每一行添加鼠标悬停效果
. table-condensed	让表格更加紧凑，单元格内的填充(padding)均会减半

示例 9：制作一个具有隔行变色、鼠标悬停功能的条纹状的紧凑表格。

源代码如下：

```
< ! DOCTYPE html>
< html>
< head>
< title> Bootstrap 表格样式< /title>
< meta name= “viewport” content= “width= device-width, initial-scale= 1.0”>
< link rel= “stylesheet” href= “css/bootstrap.min.css”>
< script src= “js/bootstrap.bundle.min.js”> < /script>
< /head>
< body>
<  table  class  =  “ table  table-bordered  table-striped  table-hover  table-condensed”>
```

```
    < caption> 条纹表格布局< /caption>
    < thead>
        < tr> < th> 国家< /th> < th> 首都< /th> < th> 邮编< /th> < /tr>
    < /thead>
    < tbody>
        < tr> < td> 中国< /td> < td> 北京< /td> < td> 100000< /td> < /tr>
        < tr> < td> 美国< /td> < td> 华盛顿< /td> < td> 999039< /td> < /tr>
        < tr> < td> 日本< /td> < td> 东京< /td> < td> 1970804< /td> < /tr>
    < /tbody>
    < /table>
    < /body>
    < /html>
```

浏览网页,页面效果如图 9-13 所示。

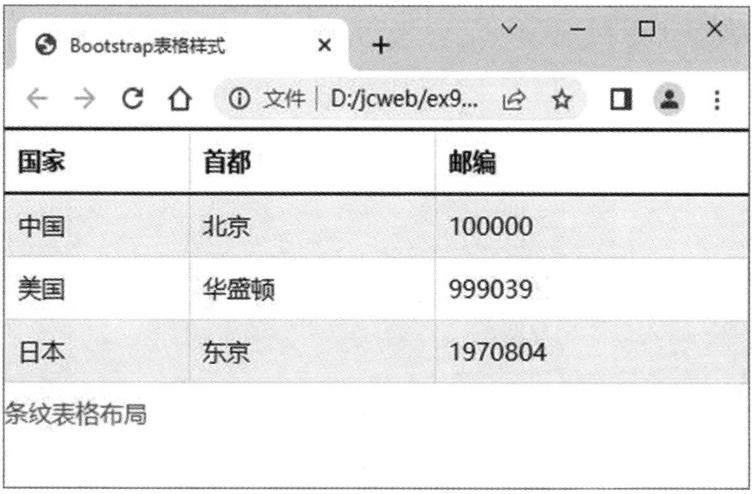

Bootstrap表格样式 D:/jcweb/ex9...

国家	首都	邮编
中国	北京	100000
美国	华盛顿	999039
日本	东京	1970804

条纹表格布局

图 9-13　表格样式应用示例

4. 图片样式

Bootstrap 为图片标签<img>设置了一系列 class 样式来美化图片。常用的 Bootstrap 图片样式说明如下。

. rounded:可以让图片显示圆角效果。

. rounded-circle:可以设置椭圆形图片。

. img-thumbnail:为图片自动加上一个带圆角且 1px 边界的外框缩略图样式。

. float-start:用来设置图片左对齐。

. float-end:用来设置图片左对齐、右对齐。

. mx-auto(margin:auto)和. d-block(display:block):设置图片居中对齐。

此外,可以通过在<img>标签中添加. img-fluid 类来设置响应式图片。

5. 表单样式

Bootstrap 通过一些简单的 HTML 标签和扩展的类即可创建出不同样式的表单。Bootstrap 提供了两种类型的表单布局。

- 堆叠表单(全屏宽度):垂直方向。
- 内联表单:水平表单。

下面通过示例讲解垂直表单和内联表单的制作方法。

示例10:垂直表单应用示例。

源代码如下:

```
< ! DOCTYPE html>
< html>
< head>
< title> 表单应用示例< /title>
< meta name= "viewport" content= "width= device-width, initial-scale= 1.0">
< link rel= "stylesheet" href= "css/bootstrap.min.css">
< script src= "js/bootstrap.bundle.min.js"> < /script>
< /head>
< body>
< div class= "container mt-3">
< h2> 堆叠表单< /h2>
< form action= "">
< div class= "mb-3 mt-3">
    < label for= "email" class= "form-label"> Email:< /label>
    < input type= "email" class= "form-control" id= "email" placeholder= "请输入 email" name= "email">
< /div>
< div class= "mb-3">
    < label for= "pwd" class= "form-label"> 密码:< /label>
    < input type= "password" class= "form-control" id= "pwd" placeholder= "请输入密码" name= "pswd">
< /div>
< div class= "form-check mb-3">
    < label class= "form-check-label">
    < input class= "form-check-input" type= "checkbox" name= "remember"> 记住我
    < /label>
< /div>
< button type= "submit" class= "btn btn-primary"> 提交< /button>
< /form>
< /div>
< /body>
< /html>
```

浏览网页,页面效果如图9-14所示。

图 9-14　垂直表单应用示例

在此示例中我们使用. form-label 类来设置标签元素<label>的内边距，使用. form-check 类来设置复选框(checkbox)容器元素的内边距。复选框和单选按钮的样式使用. form-check-input 类来设置，它们的标签元素<label>的内边距使用. form-check-label 类来设置。

此外，我们可以通过在. form-control 输入框中使用. form-control-lg 或. form-control-sm 类来设置输入框的大小。

示例 11：内联表单应用示例。

如果我们希望表单元素并排显示，需使用. row 和. col 将表单元素置于一行中。

源代码如下：

```
< ! DOCTYPE html>
< html>
< head>
< title> 表单应用示例< /title>
< meta name= “viewport” content= “width= device-width, initial-scale= 1.0”>
< link rel= “stylesheet” href= “css/bootstrap.min.css”>
< script src= “js/bootstrap.bundle.min.js”> < /script>
< /head>
< body>
< div class= “container mt-3”>
    < h2> 内联表单< /h2>
    < p> 如果希望表单元素并排显示，需要使用.row 和.col:< /p>
    < form action= “”>
    < div class= “row”>
        < div class= “col”>
        < input type= “text” class= “form-control” placeholder= “请输入 email”
name= “email”>
        < /div>
```

```
            < div class= "col">
            < input type= "password" class= "form-control" placeholder= "请输入密码" name= "pswd">
            < /div>
        < /div>
    < /form>
    < /div>
    < /body>
    < /html>
```

浏览网页,页面效果如图 9-15 所示。

图 9-15　内联表单应用示例

9.2.4　使用 Bootstrap 组件

Bootstrap 提供了十几个可重用的组件,用于创建进度条、下拉菜单、导航栏、提示框、分页、警告框、弹出框等。

1. 导航栏(navbar)

Bootstrap 为我们提供了默认样式的导航栏,导航栏在移动设备上可以折叠(并且可开可关),随着可用视口宽度的增加,导航栏也会水平展开。

我们可以使用. navbar 类来创建一个标准的导航栏,后面紧跟. navbar-expand-xxl|xl|lg|md|sm 类来创建响应式的导航栏(大屏幕水平铺开,小屏幕垂直堆叠)。

导航栏上的选项可以使用<ul>元素并添加 class="navbar-nav"类,然后在<li>元素上添加. nav-item 类,<a>元素上使用. nav-link 类。

示例 12:制作标准样式的导航栏。

源代码如下:

```
< ! DOCTYPE html>
< html>
< head>
< title> 导航栏应用示例< /title>
< meta name= "viewport" content= "width= device-width, initial-scale= 1.0">
```

```
< link rel= "stylesheet" href= "css/bootstrap.min.css">
< script src= "js/bootstrap.bundle.min.js"> < /script>
< /head>
< body>
< nav class= "navbar navbar-expand-sm bg-light">
    < ul class= "navbar-nav">
        < li class= "nav-item">
            < a class= "nav-link" href= "# "> 慢谈历史< /a>
        < /li>
      < li class= "nav-item">
          < a class= "nav-link" href= "# "> 话说家乡< /a>
      < /li>
      < li class= "nav-item">
          < a class= "nav-link" href= "# "> 趣谈美食< /a>
      < /li>
    < /ul>
< /nav>
< /body>
< /html>
```

浏览效果如图 9-16 所示。

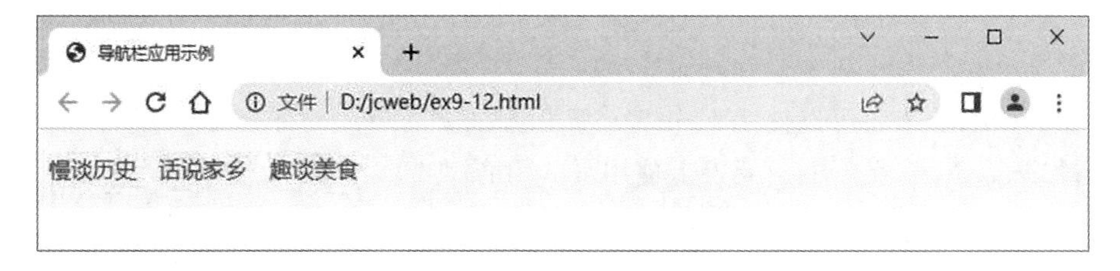

图 9-16　导航栏应用效果

标准导航栏只能适应大屏幕的浏览器，当浏览器窗口缩小到一定程度时，菜单将被折叠，如图 9-17 所示。

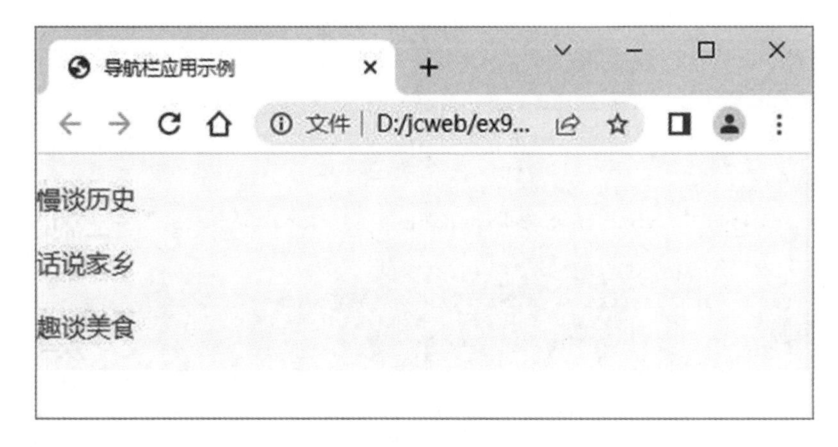

图 9-17　小屏幕浏览显示效果

在本示例中，我们可以通过删除.navbar-expand-xxl|xl|lg|md|sm 类来创建垂直导航栏，通过添加.justify-content-center 类来创建居中对齐的导航栏，可以使用以下类来创建不同颜色导航栏：.bg-primary，.bg-success，.bg-info，.bg-warning，.bg-danger，.bg-secondary，.bg-dark 和.bg-light。可以在＜a＞元素上添加.active 类来高亮显示选中的选项。

通常，小屏幕上我们都会折叠导航栏，通过单击汉堡按钮来显示导航选项。

折叠起来的导航栏实际上是一个带有.navbar-toggle 及两个 data-* 元素的按钮。第一个是 data-toggle，用于告诉 JavaScript 需要对按钮做什么；第二个是 data-target，指示要切换到哪一个元素。一个带有.icon-bar 的＜span＞标签创建所谓的汉堡按钮。这些会切换 class 为.nav-collapse 中的＜div＞元素。

示例 13：制作折叠导航栏。

使用 Bootstrap 制作折叠导航栏主要分为以下步骤。

(1)添加一个容器＜nav＞标签，向＜nav＞标签中添加.navbar 类来创建一个标准的导航栏，后面紧跟.navbar-expand-xxl|xl|lg|md|sm 类来创建响应式的导航栏(大屏幕水平铺开，小屏幕垂直堆叠)。

(2)在＜nav＞标签中添加一个按钮＜button＞标签，向＜button＞标签中添加 class=“navbar-toggler”，data-bs-toggle=“collapse”与 data-target=“#thetarget”类。

(3)在＜button＞标签下面添加一个＜div＞标签，用于包裹导航内容(链接)，向＜div＞标签中添加 class=“collapse navbar-collapse”类，div 元素上的 id 匹配按钮 data-target 上指定的 id。

(4)导航栏上的选项可以使用＜ul＞元素并添加 class=“navbar-nav”类，然后在＜li＞元素上添加.nav-item 类，＜a＞元素上使用.nav-link 类。

源代码如下：

```
< ! DOCTYPE html>
< html>
< head>
< title> Bootstrap 导航栏< /title>
< meta name= “viewport” content= “width= device-width, initial-scale= 1.0”>
< link rel= “stylesheet” href= “css/bootstrap.min.css”>
< script src= “js/bootstrap.bundle.min.js”> < /script>
< /head>
< body>
< nav class= “navbar navbar-expand-md bg-dark navbar-dark”>
< ! -- Brand -->
< a class= “navbar-brand” href= “# ”> 导航栏< /a>
< ! -- Toggler/collapsibe Button -->
< button class = “navbar-toggler” type = “button” data-bs-toggle = “collapse” 
data-bs-target= “# collapsibleNavbar”>
    < span class= “navbar-toggler-icon”> < /span>
< /button>
< ! -- Navbar links -->
```

```
    < div class= "collapse navbar-collapse" id= "collapsibleNavbar">
        < ul class= "navbar-nav">
            < li class= "nav-item"> < a class= "nav-link" href= "# "> 慢谈历史< /a>
< /li>
            < li class= "nav-item"> < a class= "nav-link" href= "# "> 话说家乡< /a>
< /li>
            < li class= "nav-item"> < a class= "nav-link" href= "# "> 趣谈美食< /a>
< /li>
            < li class= "nav-item"> < a class= "nav-link" href= "# "> 故事集锦< /a>
< /li>
        < /ul>
    < /div>
    < /nav>
    < /body>
    < /html>
```

浏览效果如图 9-18 所示。当浏览器窗口缩小到一定程度时，菜单将被折叠，效果如图 9-19 所示。

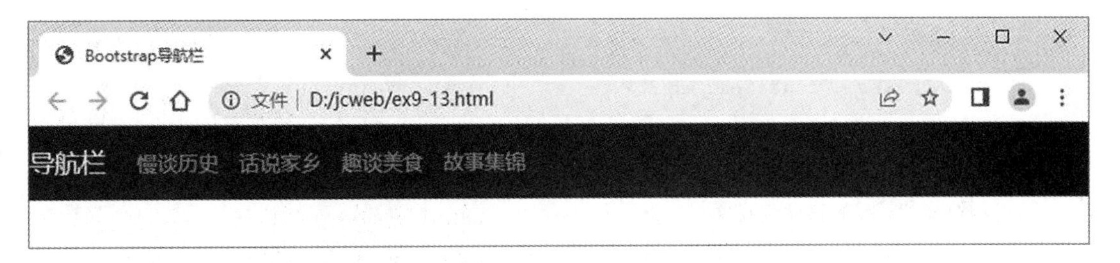

图 9-18　折叠导航栏示例效果

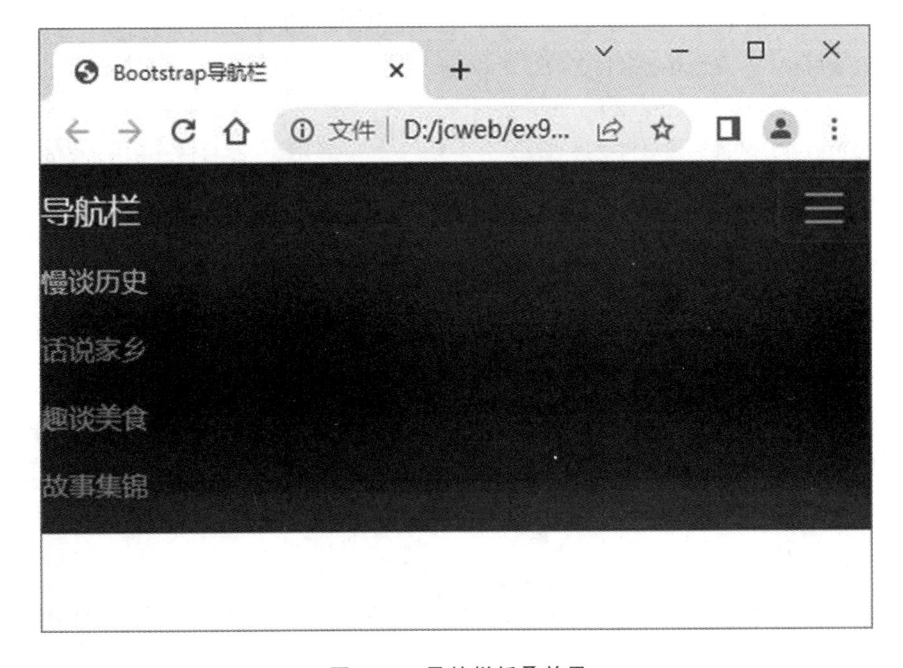

图 9-19　导航栏折叠效果

2. 提示框

提示框是一个小小的弹窗，在鼠标移动到元素上时显示，鼠标移到元素外就消失。我们可以通过向元素添加 data-bs-toggle="tooltip"来创建提示框，元素的 title 属性的内容为提示框显示的内容。

默认情况下提示框显示在元素上方，可以使用 data-bs-placement 属性来设定提示框显示的方向：top、bottom、left 或 right。

示例 14：提示框应用示例。

源代码如下：

```
<!DOCTYPE html>
<html>
<head>
<title>Bootstrap 提示框应用示例</title>
<meta name="viewport" content="width=device-width, initial-scale=1.0">
<link rel="stylesheet" href="css/bootstrap.min.css">
<script src="js/bootstrap.bundle.min.js"></script>
</head>
<body>
<div class="container mt-3">
    <h3>提示框实例</h3>
    <a href="#" data-bs-toggle="tooltip" data-bs-placement="top" title="我是提示内容!">鼠标移动到我这</a>
    <a href="#" data-bs-toggle="tooltip" data-bs-placement="bottom" title="我是提示内容!">鼠标移动到我这</a>
    <a href="#" data-bs-toggle="tooltip" data-bs-placement="left" title="我是提示内容!">鼠标移动到我这</a>
    <a href="#" data-bs-toggle="tooltip" data-bs-placement="right" title="我是提示内容!">鼠标移动到我这</a>
</div>
<script>
    var tooltipTriggerList = [].slice.call(document.querySelectorAll('[data-bs-toggle="tooltip"]'))
    var tooltipList = tooltipTriggerList.map(function (tooltipTriggerEl) {
        return new bootstrap.Tooltip(tooltipTriggerEl)
})
</script>
</body>
</html>
```

注意 提示框要写在 JavaScript 的初始化代码里，然后在指定的元素上调用 tooltip()方法。

浏览网页，效果如图 9-20 所示。

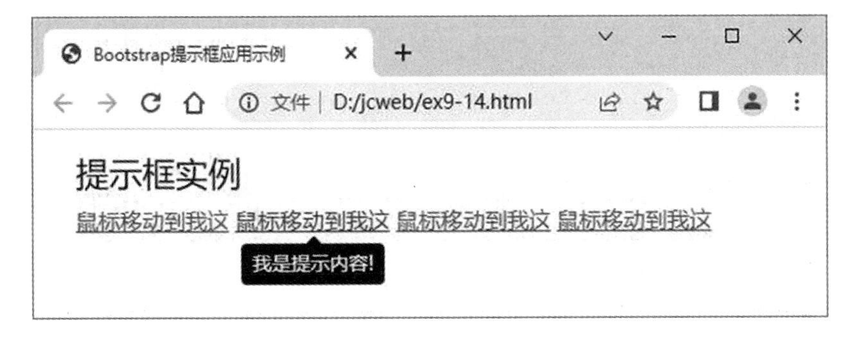

图 9-20　提示框应用效果

9.2.5　使用 Bootstrap 插件

Bootstrap 提供了十几个自定义的 JS 插件，用来实现网页特效。下面介绍 Bootstrap 轮播插件的使用方法。

Bootstrap 轮播插件是一种灵活的、响应式的、向站点添加滑块的方式。轮播的内容可以是图像、内嵌框架、视频或者其他想要放置的任何类型的内容。

轮播插件中用到的类样式如表 9-4 所示。

表 9-4　轮播插件类样式

类	描述
.carousel	用来创建一个轮播
.carousel-indicators	为轮播添加一个指示符，就是轮播图底下的一个个小点，轮播的过程可以显示目前是第几张图
.carousel-inner	添加要切换的图片
.carousel-item	指定每个图片的内容
.carousel-control-prev	添加左侧按钮，单击会返回上一张
.carousel-control-next	添加右侧按钮，单击会切换到下一张
.carousel-control-prev-icon	与.carousel-control-prev 一起使用，设置左侧的按钮
.carousel-control-next-icon	与.carousel-control-next 一起使用，设置右侧的按钮
.slide	切换图片的过渡和动画效果，如果不需要这样的效果，可以删除这个类

示例 15：制作轮播广告页面。

源代码如下：

```
<!DOCTYPE html>
<html>
<head>
<title>Bootstrap 轮播图片</title>
<meta name="viewport" content="width=device-width, initial-scale=1.0">
<link rel="stylesheet" href="css/bootstrap.min.css">
<script src="js/bootstrap.bundle.min.js"></script>
</head>
```

```
<body>
<!-- 轮播-->
<div id="demo" class="carousel slide" data-bs-ride="carousel">
    <!-- 指示符 -->
    <div class="carousel-indicators">
    <button type="button" data-bs-target="#demo" data-bs-slide-to="0" class="active"></button>
    <button type="button" data-bs-target="#demo" data-bs-slide-to="1"></button>
    <button type="button" data-bs-target="#demo" data-bs-slide-to="2"></button>
    </div>
    <!-- 轮播图片 -->
    <div class="carousel-inner">
    <div class="carousel-item active">
    <img src="img/img_fjords_wide.jpg" class="d-block" style="width:100%">
    </div>
    <div class="carousel-item">
    <img src="img/img_nature_wide.jpg" class="d-block" style="width:100%">
    </div>
    <div class="carousel-item">
    <img src="img/img_mountains_wide.jpg" class="d-block" style="width:100%">
    </div>
    </div>
    <!-- 左右切换按钮 -->
    <button class="carousel-control-prev" type="button" data-bs-target="#demo" data-bs-slide="prev">
        <span class="carousel-control-prev-icon"></span>
    </button>
    <button class="carousel-control-next" type="button" data-bs-target="#demo" data-bs-slide="next">
        <span class="carousel-control-next-icon"></span>
    </button>
</div>
</body>
</html>
```

浏览网页,效果如图 9-21 所示。

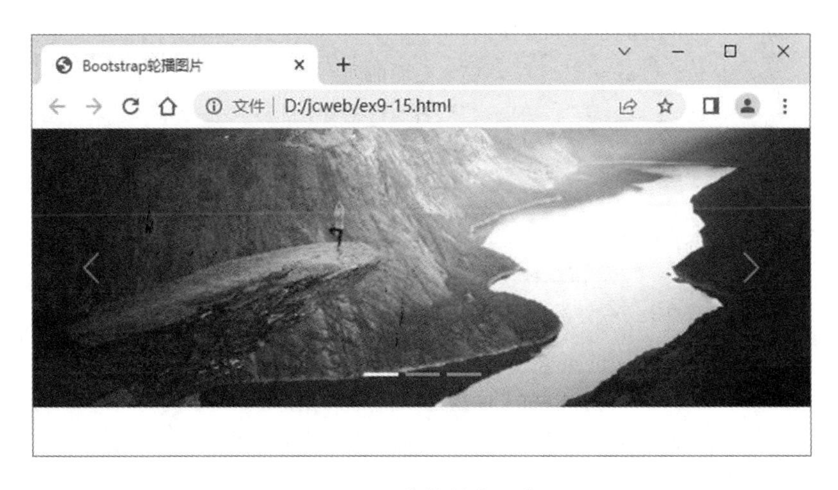

图 9-21　图片轮播应用效果

9.3 项目案例

制作浏览效果如图 9-1 所示的响应式页面。

任务分析：本案例利用 Bootstrap 网格系统进行页面的快速布局，再利用 Bootstrap 提供的组件和 CSS 样式来修饰页面。

实现步骤：

1. 利用 Bootstrap 网格系统布局页面

利用 Bootstrap 网格系统布局页面，页面布局结构如图 9-22 所示。

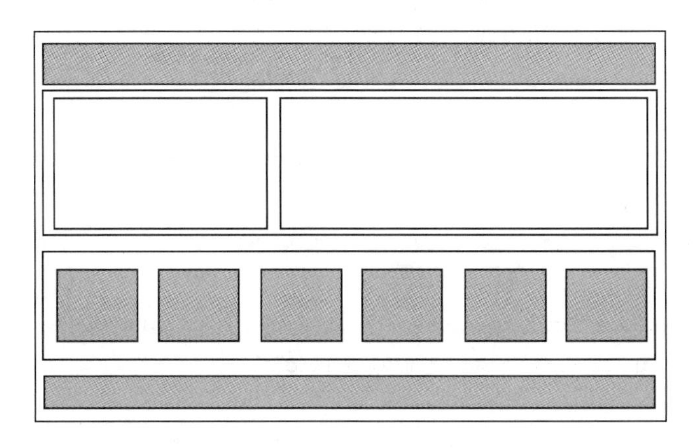

图 9-22　页面布局结构

使用四个<div>标签布局页面容器，第二个容器使用不等宽响应式列布局，第三个容器使用等宽响应式列布局。代码如下：

```
< body>
    < ! -- 第一个容器 -->
    < div class= “container bg-white”> 头部导航< /div>
    < ! -- 第二个容器 -->
    < div class= “container”>
```

```
            < div class= “row”>
            < div class= “col-sm-8”> 左面的列< /div>
            < div class= “col-sm-4”> 右面的列< /div>
            < /div>
        < /div>
        < ! -- 第三个容器 -->
        < div class= “container mt-3”>
            < div class= “row”>
                < div class= “col-sm-2 col-6”> 图片 1< /div>
                < div class= “col-sm-2 col-6”> 图片 2< /div>
                < div class= “col-sm-2 col-6”> 图片 3< /div>
                < div class= “col-sm-2 col-6”> 图片 4< /div>
                < div class= “col-sm-2 col-6”> 图片 5< /div>
                < div class= “col-sm-2 col-6”> 图片 6< /div>
            < /div>
        < /div>
        < ! -- 第四个容器 -->
        < div class= “container”> 版权信息< /div>
    < /body>
```

2. 添加 HTML 内容

(1)添加导航栏内容。

在“头部导航”位置添加导航栏内容，完整的代码如下：

```
    < nav class= “navbar navbar-expand-sm navbar-dark ”>
        < div class= “container-fluid”>
        < a class= “navbar-brand” href= “javascript:void(0)”> < img src= “img/
logo.png” > < /a>
        < button class= “navbar-toggler” type= “button” data-bs-toggle= “collapse”
data-bs-target= “# mynavbar”>
        < span class= “navbar-toggler-icon bg-secondary”> < /span>
        < /button>
        < div class= “collapse navbar-collapse” id= “mynavbar”>
            < ul class= “navbar-nav me-auto”>
            < li class= “nav-item”>
            < a class= “nav-link text-black” href= “javascript:void(0)”> 首页< /
a>
        < /li>
        < li class= “nav-item”>
        < a class= “nav-link text-black” href= “javascript:void(0)”> 慢谈历史< /a>
        < /li>
        < li class= “nav-item”>
        < a class= “nav-link text-black” href= “javascript:void(0)”> 话说家乡< /a>
        < /li>
```

```
< li class= “nav-item”>
< a class= “nav-link text-black” href= “javascript:void(0)”> 趣谈美食< /a>
< /li>
< li class= “nav-item”>
< a class= “nav-link text-black” href= “javascript:void(0)”> 故事集锦< /a>
< /li>
< /ul>
< form class= “d-flex”>
< input class= “form-control” type= “text” placeholder= “请输入关键词”>
< button class= “btn btn-primary” type= “button”> Search< /button>
< /form>
< /div>
< /div>
< /nav>
```

(2)添加第二个容器中的内容。

向“左面的列”中添加文章列表,向“右面的列”中添加新闻列表,完整的代码如下:

```
< div class= “container bg-light border-bottom”>
    < div class= “row”>
    < div class= “col-sm-8  p-3”>
    < article>
    < h4 class= “text-danger border-bottom”> 最新故事< /h4>
    < section> < ! --标题、图片和内容部分-->
    < h5> < a href= “# ”> 大学生活怎么过才不会有遗憾? < /a> < /h5>
    < img src= “img/gs1.jpg” alt= “” class= “float-lg-start p-2”>
    < p> 张爱玲说:娶了红玫瑰,久而久之,红玫瑰就变成了墙上的一抹蚊子血,白玫瑰还是“床前明月光”;娶了白玫瑰,白玫瑰就是衣服上的一粒饭粘子,红的还是心口上的一颗朱砂痣。大学只有四年,而人生想要的美好,实在是太多太多。你选择了学业上奋起努力,毕业参加工作得到了很好的年薪,回想起大学,你会后悔没有谈一场轰轰烈烈撕心裂肺的恋爱。你选择了爱情,选择了天荒地老,结婚之后回忆起大学,你会后悔自己没有好好学习,现在的收入还可以更高。那么你认为大学生活怎么过才不会有遗憾呢? < /p>
    < /section>
    < section>
    < h5> < a href= “# ”> 哪种动物曾带给你人生的启迪? < /a> < /h5>
    < img src= “img/gs2.jpg” alt= “” class= “float-lg-start p-2”>
    < p> 小动物们的生活,其实没有想象中轻松。他们不光要躲避巨型动物的追捕,还要应对突如其来的自然灾害。他们赖以生存的是无尽的智慧和勇气。比如说,壁虎会在危机时刻,断尾自救;大雁从来都是组织严密、纪律严明;勤劳的工蜂一生都在无私奉献......希望通过你的故事,孩子们甚至是成年人,可以认识到每一个渺小的生命都很伟大,也可以学习到更多关乎生命的智慧。< /p>
    < /section>
    < /article>
    < /div>
    < div class= “col-sm-4 p-3”>
```

```
        < h4 class= "text-danger border-bottom"> 茅草屋公告牌< span class= "float-end"> < a href= "# "> 更多< /a> < /span> < /h4>
        < ul class= "list-unstyled">
        < li> < a href= "# "> Web前端设计师必读精华文章推荐< /a> < /li>
        < li> < a href= "# "> 15个精美的HTML5单页网站作品欣赏< /a> < /li>
        < li> < a href= "# "> 35个让人惊讶的CSS3动画效果演示< /a> < /li>
        < li> < a href= "# "> 30个与众不同的优秀视差滚动效果网站< /a> < /li>
        < li> < a href= "# "> 25个优秀的国外单页网站设计作品欣赏< /a> < /li>
        < li> < a href= "# "> 8个惊艳的HTML5和JavaScript特效< /a> < /li>
        < li> < a href= "# "> 8款效果精美的jQuery进度条插件< /a> < /li>
        < li> < a href= "# "> 34个漂亮网站和应用程序后台管理界面< /a> < /li>
        < /ul>
        < /div>
        < /div>
        < /div>
```

(3)添加第三个容器中的内容。

向第三个容器的每个列中添加图片<img>标签,完整的代码如下:

```
    < div class= "container mt-1 p-3 bg-light">
        < h4class= "text-danger border-bottom"> 传统美食< /h4>
        < div class= "row">
        < div class= "col-sm-2 col-6 p-3"> < img src= "img/delicious1.jpg" class= "img-fluid rounded shadow-sm"> < /div>
        < div class= "col-sm-2 col-6 p-3"> < img src= "img/delicious2.jpg" class= "img-fluid rounded"> < /div>
        < div class= "col-sm-2 col-6 p-3"> < img src= "img/delicious3.jpg" class= "img-fluid rounded"> < /div>
        < divclass= "col-sm-2 col-6 p-3"> < img src= "img/delicious4.jpg" class= "img-fluid rounded"> < /div>
        < divclass= "col-sm-2 col-6 p-3"> < img src= "img/delicious5.jpg" class= "img-fluid rounded"> < /div>
        < div class= "col-sm-2 col-6 p-3"> < img src= "img/delicious1.jpg" class= "img-fluid rounded"> < /div>
        < /div>
    < /div>
```

(4)添加第四个容器中的内容。

向第四个容器中添加版权信息,完整的代码如下:

```
    < div class= "container bg-secondary text-center p-3">
        < p> 茅草屋——让学习更快乐、生活更美好! < /p>
        < p> COPYRIGHT ©茅草屋工作团队< /p>
    < /div>
```

3.添加修饰列表及超链接样式

代码如下:

```
< style type= “text/css”>
* {
    padding: 0px;
    margin: 0px;
}
body{
    font-family:“微软雅黑”;
    background-color:# eee;
}
a,a:visited{
    text-decoration: none;
    color:blue;
}
.col-sm-4 span a{
    font-size: 14px;
}
.col-sm-4 ul li{
    height: 30px;
    line-height: 30px;
}
section p{
    height: 100px;
    overflow: hidden;
}
< /style>
```

至此，一个响应式页面制作完成。

◆ 项目总结

响应式布局已经成为网站设计的主流。页面的设计与开发应当根据用户行为以及设备环境(系统平台、屏幕分辨率、屏幕方向等)进行相应的响应和调整。

Bootstrap 是一个用于快速开发网页应用程序和网站的前端框架，它是基于 HTML、CSS 和 JavaScript 的。Bootstrap 提供了一个带有网格系统、链接样式、背景的基本结构，具有全局的 CSS 设置、定义了基本 HTML 元素样式等特性，包含十几个可重用的组件。Bootstrap 还包含了十几个自定义的 JS 插件。

◆ 课后习题

一、填空题

1. Bootstrap 用于开发________、________优先的 Web 项目。

2. Bootstrap 包中提供了________和________两大类容器。

3. Bootstrap 网格系统的. col- * - * 中，第一个星号(*)表示________，第二个星号(*)表示________，同一行的数字相加为________。

4. Bootstrap 中. text-center 类用来设置________,. text-dark 类用来设置________,. bg-dark 类用来设置________。

5. Bootstrap 中使用________类可以让图片显示圆角效果。

二、选择题

1. 在 Bootstrap 中,text-justify 样式类代表的含义是(　　)。

A. 文本左对齐　　B. 文本居中对齐　　C. 文本不换行　　D. 文本自动换行

2. 下列不是 Bootstrap 网格系统的样式类的是(　　)。

A. container　　B. content　　C. row　　D. col-sm

3. 在 Bootstrap 网格系统中,列的类名一般为"col-*-*",其中第一个"*"代表(　　)。

A. 视口的宽度分类　　B. 视口的高度分类　　C. 设备的分类　　D. 设备的类型

4. 在使用 Bootstrap 中必须要运用的标签不包括(　　)。

A. meta　　B. link　　C. script　　D. span

5. 在 Bootstrap 中没有采用的技术是(　　)。

A. CSS　　B. JavaScript　　C. Java　　D. HTML

6. 媒体查询中的媒体特征参数 orientation 指的是(　　)。

A. 最大宽度　　B. 设备方向　　C. 最小宽度　　D. 设备分辨率

7. 媒体查询是(　　)中的技术。

A. CSS3　　B. JavaScript　　C. CSS2　　D. HTML5

8. 设备宽度(device-width)代表的是(　　)。

A. 浏览器宽度　　B. 设备浏览器显示的特定宽度

C. 设备的分辨率　　D. 视口宽度

◆ 项目 9 实验　利用 Bootstrap 制作选项卡页

一、实验目的

(1)掌握 Bootstrap 网格系统;

(2)掌握 Bootstrap 常用样式的使用方法;

(3)掌握 Bootstrap 选项卡页的制作方法。

二、实验内容与步骤

利用 Bootstrap 前端框架制作如图 9-23 所示的选项卡切换效果。

实验步骤:

(1)设计思路分析。

设置选项卡是动态可切换的,可以在每个链接上添加 data-bs-toggle="tab"属性,然后在每个选项对应的内容上添加. tab-pane 类,对应选项卡的内容的<div>标签使用. tab-content 类。如果希望有淡入效果可以在. tab-pane 后添加. fade 类。

(2)实现代码:

```
< div class= "container mt-3">
< ! -- Nav tabs -->
< ul class= "nav nav-tabs" role= "tablist">
< li class= "nav-item">
```

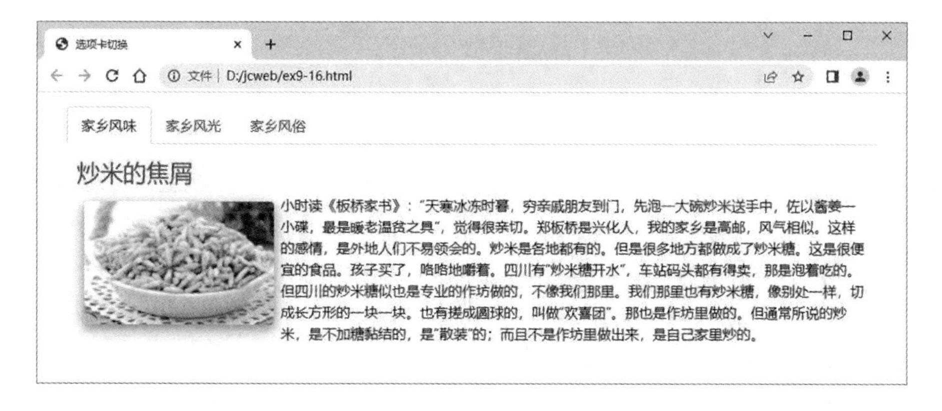

图 9-23　选项卡切换效果

```
< a class= “nav-link active” data-bs-toggle= “tab” href= “# home”> 家乡风味< /
a>
< /li>
< li class= “nav-item”>
< a class= “nav-link” data-bs-toggle= “tab” href= “# menu1”> 家乡风光< /a>
< /li>
< li class= “nav-item”>
< a class= “nav-link” data-bs-toggle= “tab” href= “# menu2”> 家乡风俗< /a>
< /li>
< /ul>
< ! -- Tab panes -->
< div class= “tab-content”>
< div id= “home” class= “container tab-pane active”>
< ! --此处选项卡 1 内容 -->
< /div>
< div id= “menu1” class= “container tab-pane fade”>
< ! --此处选项卡 2 内容 -->
< /div>
< div id= “menu2” class= “container tab-pane fade”>
< ! --此处选项卡 3 内容 -->
< /div>
< /div>
< /div>
```

(3)在“此处选项卡内容”处添加相应内容，要求内容有标题、段落和图片。

(4)添加修饰内容的样式，代码自行设计。

三、实验小结及思考

（由学生填写，重点写上机中遇到的问题。）

项目10

综合案例

项目 1 至项目 9 学习了使用 HTML 语言构建网页结构、使用 CSS 样式表美化页面外观、使用 jQuery 为页面添加动态效果、使用 Bootstrap 设计制作响应式网页。

本项目综合运用所学的这些知识和技能实现“钟山文化之旅”网站首页制作，响应式布局“钟山文化之旅”网站首页制作。

学习目标

会综合应用 HTML+CSS+jQuery 设计制作网站页面；

会使用 Bootstrap 设计制作响应式网页。

10.1 “钟山文化之旅”网站首页制作

任务描述

本任务需要完成“钟山文化之旅”网站首页的制作，效果如图 10-1 所示。在添加 HTML 元素后，需要利用 CSS 修改其样式，利用 JavaScript 添加页面动态效果。

图 10-1 “钟山文化之旅”网站首页

任务实施

本任务的文档结构如图 10-2 所示。

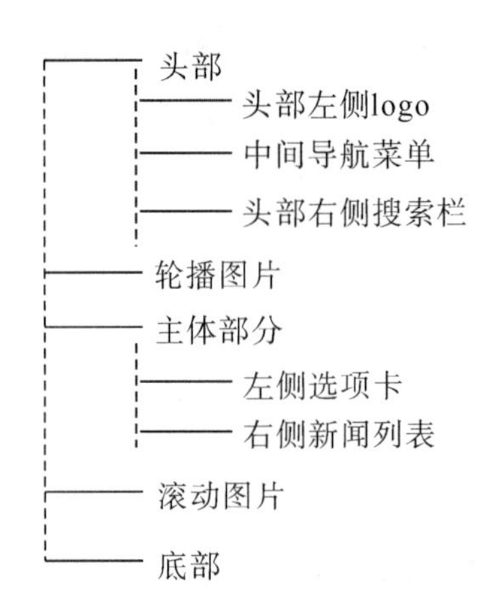

图 10-2 “钟山文化之旅”网站首页的文档结构

由图 10-2 设计本任务的 HTML 页面布局，如图 10-3 所示。

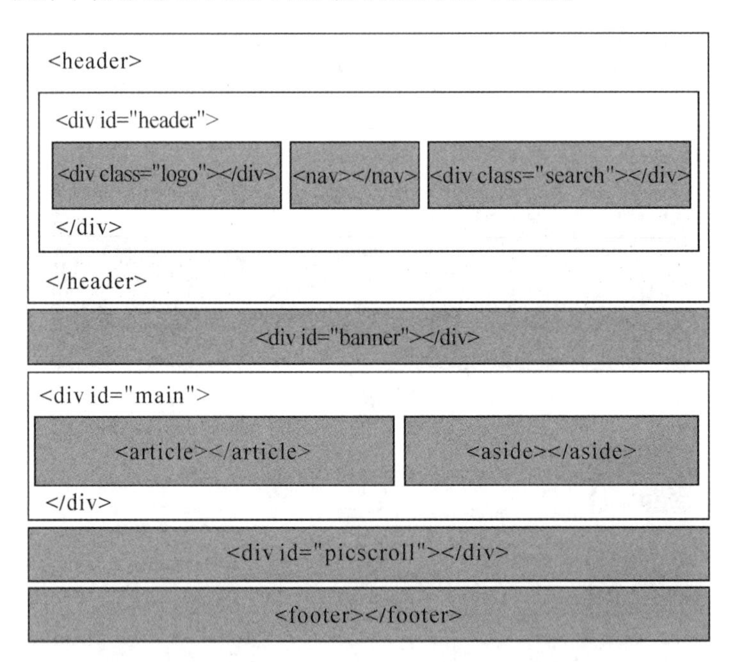

图 10-3 HTML 页面布局

10.1.1 制作页面内容

使用 HBuilder 在 D 盘根目录下创建“项目 10”网站项目，将网页中用到的图片素材复制到 img 文件夹中，将图标字体 font 文件夹复制到“项目 10”文件夹中，将图标字体样式 font-awesome. min. css 复制到 css 文件夹中。

1. 添加页面头部区域内容

1）添加 HTML 内容

在 index. html 文档页面的<body></body>标签中添加如下 HTML 代码：

```
<!--头部-->
<header>
```

```
<div id="header">
    <!--头部左侧 logo-->
    <div class="header-logo">
        <img src="img/logo.png" alt="钟山文化之旅">
    </div>
    <!--头部左侧导航菜单-->
    <nav>
        <ul> <li> <a href="#"> 首页</a> </li>
            <li> <a href="#"> 六朝文化</a> </li>
            <li> <a href="#"> 明代文化</a> </li>
            <li> <a href="#"> 民国文化</a> </li>
            <li> <a href="#"> 佛教文化</a> </li>
            <li> <a href="#"> 山水城林文化</a> </li>
        </ul>
    </nav>
    <!--头部右侧搜索栏-->
    <div class="header-search">
    <form action="" method="get">
    <input type="text" id="search-input">
    <button type="submit" id="search-btn"> <i class="icon-search icon-
large"> </i> </button>
    </form>
    </div>
    <!--头部右侧注册栏-->
    <div class="header-login">
            <a href="#"> 登录</a> <a href="#"> 注册</a> </div>
    </div>
</header>
```

2)设置 CSS 样式

在 css 文件夹中创建样式表文件 style.css,在该文件中为页面头部区域创建样式,代码如下:

```
* {                             /* 边距清零* /
    padding: 0px;
    margin: 0px;
    box-sizing:border-box;
    }
ul,ol{
    list-style: none;           /* 取消默认的项目符号标记* /
    }
a,a:visited{                    /* 设置链接样式、已访问链接的样式* /
    color: # 333;
    text-decoration: none;
}
```

```
header{                    /* 整个头部区域的样式* /
position:fixed;
    top:0px;
    left:0px;
    width:100% ;
    z-index:99;
background:# fff;
    box-shadow:0 2px 4px 0rgba(0,0,0,0.08);}
header # header {
    width:1000px;  /* 设置头部内容区的宽度为 1000px* /
    height:60px;
    margin:0 auto;
}
.header-logo {
  padding-top: 10px;
  float:left;
}
# headernav {
float:left;
    margin-left:20px;
    margin-right:20px;
}
# headernav li {
    float: left;
    height:60px;
    line-height:60px;
    font-size:15px;
    color:# 333;
    padding:0 12px;
}
.header-search {
   padding-top: 15px;
}
# search-input{
float:left;
    width:182px;
    height:30px;
    line-height:16px;
    padding: 7px 10px;
    border-top-left-radius: 4px;
    border-bottom-left-radius: 4px;
border:none;
    background: # F7F7F7;
```

```
        color: # 999;
        font-size: 12px;
    outline: none;}
    # search-btn{
        float: left;
        width: 38px;
        height: 30px;
        border-top-right-radius: 4px;
        border-bottom-right-radius: 4px;
    border:none;
        cursor: pointer;
    }
    .header-login {
        float: left;
        display: inline-block;
        margin-left:40px;
        height:30px;
        line-height:30px;
    }
```

3)使用 CSS 样式

CSS 样式存放于外部样式表文件 style. css 中，本任务还采用了 Font Awesome 图标字体，所以在<head>标签中引入以下文件。

```
< link rel= "stylesheet" href= "css/style.css">
< link rel= "stylesheet" href= "css/font-awesome.min.css">
```

浏览效果如图 10-4 所示。

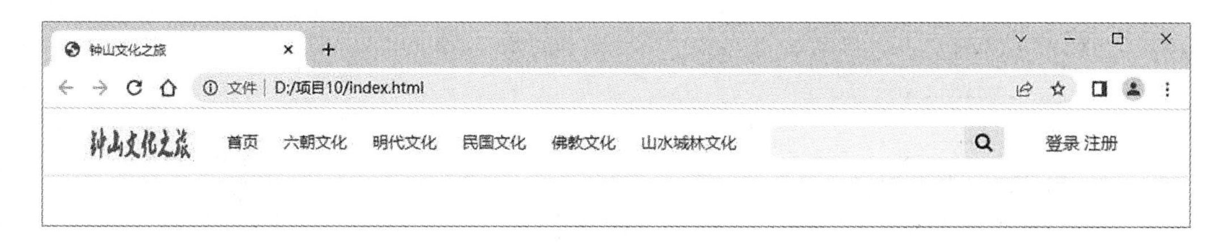

图 10-4　页面头部浏览效果

2. 制作轮播图片

1)添加 HTML 内容

在头部< header></header>标签下面添加如下 HTML 代码：

```
< ! --轮播图片部分-->
< div id= "banner" class= "b04">
    < ul>
        < li> < img src= "img/01.jpg" alt= ""> < /li>
        < li> < img src= "img/02.jpg" alt= ""> < /li>
        < li> < img src= "img/03.jpg" alt= ""> < /li>
        < li> < img src= "img/04.jpg" alt= ""> < /li>
```

```
        < li> < img src= "img/05.jpg" alt= "" > < /li>
      < /ul>
      < a href= "javascript: void(0);" class= "unslider-arrow04 prev"> < img class= "arrow" id= "al" src= "img/arrowl.png" alt= "prev" width= "20" height= "35" > < /a>
      < a href= "javascript: void(0);" class= "unslider-arrow04 next"> < img class= "arrow" id= "ar" src= "img/arrowr.png" alt= "next" width= "20" height= "37" > < /a>
    < /div>
```

2)设置 CSS 样式

在样式表文件 style.css 中添加如下代码：

```
/* 轮播图片样式* /
# banner{
    width: 1000px;
    margin: 0 auto;
    position: relative;
    overflow:auto;
    text-align:center;
}
# bannerimg{
    width: 1000px;
    height: 300px;
}
# bannerul li{
    float:left;
}
.b04 .dots{
    position:absolute;
    left:0;
    right:0;
    bottom:20px;
}
.b04 .dotsli
{
    display: inline-block;
    width: 12px;
    height: 12px;
    margin: 0 4px;
    text-indent: -999em;
    border:2px solid # fff;
    border-radius:6px;
    cursor: pointer;
    opacity: .4;
```

```
    transition: background .5s, opacity .5s;
}
.b04 .dotsli.active
{    background: # fff;
    opacity: 1;}
.b04 .arrow {position:absolute; top:200px;}
.b04 # al{left:15px;}
.b04 # ar{right:15px;}
```

3)添加动态效果

在<head>标签中引入以下 JS 文件,代码如下:

```
< scriptsrc= "js/jquery.min.js"> < /script>
< scriptsrc= "js/unslider.min.js"> < /script>
```

在标签<div id="banner"></div>下面添加如下 jQuery 代码,以实现图片轮播效果。

```
< script>
$ (document).ready(function(e) {
    var unslider04 =  $ ('.b04').unslider({
        dots: true
    }),
    data04 =  unslider04.data('unslider');
    $ ('.unslider-arrow04').click(function() {
        var fn =  this.className.split(' ')[1];
        data04[fn]();
    });
});
< /script>
```

浏览效果如图 10-5 所示。

图 10-5　首页轮播图片效果

3. 制作主体部分

主体部分由两部分组成,左侧选项卡及右侧新闻列表。

使用标签<div id="main"><article></article><aside></aside></div>进行页面布局。

1)添加 HTML 内容

```
< ! --主体部分-->
< div id= “main”>
< ! --左侧选项卡部分-->
< article>
< div class= “tab-menu”>
    < ul>
        < li class= “selected”> 六朝八帝< /li>
        < li> 明朝功臣< /li>
        < li> 中山陵园< /li>
        < li> 江南名山< /li>
        < li> 玄武湖风情< /li>
    < /ul>
< /div>
< div class= “tab-box”>
    < div class= “tab-conent”> 此处第一个选项卡内容< /div>
    < div class= “tab-conent” style= “display:none;”> 此处第二个选项卡内容< /
div>
    < div class= “tab-conent” style= “display:none;”> 此处第三个选项卡内容< /
div>
    < div class= “tab-conent” style= “display:none;”> 此处第四个选项卡内容< /
div>
    < div class= “tab-conent” style= “display: none;”> 此处第五个选项卡内容< /
div>
< /div>
< /article>
< ! --右侧新闻部分-->
< aside>
< div class= “board”>
< h2> 南京红色旅游景点< /h2>
< ul>
    < li> < div> 1< /div> < a href= “# ”> 侵华日军南京大屠杀遇难同胞纪念馆< /a>
< /li>
    < li> < div> 2< /div> < a href= “# ”> 雨花台风景区< /a> < /li>
    < li> < div> 3< /div> < a href= “# ”> 中山陵园< /a> < /li>
    < li> < div> 4< /div> < a href= “# ”> 渡江胜利纪念馆< /a> < /li>
    < li> < div> 5< /div> < a href= “# ”> 梅园新村纪念馆< /a> < /li>
    < li> < div> 6< /div> < a href= “# ”> 南京条约史料陈列馆< /a> < /li>
    < li> < div> 7< /div> < a href= “# ”> 金陵兵工厂旧址< /a> < /li>
    < li> < div> 8< /div> < a href= “# ”> 抗日航空烈士纪念馆< /a> < /li>
    < li> < div> 9< /div> < a href= “# ”> 新四军一支队司令部旧址< /a> < /li>
    < li> < div> 10< /div> < a href= “# ”> 南京工运纪念馆< /a> < /li>
< /ul>
```

```
< /div>
< /aside>
< /div>
```

2)设置 CSS 样式

在样式表文件 style. css 中添加如下代码：

```
/* 主体部分 * /
# main{width: 1000px;
    margin: 0 auto; }
/* 左侧选项卡部分* /
article{
    float: left;
    width: 670px;
    margin-top: 20px;
    overflow: hidden;
}
.tab-menuul li{
    float: left;
    width: 8em;
    height: 2.5em;
    line-height: 2.5em;
    text-align: center;
}
.tab-box{
    clear:both;
    width: 670px;
    padding-top: 20px;
    border-top: 1px solid # 414141;
}
.tab-conent  ul li{
    border-bottom: 1px solid # ccc;
    padding-bottom: 10px;
}
.tab-conent img{
     height: 100px;
    float: left;
    margin-right: 10px;
    border-radius: 8px;
}
.tab-conent  section{
    height: 140px;
    overflow: hidden;
}
.selected{
```

```
        background: # bb0f73;
    color:# fff;
    }
    /* 右侧新闻部分* /
    aside{
        float: right;
        width: 310px;
        margin-top: 20px;
        border: 1px solid # e6e6e6;
        padding: 10px 0px 15px 15px;
        border-radius: 6px;
        background: # faf9f8;
        margin-bottom: 15px;
    }
    aside h2{
        font-size: 16px;
        font-weight: 800;
        line-height: 30px;
        border-bottom: 1px solid # e6e6e6;
    }
    .board div{
        float: left;
        width: 20px;
        line-height: 20px;
        border-radius: 80%  90%  100%  20% ;
        background: # e61588;
        text-align: center;
        color: white;
        display: inline-block;
        margin-right: 4px;}
    .boardul li{
        height: 28px;
        line-height: 28px;
    }
```

3)添加动态效果

在<aside></aside>标签前面添加如下 jQuery 代码,以实现选项卡切换效果。

```
    < script type= “text/javascript”>
    $ (function(){
    var $ div_li= $ (“div.tab-menu ul li”);
      $ div_li.mouseover(function(){
        $ (this).addClass(“selected”).siblings().removeClass(“selected”);
        var index= $ div_li.index(this);
        $ (“div.tab-box> div”).eq(index).show().siblings().hide();
```

```
    }).hover(function(){
      $ (this).addClass("hover");
    },function(){$ (this).removeClass("hover");
    });
  })
  < /script>
```

浏览效果如图 10-6 所示。

图 10-6　页面主体部分效果

4. 制作图片滚动部分

1)添加 HTML 内容

在页面主体部分的下面添加如下 HTML 代码：

```
< ! --滚动图片部分-->
< divid= "picScroll">
< div class= "picScroll">
< ul>
   < li> < a href= "# "> < img src= "img/spic1.jpg"> < h3> 中山陵景区< /h3> < /a>
< /li>
   < li> < a href= "# "> < img src= "img/spic2.jpg"> < h3> 明孝陵< /h3> < /a>
< /li>
    < li> < a href= "# "> < img src= "img/spic3.jpg"> < h3> 牛首山文化旅游区< /h3>
< /a> < /li>
   < li> < a href= "# "> < img src= "img/spic4.jpg"> < h3> 中国科举博物馆< /h3>
< /a> < /li>
   < li> < a href= "# "> < img src= "img/spic5.jpg"> < h3> 大报恩寺遗址公园< /h3>
< /a> < /li>
 < li> < a href= "# "> < img src= "img/spic11.jpg"> < h3> 江宁织造博物馆< /h3>
< /a> < /li>
```

```
        < li> < a href= “# ”> < img src= “img/spic8.jpg”> < h3> 秦淮河画舫< /h3> < /a>
< /li>
        < li> < a href= “# ”> < img src= “img/spic12.jpg”> < h3> 南京博物院< /h3> < /a>
< /li>
        < li> < a href= “# ”> < img src= “img/spic10.jpg”> < h3> 望江楼< /h3> < /a>
< /li>
    < /ul>
    < a class= “prev” style= “display:none;”> < /a>
    < a class= “next” style= “display:none;”> < /a>
    < /div>
    < /div>
```

2)设置 CSS 样式

在样式表文件 style. css 中添加如下代码：

```
    /* 图片滚动 * /
    # picScroll{
        width:1000px;margin:0 auto;
        clear: both;}
    .picScroll{
        width:1000px;
        height:210px;
        margin:0 auto;
        position:relative;
        overflow:hidden;
        border-radius:8px;}
    .picScroll ul{ overflow:hidden; zoom:1; }
    .picScroll ul li{
        float:left;
        width:200px;
        height:210px;
        overflow:hidden;
        text-align: center;
        background:# f99;}
    .picScroll ul li img{margin:10px; width:180px; height:140px;display: block;
border-radius: 4px;
    }
    .picScroll .prev,.picScroll .next{
        position:absolute;
        left:10px;
        top:60px;
        display:block;
        width:18px;
        height:28px;
        overflow:hidden;
```

```
background:url(../img/icons.png) -40px 0 no-repeat; cursor:pointer;  }
.picScroll .next{ left:auto; right:10px; background-position:-120px 0; }
.picScroll .prevStop{ background-position:0 0; }
.picScroll .nextStop{ background-position:-80px 0; }
```

3)添加动态效果

```
< script type= “text/javascript” src= “js/jquery.SuperSlide.2.1.js”> < /script>
< script type= “text/javascript”>
    $ ('.picScroll').hover(function(){
        $ ('.picScroll .prev,.picScroll .next').show();
    },function(){
        $ ('.picScroll .prev,.picScroll .next').hide();
    });
    jQuery(“.picScroll”).slide({
        mainCell:“ul”,
        autoPlay:true,
        effect:“left”,
        vis:5,
        scroll:1,
        autoPage:true,
        pnLoop:false
    });
< /script>
```

浏览效果如图 10-7 所示。

图 10-7　滚动图片浏览效果

5. 制作页面底部

1)添加 HTML 内容

```
< ! --页面底部-->
```

```
< footer>
    < div id= “footer”>
        < p class= “footer-text”> 钟山文化之旅——让学习更快乐、生活更美好! < /p>
        < p> 版权所有 &copy;2021-2031 < /p>
    < /div>
< /footer>
```

2)设置 CSS 样式

在样式表文件 style. css 中添加如下代码:

```
/* 页面底部样式* /
footer{
    width: 100% ;
    background: # ccc;
    margin-top:20px;}
# footer{
    width: 1000px;
    margin: 0 auto;
    height: 81px;
    padding-top: 10px;}
footer p{
    line-height: 24px;
    font-size: 14px;}
```

10.1.2 完善页面内容

1. 添加选项卡内容

选项卡 1 中的内容是六朝八帝,有八项内容,使用<section></section>标签,该标签中包含标题、图片和内容,样式如图 10-8 所示。

1)添加 HTML 代码

在<div class="tab-conent">此处第一个选项卡内容</div>元素中使用如下代码替换“此处第一个选项卡内容”,代码如下。

```
< section> < h3> 东吴大帝孙权< /h3>
< img src= “img/sunquan.jpg” alt= “”>
< p> 吴大帝孙权,东汉吴郡富春(今浙江省富阳)人,其父孙坚出身较贫寒,以县衙小吏起家,在东汉末年社会变乱中以军功而任长沙太守,封乌程侯,公元 191 年,年仅 37 岁时被荆州牧刘表部将黄祖射杀。孙坚死后,孙权之兄 17 岁的孙策继承父业,力量逐步壮大,开创了孙吴在江东的基础,受封吴侯,可惜他于 26 岁时被仇敌许贡的门客刺杀,临终前将权力移交弟弟、年仅 19 岁的孙权。孙权继承父、兄基业后,励精图治,广纳人才,运筹帷幄,在张昭、鲁肃、周瑜、顾雍、陆逊等文武大臣的鼎力协助下,不断开拓疆土,壮大力量,先后平山越、灭黄祖,经赤壁之战、夷陵之战,相继败曹操、刘备,夺得荆州及交、广一带,229 年,终于正式建国称帝,完成了父兄两代开创江南帝业的重任。< /p>
< /section>
< ! --此处省略 6 个人物介绍列表项 -->
< section> < h3> 宋文帝刘义隆< /h3> < img src= “img/ld8.jpg” alt= “”>
```

< p> 刘义隆(407 年—453 年 3 月 16 日),字车儿,徐州彭城县(今江苏省徐州市)人。南朝宋第三位皇帝(424 年—453 年在位),宋武帝刘裕第三子,宋少帝刘义符的弟弟,母为武章太后胡道安。身材魁梧,博览群书,擅写隶书。东晋时期,历任徐、司、荆三州刺史,受封彭城县公。元熙二年(420 年),授镇西将军,册封宜都郡王。元嘉元年(424 年),正式即位,剪除权臣后,延续宋武帝刘裕治国方略,在“义熙土断”的基础上清查户籍,免除“通租宿债”,实行劝学、兴农、招贤等一系列措施,积极休养生息,社会生产有所发展,经济文化日趋繁荣 ,史称“元嘉之治”。军事上,遣将裴方明灭后仇池国,遣将檀和之重创林邑国,三度出师北伐北魏,皆无功而返。

元嘉三十年(453 年),为皇太子刘劭所弑,时年四十七岁,谥号为文,庙号太祖,葬于长宁陵。

< /p>

< /section>

2)设置 CSS 样式

在样式表文件 style. css 中添加如下代码:

```
.tab-conent section{
    height: 140px;
    overflow: hidden;
border-bottom: 1px solid # ccc;
    padding-bottom: 10px;}
.tab-conent img{
    width: 150px;
    float: left;
    margin-right: 10px;
    border-radius: 8px;}
.tab-conent  section p{
    height: 28px;
    line-height: 28px;}
```

浏览效果如图 10-8 所示。

图 10-8　选项卡 1 浏览效果

用同样的方法添加选项卡 2 至选项卡 5 的内容，方法相同不赘述。

2. 添加搜索列表

搜索框获得焦点时显示搜索列表，如图 10-9 所示。

图 10-9　搜索列表浏览效果

实现代码：

```
<！--头部右侧搜索栏-->
<div class="header-search">
<form action="" method="get">
<input type="text" id="search-input" list="column">
<datalist id="column">
    <option value="六朝文化">
    <option value="明代文化">
    <option value="民国文化">
    <option value="佛教文化">
    <option value="山水城林文化">
</datalist>
<button type="submit" id="search-btn"><i class="icon-search icon-large">
</i></button>
</form>
</div>
```

3. 添加导航列表

使用 jQuery 的显示隐藏方法 show()方法和 hide()方法实现将鼠标指针放到“明代文化”导航链接时，显示二级链接列表；鼠标指针离开“明代文化”导航链接时，二级链接列表隐藏，如图 10-10 所示。

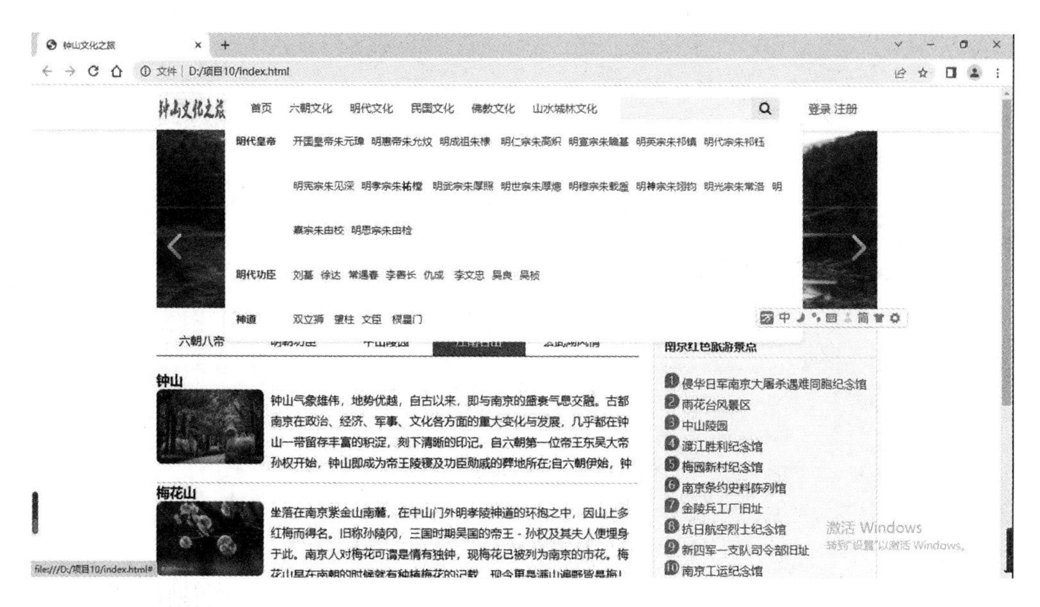

图 10-10　二级导航列表效果

1)添加 HTML 内容

在头部左侧导航菜单中添加二级列表，代码如下：

```
<！--头部左侧导航菜单-->
< nav>
< ul>
    < li> < a href= “# ”> 首页< /a> < /li>
    < li> < a href= “# ”> 六朝文化< /a> < /li>
    < li id= “tip”> < a href= “# ”> 明代文化< /a>
    < div class= “ctip”>
    < div class= “cblok”>
    < p> 明代皇帝< /p>
    < div class= “item”>
    < a href= “# ”> 开国皇帝朱元璋< /a> < a href= “# ”> 明惠帝朱允炆< /a> < a href= “# ”> 明成祖朱棣< /a> < a href= “# ”> 明仁宗朱高炽< /a> < a href= “# ”> 明宣宗朱瞻基< /a> < a href= “# ”> 明英宗朱祁镇< /a> < a href= “# ”> 明代宗朱祁钰< /a> < a href= “# ”> 明宪宗朱见深< /a> < a href= “# ”> 明孝宗朱祐樘< /a> < a href= “# ”> 明武宗朱厚照< /a> < a href= “# ”> 明世宗朱厚熜< /a> < a href= “# ”> 明穆宗朱载垕< /a> < a href= “# ”> 明神宗朱翊钧< /a> < a href= “# ”> 明光宗朱常洛< /a> < a href= “# ”> 明熹宗朱由校< /a> < a href= “# ”> 明思宗朱由检< /a>
    < /div>
    < /div>
    < div class= “cblok”>
    < p> 明代功臣< /p>
    < div class= “item”>
    < a href= “# ”> 刘基< /a> < a href= “# ”> 徐达< /a> < a href= “# ”> 常遇春< /a> < a href= “# ”> 李善长< /a> < a href= “# ”> 仇成< /a> < a href= “# ”> 李文忠< /a> < a href= “# ”> 吴良< /a> < a href= “# ”> 吴桢< /a>
```

```
    < /div>
    < /div>
    < div class= "cblok">
    < p> 神道< /p>
    < div class= "item">
    < a href= "# "> 双立狮< /a>  < a href= "# "> 望柱< /a> < a href= "# "> 文臣< /
a>  < a href= "# "> 棂星门< /a>
    < /div>
    < /div>
    < /div>
    < /li>
    < li> < a href= "# "> 民国文化< /a> < /li>
    < li> < a href= "# "> 佛教文化< /a> < /li>
    < li> < a href= "# "> 山水城林文化< /a> < /li>
  < /ul>
  < /nav>
```

2)设置 CSS 样式

在样式表文件 style. css 中添加如下代码：

```
  # tip{
    position: relative; }
  .ctip{
    display: none;
    box-shadow: 0 2px 5px 0rgba(64,71,81,0.10);
    border-bottom-right-radius: 8px;
    border-bottom-left-radius: 8px;
    font-size: 14px;
    text-align: left;
    width: 800px;
    background: # fff;
    position: absolute;
    top: 45px;
    left: -162px;
    z-index: 99;
    padding-left: 16px; }
  .cblok{
     width: 800px; }
  .cblok p{
    float: left;
    width: 80px;
    font-weight: bold;
  }
  .cblok .item{
    width: 680px;
```

```
    float: left;}
.cblok .item a{
    padding-right:10px;
}
```

3)添加动态效果

```
< script type= “text/javascript”>
$ (document).ready(function(){
    $ (“# tip”).mouseover(function(){
        $ (“.ctip”).show();
    });
    $ (“# tip”).mouseout(function(){
        $ (“.ctip”).hide();
    });
})
< /script>
```

至此,整个“钟山文化之旅”网站首页制作完成。

10.2 响应式布局“钟山文化之旅”网站首页制作

任务描述

本任务需要完成一个响应式布局的页面制作,效果如图 10-11 所示。针对不同的显示器分辨率和浏览器窗口大小,该网页显示不同的布局方式。

(a)桌面浏览器页面效果

图 10-11 响应式布局效果

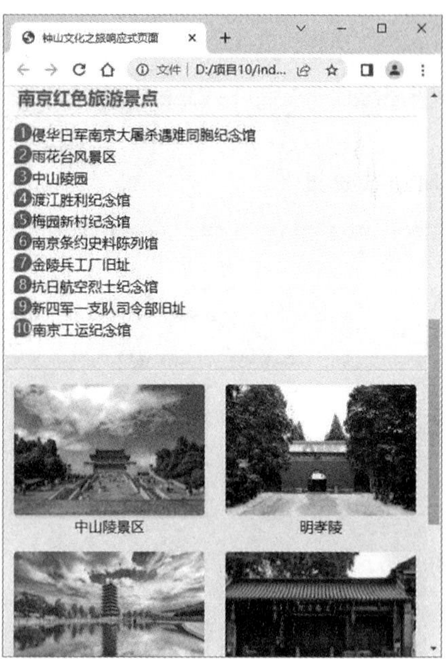

（b）小屏幕浏览器页面效果

续图 10-11

任务实施

10.2.1 制作页面内容

1. 确定页面结构

本任务的 HTML 文档结构如图 10-12 所示。

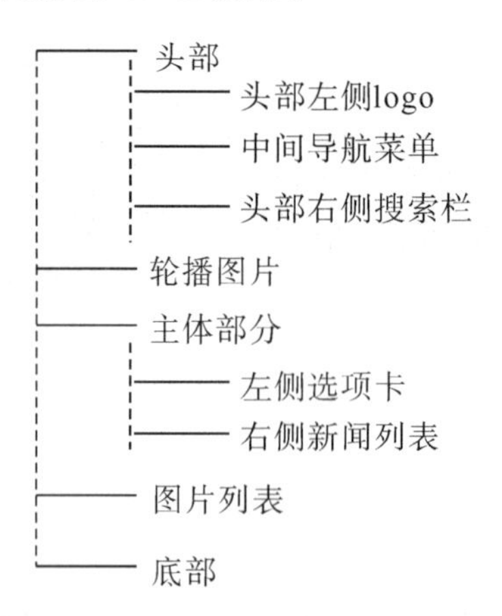

图 10-12 响应式布局的 HTML 文档结构

2. 设置 meta 和引入文件

响应式布局需要在<meta>标签中设置 viewport 元素，本任务采用 Bootstrap 框架、Font Awesome 图标字体，需要在<head>中引入这些文件。

```
< meta name= "viewport" content= "width= device-width, initial-scale= 1.0">
< link rel= "stylesheet" href= " css/bootstrap.min.css">
```

```
< link rel= “stylesheet” href= “css/font-awesome.min.css”>
< link rel= “stylesheet” href= “css/style2.css”>
< script src= “ js/bootstrap.bundle.min.js”> < /script>
```

3. 使用 Bootstrap 网格系统布局页面

本页面有五个区域，需要 5 个容器类，代码如下：

```
< div class= “container bg-white”> 导航栏< /div>
< div class= “container bg-white”> 轮播图片< /div>
< ! --主体部分 -->
< div class= “container”>
    < div class= “row”>
        < div class= “col-sm-8  bg-light mt-3 mb-3”> 左面的列< /div>
        < div class= “col-sm-4  bg-light mt-3 mb-3”> 右面的列< /div>
    < /div>
< /div>
< div class= “container bg-gradient pt-3”> 图片列表< /div>
< div class= “container bg-secondary”> 底部区域< /div>
```

4. 制作头部区域内容

在第一个容器标签(即导航栏部分)中添加如下代码实现导航栏功能。

```
< nav class= “navbar navbar-expand-md navbar-dark”>
    < ! -- Brand -->
    < a class= “navbar-brand” href= “# ”> < img src= “img/logo.png” > < /a>
    < ! --Toggler/collapsibe Button -->
    < button class= “navbar-toggler” type= “button” data-bs-toggle= “collapse” 
data-bs-target= “# collapsibleNavbar”>
    < span class= “navbar-toggler-icon bg-secondary”> < /span>
    < /button>
    < ! --Navbar links -->
    < div class= “collapsenavbar-collapse” id= “collapsibleNavbar”>
    < ul class= “navbar-nav me-auto”>
      < li class= “nav-item”>
      < a class= “nav-link text-black” href= “# ”> 首页< /a>
      < /li>
      < li class= “nav-item”>
      < a class= “nav-link text-black” href= “# ”> 六朝文化< /a>
      < /li>
      < li class= “nav-item”>
      < a class= “nav-link text-black” href= “# ”> 明代文化< /a>
      < /li>
       < li class= “nav-item”>
       < a class= “nav-link text-black” href= “# ”> 民国文化< /a>
      < /li>
      < li class= “nav-item”>
```

```
        < a class= "nav-link text-black" href= "# "> 佛教文化< /a>
        < /li>
        < li class= "nav-item">
        < a class= "nav-link text-black" href= "# "> 山水城林文化< /a>
         < /li>
      < /ul>
      < form class= "d-flex">
          < input class= "form-control" type= "text" placeholder= "请输入关键
词">
          < button class= "btn btn-primary" type= "button">
          < i class= "icon-search icon-large"> < /i> < /button>
      < /form>
      < /div>
  < /nav>
```

5. 制作轮播图片

在第二个容器标签(即轮播图片部分)中添加如下代码实现图片轮播功能。

```
  < ! --轮播 -->
  < div id= "demo" class= "carousel slide" data-bs-ride= "carousel">
      < ! --指示符 -->
      < div class= "carousel-indicators">
      < button type= "button" data-bs-target= "# demo" data-bs-slide-to= "0"
class= "active"> < /button>
      < button type= "button" data-bs-target= "# demo" data-bs-slide-to= "1"> < /
button>
      < button type= "button" data-bs-target= "# demo" data-bs-slide-to= "2"> < /
button>
      < /div>
      < ! --轮播图片 -->
      < div class= "carousel-inner">
      < div class= "carousel-item active">
      < img src= "img/01.jpg" class= "d-block rounded" style= "width:100% ">
      < /div>
      < div class= "carousel-item">
      < img src= "img/02.jpg" class= "d-block rounded" style= "width:100% ">
      < /div>
      < div class= "carousel-item">
      < img src= "img/03.jpg" class= "d-block rounded" style= "width:100% ">
      < /div>
      < /div>
      < ! --左右切换按钮 -->
      < button class= "carousel-control-prev" type= "button" data-bs-target= "#
demo" data-bs-slide= "prev">
```

```
        < span class= "carousel-control-prev-icon"> < /span>
        < /button>
        < button class= "carousel-control-next" type= "button" data-bs-target= "#
demo" data-bs-slide= "next">
        < span class= "carousel-control-next-icon"> < /span>
        < /button>
    < /div>
```

6. 制作主体部分

主体部分由两部分组成:左侧选项卡和右侧新闻列表。

1)添加选项卡内容

在第三个容器标签的“左面的列”位置添加如下代码实现选项卡功能。

```
    < ! --Nav tabs -->
    < ul class= "nav nav-tabs" role= "tablist">
        < li class= "nav-item">
        < a class= "nav-link active" data-bs-toggle= "tab" href= "# home"> 江南名山
< /a>
        < /li>
        < li class= "nav-item">
        < a class= "nav-link" data-bs-toggle= "tab" href= "# menu1"> 六朝八帝< /a>
        < /li>
        < li class= "nav-item">
        < a class= "nav-link" data-bs-toggle= "tab" href= "# menu2"> 明朝功臣< /a>
        < /li>
        < li class= "nav-item">
        < a class= "nav-link" data-bs-toggle= "tab" href= "# menu3"> 中山陵园< /a>
        < /li>
    < /ul>
    < ! -- Tab panes -->
    < div class= "tab-content">
        < div id= "home" class= "container tab-pane active">
        < ! --此处第一个选项卡内容 -->
        < section>
        < h6> 钟山< /h6> < img src= "img/zhongshan.jpg" alt= "" class= "float-
start rounded m-1">
        < p> 钟山气象雄伟,地势优越,自古以来,即与南京的盛衰气息交融。古都南京在政治、经
济、军事、文化各方面的重大变化与发展,几乎都在钟山一带留存丰富的积淀,刻下清晰的印记。自六
朝第一位帝王东吴大帝孙权开始,钟山即成为帝王陵寝及功臣勋戚的葬地所在;自六朝伊始,钟山又
是江东佛教圣地;自六朝到近现代,钟山均为军事要冲,兵家必争之地;古往今来,多少文人雅士遨游
钟山,留下脍炙人口的诗文篇章;特别是农民起义领袖洪秀全领导的太平天国和中国伟大的革命先行
者孙中山先生领导的辛亥革命期间,多少悲壮惨烈的战斗在钟山展开,多少英雄志士在钟山浴血
奋斗。
        < /p >
```

```
        < /section>
        < section>
        < h6> 梅花山< /h6> < img src= “img/meihuashan.jpg” alt= “” class= “float-start rounded m-1”>
        < p> 坐落在南京紫金山南麓，在中山门外明孝陵神道的环抱之中，因山上多红梅而得名。旧称孙陵冈，三国时期吴国的帝王一孙权及其夫人便埋身于此。南京人对梅花可谓是情有独钟，现梅花已被列为南京的市花。梅花山早在南朝的时候就有种植梅花的记载，现今更是满山遍野皆是梅！这里共收集了 200 余种梅花，载有梅树上万株。每当春季降临，花开遍野，红绿辉映，春意融融。这里有婀娜多姿的“宫粉”、艳丽迷人的“朱砂”、亭亭玉立的“玉女”……尤为一提的是山上的一株名为“鳖足挽水”的梅树，花色红中泛白，一只花上竟然有三四十片花瓣，仿似清莲出水，无比妖娆。每当初春梅花怒放之际，南京的市民往往携家出游，来此赏梅，这时的梅花山花如雪，梅似海，暗香浮动，香飘十里，真是倩影优雅，临寒而独放。
        < /p >
        < /section>
        < /div>
        < div id= “menu1” class= “container tab-pane fade”> 此处第二个选项卡内容< /div>
        < div id= “menu2” class= “container tab-pane fade”> 此处第三个选项卡内容< /div>
        < div id= “menu3” class= “container tab-pane fade”> 此处第四个选项卡内容< /div>
    < /div>
```

2)添加新闻列表内容

在第三个容器标签的“右面的列”位置添加如下代码实现新闻列表显示功能。

```
    < div class= “board”>
    < h2 class= “text-danger p-1”> 南京红色旅游景点< /h2>
    < ul class= “list-unstyled”>
        < li> < div> 1< /div> < a href= “# ”> 侵华日军南京大屠杀遇难同胞纪念馆< /a> < /li>
        < li> < div> 2< /div> < a href= “# ”> 雨花台风景区< /a> < /li>
        < li> < div> 3< /div> < a href= “# ”> 中山陵园< /a> < /li>
        < li> < div> 4< /div> < a href= “# ”> 渡江胜利纪念馆< /a> < /li>
        < li> < div> 5< /div> < a href= “# ”> 梅园新村纪念馆< /a> < /li>
        < li> < div> 6< /div> < a href= “# ”> 南京条约史料陈列馆< /a> < /li>
        < li> < div> 7< /div> < a href= “# ”> 金陵兵工厂旧址< /a> < /li>
        < li> < div> 8< /div> < a href= “# ”> 抗日航空烈士纪念馆< /a> < /li>
        < li> < div> 9< /div> < a href= “# ”> 新四军一支队司令部旧址< /a> < /li>
        < li> < div> 10< /div> < a href= “# ”> 南京工运纪念馆< /a> < /li>
    < /ul>
    < /div>
```

7.制作图片列表部分

在第四个容器标签的“图片列表”位置添加如下代码实现图片列表显示功能。

```
< div class= "row">
    < div class= "col-sm-2 col-6 "> < figure> < img src= "img/spic1.jpg" class=
"img-fluid rounded shadow-sm" > < figcaption class = "text-center" > 中山陵景
区< /figcaption> < /figure> < /div>
    < div class= "col-sm-2 col-6 "> < figure> < img src= "img/spic2.jpg" class
= "img-fluid rounded"> < figcaption class= "text-center"> 明孝陵< /figcaption>
< /figure> < /div>
    < div class= "col-sm-2 col-6 "> < figure> < img src= "img/spic3.jpg" class=
"img-fluid rounded" > < figcaption class = "text-center" > 牛首山文化旅游
区< /figcaption> < /figure> < /div>
    < div class= "col-sm-2 col-6 "> < figure> < img src= "img/spic4.jpg" class=
"img-fluid rounded" > < figcaption class = "text-center" > 中国科举博物
馆< /figcaption> < /figure> < /div>
    < div class= "col-sm-2 col-6 "> < figure> < img src= "img/spic11.jpg" class
= "img-fluid rounded" > < figcaption class = "text-center" > 大报恩寺遗址公
园< /figcaption> < /figure> < /div>
    < div class= "col-sm-2 col-6 "> < figure> < img src= "img/spic12.jpg" class=
"img-fluid rounded"> < figcaption class= "text-center"> 南京博物院< /figcaption> < /
figure> < /div>
< /div>
```

8. 制作底部内容

在最后一个容器标签的"底部区域"位置添加如下代码实现底部信息显示功能。

```
< div class= "row">
    < div class= "col-sm-12 pt-3 text-center">
        < p> 茅草屋——让学习更快乐、生活更美好! < /p>
        < p> COPYRIGHT &copy;茅草屋工作团队< /p>
    < /div>
< /div>
```

10.2.2 美化页面内容

1. 修改 CSS 样式

在 css 文件夹中创建样式表文件 style2. css，在该文件中添加如下代码。

```
* {
    padding: 0px;
    margin: 0px;
}
body{
    background-color: # eee;
    font-family: "微软雅黑";
}
a,a:visited{
```

```
        text-decoration: none;
        color:# 0d0d0d;
    }
    /* 右侧新闻列表标题 * /
    .board h2{
        font-size: 20px;
        font-weight: 800;
        line-height: 32px;
        border-bottom: 1px solid # e6e6e6;
    }
    /* 右侧新闻列表项目符号 * /
    .board div{
        float: left;
        width:20px;
        line-height:20px;
        border-radius: 80%  90%  100%  20% ;
        background-color: # e61588;
        text-align:center;
        color:white;
    }
    /* 左侧选项卡中的内容 * /
    section{
        height: 120px;
        overflow: hidden;
    }
        sectionimg{
        height: 100px;
    }
```

2.使用 CSS 样式

在<head>标签中引入样式表文件,代码如下。

```
< link rel= “stylesheet” href= “css/style2.css”>
```

浏览网页,效果如图 10-11 所示。

◆ 项目总结

本项目综合应用 HTML、CSS 和 jQuery 设计制作了“钟山文化之旅”网站首页,在设计制作网页时,首先要根据网页效果图设计页面布局,然后从头部开始一层层地搭建网页布局、添加页面元素。

在网页制作过程中,反复应用元素的绝对定位、相对定位和浮动定位机制,实现元素定位效果;充分应用 CSS 样式美化页面显示效果,同时,把各类网站上简洁、实用的 jQuery 代码应用到自己的网页中。

◆ 课后习题

1.在此项目的基础上,尝试制作一个该网站“山水城林文化”的页面和响应式布局页面。

2.学习了本项目的设计思路和步骤后,尝试制作一个门户网站首页和响应式布局的首页。